ABHANDLUNGEN DER AKADEMIE
DER WISSENSCHAFTEN DER DDR

Abteilung
Mathematik,
Naturwissenschaften,
Technik

N 1
1985

Festakt und Wissenschaftliche Konferenz aus Anlaß des 200. Todestages von Leonhard Euler

15./16. September 1983 in Berlin

Akademie-Verlag · Berlin

ABHANDLUNGEN
DER AKADEMIE DER WISSENSCHAFTEN DER DDR
Abteilung Mathematik — Naturwissenschaften — Technik

Jahrgang 1985 · Nr. 1 N

Festakt und Wissenschaftliche Konferenz aus Anlaß des 200. Todestages von Leonhard Euler

15./16. September 1983 in Berlin

Herausgegeben von
Prof. Dr. Wolfgang Engel

Bearbeitet von
Dr. Heinz Heikenroth, Dipl.-Phys. Hans Preuschhof und Dr. Gerhard Siedt

Mit 30 Abbildungen

THEORIA CUM PRAXI

AKADEMIE-VERLAG BERLIN · 1985

Herausgegeben im Auftrag des Präsidenten
der Akademie der Wissenschaften der DDR
von Vizepräsident Prof. Dr. Heinrich Scheel

Bildnachweis:

Deutsches Museum München (Abb. 12)

Marianne Fröbus, Presseabt. der AdW der DDR
(Abb. 16, 19, 21, 22, 23, 24)

Brigitte Hermoneit, Institut für Kosmosforschung der AdW der DDR
(Abb. 13, 14)

Konsistorium der französischen Gemeinde Berlin (Abb. 29)

Karin Petras, Presseabt. der AdW der DDR
(Abb. 11, 12, 15, 17, 18)

Dr. Gerhard Siedt, Institut für Mechanik der AdW der DDR
(Abb. 20, 25, 26, 27, 28, 30)

ISSN 0302-8054

Erschienen im Akademie-Verlag Berlin, DDR-1086 Berlin, Leipziger Straße 3—4

Lizenznummer: 202 · 100/364/85
Printed in the German Democratic Republic
Gesamtherstellung: VEB Druckhaus „Maxim Gorki“, Altenburg
LSV 1005
Bestellnummer: 763 447 3 (2001/85/1N)
02600

Vorwort

Am 18. 9. 1783 verstarb im damaligen Sankt Petersburg, dem heutigen Leningrad, LEONHARD EULER, der bedeutendste Mathematiker zwischen NEWTON und GAUSS und einer der produktivsten Mathematiker aller Zeiten. Aus Anlaß der 200. Wiederkehr seines Todestages fanden in der Hauptstadt der DDR, Berlin, wo er 25 Jahre seines Lebens wirkte, am 15. und 16. September 1983 ein Festakt und eine sich anschließende Wissenschaftliche Konferenz statt.

Der vorliegende Band vereinigt Vorträge dieser Veranstaltungen und solche Beiträge, die aus Zeitgründen nicht vorgetragen werden konnten.

Damit wird ein Teil der Aktivitäten deutlich, die das Euler-Komitee bei der Akademie der Wissenschaften der DDR veranlaßte. Daneben sind von diesem zahlreiche weitere angeregt und unterstützt worden: Bücher und Artikel in wissenschaftlichen und populärwissenschaftlichen Zeitschriften sowie in Zeitungen, Veranstaltungen an den Universitäten, Hochschulen und Schulen, Sendungen im Rundfunk und im Fernsehen. Dies alles legt Zeugnis ab, wie in der DDR das wissenschaftliche Erbe gepflegt wird.

Im Auftrage des Euler-Komitees danke ich allen Autoren, die uns ihre Manuskripte zum ehrenden Gedenken an LEONHARD EULER überlassen haben. Unser Dank gilt in gleicher Weise dem Vizepräsidenten der Akademie der Wissenschaften der DDR, Herrn Professor Dr. HEINRICH SCHEEL, der die Arbeit des Euler-Komitees gefördert hat und der auch die „Abhandlungen“ zur Publikation zur Verfügung stellte.

Rostock, im September 1983

Prof. Dr. sc. nat. WOLFGANG ENGEL
Vorsitzender des Euler-Komitees bei der
Akademie der Wissenschaften der DDR

Euler-Komitee bei der Akademie der Wissenschaften der DDR

Vorsitzender: W. Engel, Rostock
Mitglieder: I. Bausch, Berlin; K.-R. Biermann, Berlin; L. Budach, Berlin; C. Grau, Berlin; H. Heikenroth, Berlin; K. Hennig, Berlin; G. Jackisch, Sonneberg; R. Klötzler, Leipzig; K. Matthes, Berlin; P. Mill, Berlin; M. Peschel, Berlin; H. Preuschhof, Berlin; G. Siedt, Berlin; H.-J. Treder, Potsdam; H. Wussing, Leipzig; G. Zillmann, Berlin

Inhalt

I. Festakt im Großen Festsaal im Haus der Ministerien, Berlin

Ansprachen ausländischer Teilnehmer

II. Wissenschaftliche Konferenz im Großen Festsaal im Haus der Ministerien und im Plenarsaal der Akademie der Wissenschaften der DDR, Berlin

III. Weitere Beiträge zum Jubiläum

IV. Bildteil

Teil I

Festakt im Großen Festsaal im Haus der Ministerien, Berlin

Prof. Dr. sc. med. WERNER SCHELER
Präsident der Akademie der Wissenschaften der DDR, Berlin

Begrüßungsansprache

Verehrte Gäste, meine Damen und Herren, liebe Kollegen und Genossen!

Am 18. September 1783 schloß LEONHARD EULER nach einem ungewöhnlich erfolgreichen Schaffen für immer seine Augen. Sein 200. Todestag ist für unsere Akademie, mit deren Ansehen und deren Geschick sein Wirken eng verbunden war, ist für die gesamte Wissenschaft und Geisteswelt Anlaß, dieses schöpferischen Menschen zu gedenken und sein Werk zu würdigen, das die Zeit überdauerte und bleibendes Fundament der Wissenschaft, unverlierbares Gut der Menschheitskultur wurde.

Im Namen der Veranstalter der Euler-Ehrung, im Namen des Präsidiums der Akademie der Wissenschaften der DDR und in meinem eigenen Namen begrüße ich Sie alle zu unserem heutigen Festakt auf das herzlichste.

Ich heiße alle Gäste aus nah und fern willkommen und begrüße den Schirmherrn der Euler-Ehrung in der Deutschen Demokratischen Republik, das Mitglied des Zentralkomitees der SED, den Stellvertreter des Vorsitzenden des Ministerrates der DDR und Minister für Wissenschaft und Technik, Genossen Dr. HERBERT WEIZ. Herzlich willkommen heiße ich Genossen Professor HANNES HÖRNIG, Mitglied des ZK und Leiter der Abteilung Wissenschaften beim ZK der SED.

Es ist uns eine hohe Ehre, unter unseren Gästen den Außerordentlichen und Bevollmächtigten Botschafter des Geburtslandes LEONHARD EULERS, der Schweiz, Herrn Dr. DIETSCHI, zu wissen. Ich heiße Sie, Herr Botschafter, herzlich willkommen.

Mit Freude begrüßen wir zahlreiche ausländische Gäste, unter ihnen als Vertreter internationaler wissenschaftlicher Organisationen Professor HULT, Generalsekretär der Internationalen Union für Theoretische und Angewandte Mechanik, sowie Professor PEDERSEN, Vizepräsident der Internationalen Union für Geschichte und Philosophie der Wissenschaft.

Verehrte Anwesende!

In LEONHARD EULER ehren wir den bedeutendsten Mathematiker zwischen NEWTON und GAUSS und sicherlich den produktivsten Mathematiker aller Zeiten. Von 1727 bis 1741 und von 1766 bis 1783 wirkte EULER in Petersburg an der Akademie der Wissenschaften in Rußland, und von 1741 bis 1766 verbrachte EULER 25 Jahre fruchtbarsten Schaffens in Berlin. Sein Wirken spielt in der Geschichte der Begegnung der deutschen und der russischen Wissenschaft eine herausragende Rolle. So wurde das Jubiläum seines 250. Geburtstages 1957 von den Akademien der Wissenschaften der DDR und der UdSSR gemeinsam vorbereitet und durchgeführt. Es war dies eine eindrucksvolle

Manifestation der Kooperation zwischen den Wissenschaftlern der DDR und der UdSSR, und sie wies LEONHARD EULER den ihm gebührenden hervorragenden Platz in den Traditionen der Freundschaft zwischen unseren Ländern und Völkern zu.

EULERS Bedeutung liegt in der Vielseitigkeit seines Schaffens. Er bereicherte die verschiedensten Gebiete der Mathematik und begründete manche Disziplinen überhaupt erst wissenschaftlich. Dabei ging es EULER auch stets um eine Anwendung der Ergebnisse in der Praxis. Der Nutzen der mathematischen Wissenschaften wurde von EULER einst so charakterisiert:

„Heute bezweifelt niemand den großen Nutzen der Mathematik, denn vielen Wissenschaften und Künsten, deren wir uns täglich bedienen, ist sie unentbehrlich ... Die gesamte Mathematik zeigt uns die Methoden oder gleichsam die Wege, die zur Wahrheit führen, sie macht die verborgensten Wahrheiten ausfindig und setzt sie ins richtige Licht. So schärft sie einerseits die Denkkraft, bereichert aber auch andererseits unsere Kenntnisse. Beides sind Ziele, die gewiß der großen Mühe wert sind. Die Wahrheit ist an sich eine Kostbarkeit, da mehrere Wahrheiten, unter sich verknüpft, höhere Zusammenhänge ergeben, ist jede von Nutzen, selbst wenn dieser zuerst nicht ersichtlich ist." (LEONHARD EULER, Vom Nutzen der höheren Mathematik. *In:* Leonhard Euler — Opera omnia, Ser. III, Vol. 2.)

Gerade heute, unter den Bedingungen der entwickelten sozialistischen Gesellschaft in unserer Republik, gewinnt die Wissenschaft als unmittelbare Produktivkraft zunehmend an Bedeutung. Die volle Einbeziehung der Wissenschaft in diesen objektiven Entwicklungsprozeß erfolgt nicht im Selbstlauf. Sie erfordert vielmehr von allen Beteiligten ein aktives Einwirken und Mitgestalten. Immer deutlicher zeigt sich, daß ganze moderne Industriezweige ihren unmittelbaren Ursprung in fundamentalen Erkenntnissen der Wissenschaft über gesetzmäßige Zusammenhänge in der Natur haben. Eine besondere Rolle kommt in diesem Prozeß neben den Natur- und den technischen Wissenschaften der Mathematik zu. Die breite Förderung der Mathematik, speziell in den vergangenen 20 Jahren, hat an der Akademie der Wissenschaften der DDR, den Hoch- und Fachschulen und in der Industrie ein Forschungspotential entstehen lassen, das die Voraussetzungen bietet, die gewachsenen Aufgaben der Grundlagenforschung sowie die aus der ökonomischen Strategie der DDR abgeleiteten Aufgaben der angewandten Forschung bewältigen zu können.

Mathematiker, Naturwissenschaftler und Techniker der Akademie, des Hoch- und Fachschulwesens und der Industrie arbeiten gemeinsam an der Lösung großer komplexer Vorhaben. Wichtige Anwendungsgebiete sind u. a. die Mikroelektronik, Probleme der Konstruktion und Fertigung, Modellierung und Steuerung von Produktionsprozessen, die Roboterforschung sowie Analyse, Planung und Steuerung ökonomischer Prozesse.

Grundlagen- und angewandte Forschung verschmelzen dabei immer mehr und befruchten sich wechselseitig. LEONHARD EULER setzte mit seinem Werk Maßstäbe für die Einheit von theoretischer Vertiefung der Wissenschaft und der Anwendung ihrer Ergebnisse zur Lösung praktischer Probleme. Und noch heute können wir aus seinem Schaffen für uns gültige Normen für Zielstellung und Handhabung der Forschung entnehmen, ebenso wie er selbst eine einzigartige Verkörperung des Ethos des Wissenschaftlers darstellt.

Zugleich bleibt uns LEONHARD EULER Beispiel und Verpflichtung in der Verbindung der deutschen und der russischen Wissenschaft, die heute in der wissenschaftlich-technischen Zusammenarbeit zwischen der DDR und der UdSSR eine neue Dimension erreicht hat.

Verehrte Anwesende!

Der Euler-Ehrung in der Deutschen Demokratischen Republik, die heute mit diesem Festakt beginnt, und die am Nachmittag und morgen mit einer wissenschaftlichen Konferenz fortgesetzt wird, wünsche ich einen guten Verlauf und reiche Ergebnisse.

Ich bitte Dr. Weiz, das Wort zu seinem Festvortrag zu nehmen.

Dr. HERBERT WEIZ

Stellvertreter des Vorsitzenden des Ministerrates der DDR und Minister für Wissenschaft und Technik, Berlin

Festvortrag

Meine sehr geehrten Damen und Herren!
Liebe Genossen und Freunde!

Die heutige Festveranstaltung ist LEONHARD EULER gewidmet, dessen Todestag sich am 18. September zum 200. Male jährt. Gestatten Sie mir, Ihnen allen, die Sie sich aus diesem Anlaß zu ehrendem Gedenken zusammengefunden haben, die herzlichen Grüße des Ministerrates der DDR und seines Vorsitzenden, WILLI STOPH, zu überbringen.

Das Jahr 1983 ist reich an bedeutsamen Jubiläen, gewidmet herausragenden Persönlichkeiten, die dem Menschheitsfortschritt kräftige Impulse zu geben vermochten. Mit Fug und Recht steht mit ihnen in einer Reihe das Gedenken an LEONHARD EULER, einen Stern 1. Größe am Firmament der Naturwissenschaften, einen der größten Mathematiker aller Zeiten.

Gebürtiger Schweizer, fand er in Petersburg und Berlin jene Wirkungsstätten, in denen er sein Genie entfalten konnte. Sein Name hatte schon zu Lebzeiten in der ganzen wissenschaftlichen Welt einen legendären Klang. Als LEONHARD EULER vor 200 Jahren starb, hinterließ er ein gigantisches Werk aus 60jähriger, überaus fruchtbarer wissenschaftlicher Tätigkeit. Im Zeitalter der Aufklärung wirkend, die im Denken, in der Vernunft den Schlüssel sah, die Welt besser einzurichten, hat EULER unauslöschliche Wegzeichen auf vielen Gebieten der Wissenschaften und ihrer nutzbringenden Anwendung gesetzt.

EULERS Bedeutung wurzelt in der Universalität, mit der er die verschiedensten Zweige der Mathematik von der Zahlentheorie bis zur Theorie der Reihen, von der Analysis bis zur Algebra und Funktionentheorie bereicherte. Als sein größtes historisches Verdienst kann man die Schaffung des fundamentalen mathematischen Apparates für die Lösung der unterschiedlichsten Problemstellungen der Physik, Astronomie und Technik betrachten. Es fand in der Analysis den Hebel, mit dem die Welt bewegt werden konnte. So hinterließ er das Rüstzeug, auf dem die technische Entwicklung der folgenden Jahrzehnte aufbaute und das bis heute unverzichtbares Gut jeder Ingenieurtätigkeit ist. Er erprobte es selbst in der Anwendung auf astronomische, optische, kartographische, ballistische, schiffbautechnische und technologische Aufgabenstellungen.

Der Wissenschaft stand EULER mit der Haltung des der Welt zugewandten Denkers gegenüber, der überzeugt ist von der objektiven Realität der Natur, von der unbegrenzten Fähigkeit des Menschen, die Natur zu erkennen und umzugestalten.

Es liegt nahe, daß das Leben und Schaffen eines solchen Mannes allseitig studiert und tausendfach gewürdigt worden sind. Wenn wir heute EULER ehren, so geht es vor allem darum, aus seinem Wirken zu lernen und es nutzbringend fortzusetzen. Ins Blickfeld rücken wir all das, was aus EULERS Vermächtnis für die heutige Mathematiker- und Naturwissenschaftlergeneration von Wert ist, damit sie ihrer großen Verantwortung für das Gedeihen der sozialistischen Gesellschaft immer besser gerecht werden kann.

Mit der Würdigung LEONHARD EULERS unterstreichen wir zugleich die große Bedeutung der Mathematik in unserem Leben, für die Meisterung der Aufgaben, die vor uns stehen. Sein Schaffen beschleunigte den historischen Prozeß des Eindringens der Mathematik in andere Wissenschaften — beginnend mit den Naturwissenschaften, sich fortsetzend in den technischen Wissenschaften und heute auch in großer Breite die Gesellschaftswissenschaften erfassend. Von KARL MARX ist überliefert, daß er eine Wissenschaft erst dann als wirklich entwickelt ansah, wenn sie dahin gelangt war, sich der Mathematik bedienen zu können. Das Eindringen der Mathematik in eine Disziplin widerspiegelt in hohem Maße auch die produktive Nutzbarkeit des gesammelten Wissens, es drückt aus, bis zu welchem Grade Wissenschaft unmittelbare Produktivkraft geworden ist.

Auch heute ist die Mathematik eine wesentliche Grundlage für das tiefere Verständnis und die vollkommenere Beherrschung realer Prozesse in Natur und Gesellschaft. Keine der modernen Schlüsseltechnologien unserer Zeit, sei es die Mikroelektronik und die Robotertechnik oder die automatisierte Informationsverarbeitung, ist ohne Anwendung eines ausgeklügelten mathematischen Apparates denkbar. Insofern haben Mathematik und Rechentechnik für die weitere Beschleunigung des wissenschaftlich-technischen Fortschritts und damit für die Verwirklichung der ökonomischen Strategie unseres Landes einen besonderen Stellenwert.

Vieles, was für materialsparende Konstruktionen, für effektive Verfahren der Energie- und Stoffwandlung, für produktive Technologien der Werkstoffbearbeitung zu tun ist, muß sich zwingend auf das von EULER begründete und von seinen Nachfolgern vertiefte Wissen stützen. Zugleich erfordert die moderne Produktion die Anwendung neuester mathematischer Ergebnisse, z. B. aus der Optimierung, der Spiel- und Bedienungstheorie, der Statistik, der Modellierung und Simulation technologischer Prozesse. In diesem Sinne sind hohe Anforderungen an die Mathematik gestellt, um gewichtige Reserven für das weitere Effektivitäts- und Leistungswachstum unserer Volkswirtschaft erschließen zu helfen.

Das bedeutet zugleich wachsende Verantwortung für den Mathematiker in unserer sozialistischen Gesellschaft. Die in großem Maßstab unter Anwendung der EDV vor sich gehende Automatisierung der Produktion erfordert immer mehr Menschen, die fähig sind, präzise und komplizierte Steuerungssysteme einzurichten und zu beherrschen. Viel ist zu tun, damit das leistungsfähige Instrumentarium der Mathematik jedem Ingenieur, Konstrukteur, Technologen und Ökonomen noch mehr in Fleisch und Blut übergeht. Zugleich werden neue Erkenntnisse der Mathematik benötigt, die sowohl ihr eigenes Fundament als Wissenschaftsdisziplin verbreitern als auch auf dem Gebiet der angewandten Forschung zu einem tragfähigen Vorlauf für Spitzenleistungen in anderen Wissenschaften und der Volkswirtschaft beitragen. Aus alldem resultieren die hohen Ansprüche, die an das wissenschaftliche Schöpfertum, die Kreativität, den Fleiß der heutigen Wissenschaftler gestellt sind.

Diese Tugenden — daran zu erinnern liegt auf der Hand — verkörperte gerade LEONHARD EULER in höchstem Maße. Begabt mit einem außergewöhnlichen Talent, mit ausgeprägter Fähigkeit und Neigung zu Analyse und Verallgemeinerung, vermochte er ein Werk zu schaffen, dessen Umfang noch heute in Erstaunen setzt. 800 veröffentlichte Arbeiten mit rd. 30000 Druckseiten, daneben mehrere Tausend Seiten unveröffentlichte Manuskripte und Konzepte, weiterhin Tausende Briefe — das ist nur zu bewältigen durch ungeheuren Fleiß, ausdauernden Willen und enormen Wissensdrang.

Nicht umsonst heißt es von ihm: Er rechnete, wie andere atmen. Dabei sind alle Arbeiten Eulers durchdrungen von Klarheit, sie sind gediegen und durchdacht. Sein Gedächtnis von fotografischer Exaktheit, seine phänomenale Konzentrationskraft halfen ihm ebenso wie sein ausgeglichener, umgänglicher, unbefangener Charakter. Auch Alter, Schicksalsschläge und körperliche Gebrechen konnten seinen Schaffensdrang nicht bremsen. Eulers Umgang und Lebenshaltung war von einfacher Art, Arroganz und Überheblichkeit waren ihm fremd. Das Wissen um den eigenen Wert ließ ihn die Leistungen anderer schätzen und neidlos anerkennen.

Solche Eigenschaften sind auch heute in der Wissenschaft so nötig wie das tägliche Brot. Gerade das beständige Streben nach hohem Leistungsniveau, das rastlose Bemühen, die Grenzen des bisher Bekannten zu überschreiten, ist im internationalen Wettstreit, der in Wissenschaft und Technik und ihrer produktiven Nutzung entbrannt ist, von erstrangiger Bedeutung.

Noch fester gilt es im Bewußtsein vor allem der jungen Forscher zu verankern: Ein Zuviel an wissenschaftlicher Erkenntnis kann es nicht geben. Und es geht nicht darum, sich ein ruhiges Plätzchen in der Wissenschaft zu suchen, sondern sich mutig an den Brennpunkten der Wissenschaftsentwicklung vorwärtszuwagen. Solche Brennpunkte gibt es auch in der Mathematik mit Gewißheit sehr viele, wenn auch auf höherem Abstraktionsgrad und weniger offenkundig als zu Zeiten Eulers. Es ist daher von großer Bedeutung, daß die Schwerpunkte der mathematischen Forschung sich an den Erfordernissen des gesamten wissenschaftlich-technischen Fortschritts in unserem Lande orientieren — unter dem Blickwinkel dessen, was international im Zentrum der Aufmerksamkeit steht.

Das Streben nach höchstem wissenschaftlich-technischen Niveau muß sich auch und gerade in der Mathematik noch fester verbinden mit dem Drang nach Verwertbarkeit und Verwertung der Ergebnisse. Und gerade in Euler ehren wir einen Wissenschaftler, dessen Tätigkeit durch die Synthese von Theorie und Praxis gekennzeichnet ist.
Er nutzte die Mathematik als mächtige Waffe der Erforschung und Nutzung der Natur; allen zu seiner Zeit interessierenden praktischen Fragen der Naturforschung und Technik suchte er mit den von ihm geschaffenen mathematischen Mitteln beizukommen.

Nicht selten gewann Euler aus ihm vorgelegten Problemstellungen Anregungen für die Vertiefung seiner mathematischen Arbeiten. Umgekehrt verlor er bei seinen zahlreichen theoretischen Untersuchungen nie die praktischen Fragen aus dem Auge. Hydrodynamik und partielle Differentialgleichungen sind Beispiel für solch ein Herangehen; in der Elastizitätstheorie, der Kreiseltheorie, bei der Berechnung von Turbinen und der Konstruktion achromatischer Optiken flossen Theorie und praktische Vorschläge im Schaffen Eulers zusammen.

Euler hat eine ganze Reihe technischer Gutachten abgegeben, z. B. zur Verminderung der Reibung bei Maschinen, zum Brückenbau über die Newa, er kümmerte sich um die Nivellierung des Finow-Kanals, die Wasserspiele von Sanssouci u. a. m. Es entsprach seinem Wesen, Erforschtes klar und deutlich darzulegen, schwierigste Sachverhalte auf einfachste Weise anderen zugänglich zu machen. Das wird besonders an seinen Lehrbüchern deutlich. Er scheute keine Mühe, die Ergebnisse seiner Forschungen denen, die die Theorie anwenden sollten, in unmittelbar zugänglicher Form zu liefern.

Für uns Heutige ist diese Problematik nicht minder aktuell. Das in der Breite spürbar gewachsene Niveau mathematischer Bildung unserer ingenieurtechnischen Kader allein garantiert noch nicht die zügige Anwendung neuer mathematischer Instrumente mit der notwendigen Wirkung. Erforderlich erscheint, daß einerseits das in der Praxis vorhandene Wissen ständig weiterentwickelt und immer neu aktiviert wird und andererseits die Mathematiker an der Akademie der Wissenschaften, den Universitäten und Hochschulen noch stärker für die technische Umsetzung ihrer Forschungsergebnisse Sorge tragen. In enger Verbindung damit steht, die Bande der mathematischen Forschung mit der Volkswirtschaft noch fester zu knüpfen, langfristig stabile Arbeitsbeziehungen zu pflegen, die den Kombinaten wirksam helfen und zugleich dem strategischen Charakter mathematischer Vorlauferkenntnisse Rechnung tragen.

Die Verbindung von Theorie und Praxis auf dem Gebiet der Mathematik im Eulerschen Sinne ist eine Schlüsselfrage für die Nutzung unseres Potentials der über 8000 Mathematiker und der vielen Zehntausende mathematisch gebildeter Naturwissenschaftler, Ingenieure und Ökonomen.

Dem entsprechen auch die Aufgaben, die bei der Heranbildung der kommenden Mathematikergenerationen zu lösen sind. Disponible Kader, die die mathematischen Theorien beherrschen, Fertigkeiten für ihre Anwendung besitzen und über die Bereitschaft und Fähigkeit zur interdisziplinären Zusammenarbeit verfügen, werden den heutigen und den künftigen Ansprüchen am besten gerecht. Sie auszubilden und zu erziehen, dabei die Begabtesten früh zu erkennen und besonders zu fördern, darin liegt eine große Verantwortung. Unsere reichen Erfahrungen mit Mathematik-Olympiaden, mathematischen Schülergesellschaften und anderen Formen wissenschaftlichen Wettstreits und der Förderung von Talenten sollten dazu auch weiterhin zielstrebig genutzt werden.

Der Fortschritt der Mathematik und generell der Wissenschaften in unserem Lande hat feste Wurzeln in den engen, sich von Jahr zu Jahr vertiefenden Beziehungen zu den Wissenschaftlern der Sowjetunion. Und es ist vollauf begründet, an den hervorragenden Platz zu erinnern, den EULER in den Traditionen der freundschaftlichen Zusammenarbeit zwischen den Wissenschaftlern der DDR und der UdSSR, insbesondere der Akademien der Wissenschaften, einnimmt.

In den 30 Jahren seines Wirkens in Petersburg und den 25 Jahren seiner Arbeit in Berlin führte er beide Akademien in die erste Reihe der zeitgenössischen Wissenschaftszentren Europas. EULER wird als Schöpfer der ersten mathematischen Schule Rußlands angesehen, und viele begabte russische Mathematiker haben in der Folgezeit zur Weiterentwicklung und Verbreitung seiner genialen wissenschaftlichen Ideen beigetragen. EULERS Wirken war auch während seiner Berliner Jahre (1741—1766) aufs engste mit der Petersburger Akademie verbunden. Dafür steht die Tatsache, daß er Wissenschaftler nach Petersburg empfahl sowie russische Gelehrte förderte und nach Berlin holte; davon zeugt auch sein umfangreicher Briefwechsel mit MICHAIL LOMONOSSOW, den er sehr schätzte. Andererseits rissen nach seiner Rückkehr in die Stadt an der Newa die Verbindungen zur Berliner Akademie nicht ab.

EULER schuf damit eine feste Basis für die wissenschaftlichen Verbindungen zwischen russischen und deutschen Wissenschaftlern, die durch alle geschichtlichen Wechselfälle hindurch ihre Tragfähigkeit bewahrte. Als sich 1957 Wissenschaftler aus der DDR und der UdSSR zusammenfanden, um den 250. Geburtstag Eulers festlich zu begehen, war das schon ein Ausdruck einer qualitativ neuen Etappe der Zusammenarbeit, begründet in der festen Freundschaft unserer beiden Länder.

Heute hat die Wissenschaftskooperation eine Breite erlangt, die damals kaum denkbar war. Das gilt voll und ganz auch für die Mathematiker beider Länder, die zum Beispiel bei der Schaffung höchstintegrierter Schaltkreise, der Entwicklung intelligenter Roboter oder der automatisierten Bildverarbeitung wesentliche Beiträge zur gemeinsamen Lösung volkswirtschaftlich vordringlicher Aufgaben zu erbringen haben. Es ist erfreulich festzustellen, daß es fruchtbare Partnerbeziehungen zu führenden Forschungszentren in Moskau, Leningrad, Nowosibirsk und Minsk auf Gebieten gibt, die auch in der wissenschaftlichen Tätigkeit Eulers eine bedeutende Rolle gespielt haben. Diese Kooperation ist für die Mathematiker der DDR vor allem ein hoher Anspruch an das eigene Leistungsvermögen, eine Verpflichtung zu Ergebnissen höchsten Niveaus.

Verehrte Anwesende!

Das Schaffen eines solchen Genies und Wegbereiters der Wissenschaften, wie es Euler war, gehört der ganzen Menschheit. Der völkerverbindende, auf das Wohl der Menschen gerichtete Charakter seines Handelns fordert zugleich dazu heraus, auf die Gefahren zu verweisen, denen heute die Menschheit ausgesetzt ist.

Die revolutionierende Entwicklung der Wissenschaft, mit ihren segensreichen Ergebnissen zur Erleichterung und Verschönerung des Lebens, hat auch die technischen Möglichkeiten geliefert für eine Selbstvernichtung der menschlichen Zivilisation. Der Konfrontationskurs der USA und ihrer Verbündeten steuert gerade gegenwärtig auf ein solches Abgleiten in die Katastrophe hin.

Schon vor einem Vierteljahrhundert mahnten Bertrand Russell und Albert Einstein in einem Manifest über die Atombedrohung: „Allen ohne Ausnahme droht Gefahr, und wenn diese Gefahr erkannt ist, gibt es auch eine Möglichkeit, sie mit gemeinsamen Kräften zu beseitigen." Aus dem Wissen um den tödlichen Abgrund, der sich vor der Menschheit durch die Anhäufung immer vollkommenerer Massenvernichtungsmittel auftut, erwächst gerade den Wissenschaftlern die Verpflichtung, sich mit ganzer Kraft und Autorität für die Einstellung des Wettrüstens einzusetzen, ihre Stimme gegen die Kriegsgefahr und für das friedliche Zusammenleben der Völker zu erheben. Die Wissenschaftler der DDR, der UdSSR und der anderen sozialistischen Länder stehen dabei mit in der ersten Reihe, sie wissen sich darin eins mit ihren Regierungen.

Auch in diesem Sinne liegt bei uns das Vermächtnis Leonhard Eulers in guten Händen. Es findet sich wieder in den Leistungen unserer Wissenschaftler und Ingenieure, im Streben des wissenschaftlichen Nachwuchses, in der Arbeit der Hochschullehrer und Forscher — es lebt in all denen, die ihren Willen und ihr Können dem humanistischen Aufbauwerk und einer guten Zukunft widmen. Die wissenschaftlichen Veranstaltungen, die in diesen Tagen zu Ehren des 200. Todestages Eulers stattfinden, werden davon Zeugnis ablegen.

Diesen Zusammenkünften wünsche ich einen erfolgreichen Verlauf und Ihnen sowie allen Teilnehmern der Euler-Ehrung persönlich alles Gute.

Prof. Dr. ADOLF PAWLOWITSCH JUSCHKEWITSCH (АДОЛЬФ ПАВЛОВИЧ ЮШКЕВИЧ)

Ancien président de l'Académie Internationale d'Histoire des Sciences,
Mitglied der Deutschen Akademie der Naturforscher Leopoldina,
Institut für Geschichte der Naturwissenschaft und Technik
der Akademie der Wissenschaften der UdSSR, Moskau

Leonhard Euler — sein Leben und mathematisches Werk

Es findet sich unter den prominentesten Mathematikern aller Zeiten und Völker kaum einer, dessen Namen man in den gegenwärtigen mathematischen Lehrbüchern öfter als den Namen LEONHARD EULER antrifft. Er war der größte Gelehrte des 18. Jahrhunderts und machte seine Heimatstadt Basel, vor allem jedoch die Petersburger und die Berliner Akademien, wo er insgesamt 56 Jahre gearbeitet hat, durch seine Tätigkeit berühmt. Den Namen EULERS tragen: in der Differentialrechnung der Satz über homogene Funktionen; in der Integralrechnung die Substitutionen, die die Rationalisierung der quadratischen Irrationalitäten ermöglichen, sowie Eulersche Integrale der 1. und 2. Gattung, die man jetzt Beta- und Gamma-Funktion nennt; in der Theorie der gewöhnlichen Differentialgleichungen eine der Klassen der linearen Gleichungen zweiter Ordnung mit veränderlichen Koeffizienten und das Näherungsverfahren beim Integrieren, das zum Ausgangspunkt des bekannten Cauchyschen Existenzsatzes wurde; in der Variationsrechnung die Differentialgleichung zur Bestimmung der Funktion, durch welche ein Integral bestimmter Klasse, das von dieser Funktion abhängt, einen Extremwert erhält; in der Differenzenrechnung die Euler-Maclaurinsche Summenformel; in der Theorie der analytischen Funktionen die Cotes-Eulersche Formel, die die Exponentialfunktion mit den trigonometrischen Funktionen verbindet, und die d'Alembert-Eulerschen Differentialgleichungen, die man gewöhnlich Cauchy-Riemannsche Differentialgleichungen nennt; in der allgemeinen Reihentheorie das Summationsverfahren der divergenten Reihen; in der Differentialgeometrie die Krümmungsformel des Normalschnitts der Fläche; in der Topologie die grundlegende Charakteristik des topologischen Komplexes. Diese Aufzählung umfaßt bei weitem nicht alles, man könnte z. B. noch die wichtigste Eigenschaft der von EULER eingeführten Zeta-Funktion, die Eulersche Konstante, Eulersche Zahlen sowie Eulersche Winkel nennen. Hier erwähnten wir nur solche Fälle, wo der berühmte Gelehrte in den gegenwärtigen Universitätshandbüchern und -vorlesungen beim Namen genannt wird. Indessen werden viele Eulersche Methoden und Formeln entweder anonym dargelegt oder mit den Namen von Wissenschaftlern aus späteren Zeitperioden verbunden. Nicht alle Mathematiker unserer Zeit wissen z. B., daß EULER die allgemeinen Formeln der sogenannten Fourier-Koefizienten in der Theorie der trigonometrischen Reihen als erster einführte. Genausowenig ist bekannt, daß die Darlegung der Logarithmentheorie sowie einiger Teile der Trigonometrie im heutigen Lehrstoff der Oberschulen bei EULER ihren Ursprung hat. Die von EULER vorgeschlagenen mathematischen Zeichen — imaginäre Einheit i, Basis der natürlichen Logarithmen e, Zeichen der Differenzen Δ und Summe $\sum$ u. a. m. — sind für immer in den Gebrauch eingegangen.

All diese Formeln, Theoreme, Methoden und Zeichen spiegeln nur einen Teil des gewaltigen Beitrages EULERS zur Mathematik wider. Mechanik, Physik, Geographie, Theorie der Wasserturbinen sowie Optik lasse ich hier beiseite.

Ich bemühe mich nun, in meinem Referat seinen Lebensweg sowie seinen Beitrag zur Mathematik summarisch zu charakterisieren.

Das Leben EULERS läßt sich in vier Etappen untergliedern: die ersten 20 Jahre in Basel, anschließend 14 Jahre seiner Arbeit in Petersburg, dann eine 25jährige Tätigkeit in Berlin und zuletzt die zweite Petersburger Periode, die 17 Jahre währte.

LEONHARD EULER wurde am 15. April 1707 in Basel als Sohn eines wenig bemittelten Pfarrers geboten. Im Alter von dreizehneinhalb Jahren bezog er im Herbst 1720 die Philosophische Fakultät der Baseler Universität. Es gab damals noch keine physikalisch-mathematischen Fakultäten, die Universität bildete keine Mathematiker aus. Die Absolventen der Philosophischen Fakultät konnten ihre Ausbildung an der Theologischen, Juristischen oder Medizinischen Fakultät fortsetzen. Die Vorlesungen in Mathematik, die der junge EULER besuchte, behandelten nur ihre elementaren Teile. Diese Vorlesungen wurden von dem berühmten Mathematiker JOHANN I. BERNOULLI gehalten. EULER begeisterte sich sofort für die Mathematik und wandte sich an seinen Professor mit der Bitte, ihm private Stunden zu geben. BERNOULLI lehnte zwar ab, half jedoch dem Jungen, dessen ungewöhnliche Begabung er erkannte, auf eine andere Weise. Er empfahl ihm spezielle Bücher und Artikel als Lektüre und gestattete ihm, jeden Sonnabend zu kommen, um die komplizierten Fragen gemeinsam zu besprechen. EULER sagte später, daß eine solche Unterrichtsmethode für ihn die beste war. Er lernte im Hause seines Mentors dessen Söhne — NIKOLAUS II., DANIEL und JOHANN II. BERNOULLI — sowie dessen Neffen NIKOLAUS I. BERNOULLI kennen. Sie alle interessierten sich intensiv für die Mathematik. Freundschaftliche Beziehungen zu den genannten Söhnen JOHANN BERNOULLIS spielten bald eine wichtige Rolle im Leben EULERS.

EULER studierte vortrefflich, beteiligte sich aktiv am Leben der Universität, deren Philosophische Fakultät er 1723 absolvierte. Ein Jahr später hielt er eine Rede, in der er die naturphilosophischen Auffassungen von DESCARTES und NEWTON gegenüberstellte. Damit wurde ihm der wissenschaftliche Grad Magister der Künste zuerkannt. Auf Wunsch seines Vaters, der meinte, die beste Laufbahn für den Sohn wäre die eines Pfarrers, ging der junge EULER zuerst an die Theologische Fakultät. Das Studium war hier jedoch nicht sehr erfolgreich, das Interesse für die Mathematik setzte sich allmählich durch. Der Vater stemmte sich nicht gegen die Veranlagung seines Sohnes, der sich nun ausschließlich mit dem Studium der Mathematik befaßte. 1726 und 1727 schrieb der junge EULER zwei kleine Beiträge für die Zeitschrift „Acta eruditorum"; er widmete beide den Problemen der Analysis, dem Forschungsgegenstand der Mitglieder der Familie BERNOULLI sowie anderer Wissenschaftler. Ebenfalls beteiligte sich EULER am Wettbewerb der Pariser Akademie zum Thema, wie man die günstigsten Stellen im Schiffskörper bestimmen kann, an denen die Masten anzuordnen sind. Zwar wurde ihm kein Preis verliehen, seine Arbeit bekam jedoch eine Anerkennung und wurde bald darauf in Paris veröffentlicht. Später, in den Jahren 1738 bis 1772, erhielt EULER insgesamt 12 Preise der Pariser Akademie für verschiedenste Arbeiten, die er zu Wettbewerben auf den Gebieten der angewandten Mathematik und insbesondere der Himmelsmechanik einreichte.

Indessen mußte der junge EULER eine Arbeitsstelle suchen. In der Schweiz sowie im benachbarten Deutschland gab es nur wenige Lehrstühle für Mathematik und Physik, so daß eine Vakanz in der Regel erst mit dem Tod des jeweiligen Professors entstehen konnte. Man berücksichtigte in der Familie BERNOULLI diesen Umstand: Die jungen Familienmitglieder studierten ein zweites Fach neben der Mathematik. NIKOLAUS I. BERNOULLI, doctor juris, vermochte auf diese Weise, den Lehrstuhl für Logik und anschließend den für Rechtswissenschaft in Basel zu erhalten. NIKOLAUS II. BERNOULLI wurde ebenfalls Professor der Rechtswissenschaft in Bern. DANIEL BERNOULLI promovierte zum doctor medicinae und beteiligte sich danach zweimal erfolglos an Ausschreibungen um die Lehrstühle für Anatomie und Botanik und dann für Logik. EULER versuchte seinerseits, den Platz des Physikprofessors an der Baseler Universität zu bekommen, der 1727 vakant wurde. Man hatte ihn jedoch zum Wettbewerb nicht zugelassen. Den beiden Söhnen von JOHANN II. BERNOULLI sowie EULER und auch vielen anderen westeuropäischen Gelehrten half die nach einer Idee des russischen Zaren PETER DES GROSSEN erfolgte Gründung der Akademie der Wissenschaften in Petersburg aus der Not. Rußland verfügte damals noch nicht über eigene wissenschaftliche Kader, und man bot die Arbeitsplätze an der neuen Akademie aktiven jungen Ausländern auf Vertragsbasis an; das betraf auch einen Teil des Hilfspersonals. Die Petersburger Akademie der Wissenschaften wurde im August 1725, also ein halbes Jahr nach dem Tod PETERS I., offiziell eröffnet. 17 Professoren und Adjunkten — wie man seinerzeit Akademiemitglieder höheren bzw. mittleren Ranges nannte — arbeiteten damals an der Akademie. Sie befaßten sich mit Mathematik, Physik, Astronomie, Chemie und anderen Naturwissenschaften, aber auch mit Geschichte, Philologie und noch einigen Gesellschaftswissenschaften. Zu den ersten Akademiemitgliedern gehörten NIKOLAUS II. und DANIEL BERNOULLI, durch deren Vermittlung am Ende des Jahres 1726 der vakante Lehrstuhl für Physiologie EULER angeboten wurde, der auch sofort mit dem Studium dieser für ihn neuen Wissenschaft begann. Nach dem mißlungenen Versuch, eine passende Stelle in der Heimat zu finden, verließ er am 5. April 1727 für immer Basel und kam 50 Tage später nach einer Fahrt zuerst auf dem Rhein, dann durch deutsche Lande und schließlich auf der Ostsee am 24. Mai in Petersburg an.

Als der 20jährige EULER Adjunkt der Petersburger Akademie wurde, wo er sofort die Möglichkeit erhielt, sich nicht der Physiologie, sondern den mathematischen Wissenschaften zu widmen, arbeitete man hier schon intensiv wissenschaftlich. EULER hätte nirgendwoanders eine günstigere Möglichkeit für die Verwirklichung seiner schöpferischen Potenzen finden können. Er befand sich unter Wissenschaftlern, die gemeinsame Interessen und Absichten hatten, was die Beschäftigung eines jeden von ihnen ganz offensichtlich stimulierte. Die wissenschaftlichen Mitarbeiter der Akademie versammelten sich zweimal wöchentlich auf Konferenzen. Dort referierten oder diskutierten sie über ihre Arbeiten, Briefe ausländischer Wissenschaftler und aktuelle Fragen des akademischen Lebens, so z. B. über den Inhalt von akademischen Abhandlungen, den sogenannten „Commentarii", einem Jahrbuch, dessen erster Band für das Jahr 1726 im Jahre 1728 erschien. Besonders wichtig waren für EULER seine ständigen Gespräche mit D. BERNOULLI, mit dem er mehrere Jahre lang eine Wohnung teilte, bis jener im Frühjahr 1733 abreiste. Neben D. BERNOULLI arbeiteten an der Akademie: J. HERMANN, der bei JACOB BERNOULLI, dem älteren Bruder des Lehrers von EULER, studiert hatte, der Geometer F.-C. MAYER, der Physiker und Mathematiker G.-W. KRAFFT, der vielseitig ausgebildete C. GOLDBACH, der ein besonderes Talent hatte, wichtige mathematische Fragen zu stellen, der Astronom J.-N. DELISLE und viele andere. Eine wichtige

Rolle spielte für EULER auch sein wissenschaftlicher Briefwechsel, vor allem mit seinem Lehrer JOHANN I. BERNOULLI, mit dem er ab 1727 fast 20 Jahre brieflich verbunden war. Wissenschaftliche Zeitschriften und internationale Kolloquien, an denen das Leben der Wissenschaftler jetzt so reich ist, fehlten damals fast völlig, so daß der wissenschaftliche Briefverkehr im 17. und 18. Jahrhundert das wichtigste Mittel zur gegenseitigen Information der Wissenschaftler, die in verschiedenen Ländern oder Städten lebten, darstellte. Viele Briefe waren mehr oder weniger ausführliche Autorreferate laufender Forschungen. Als GOLDBACH 1726 für einige Jahre nach Moskau fuhr, entstand ein äußerst inhaltsreicher Briefwechsel zwischen ihm und EULER, 196 Briefe umfaßt die Korrespondenz bis zum Tode GOLDBACHS im Jahre 1764. Mit der Abreise DANIEL BERNOULLIS begann ein Austausch von Ideen und Aufgaben zwischen ihm und EULER auf dem Wege des Briefverkehrs; 90 Briefe sind erhalten geblieben. Später stand EULER im Briefwechsel mit fast allen bedeutenden Mathematikern seiner Zeit, so mit STIRLING, CLAIRAUT, D'ALEMBERT, LAGRANGE, CRAMER, LAMBERT, um nur einige zu nennen. EULER kümmerte sich um die Erhaltung der Briefe. In einem seiner Briefe schrieb er, sollte jemand diese Briefe lesen, so würde man darin wichtige Sachen finden, deren Veröffentlichung dem Publikum mehr als die tiefsinnigsten Abhandlungen gefiele. Die Herausgabe des umfangreichen Briefwechsels begann 1843 und ist bis heute noch nicht abgeschlossen. Diese Briefe gestatten, nicht nur die geistigen Beziehungen der Briefpartner zu erkennen, sondern auch das gesamte akademische Leben jener Epoche besser zu begreifen.

Der weitere, für das Schaffen EULERS äußerst wichtige Umstand seiner Arbeit in Petersburg bestand darin, daß er seine Aufsätze in den bereits erwähnten „Commentarii" (später „Novi Commentarii", auch „Acta" und „Nova acta" betitelt) sowie seine umfangreichen und vielen Bücher ziemlich regelmäßig veröffentlichen konnte. Die „Commentarii" wurden in Latein herausgegeben, also in der Sprache, die alle Wissenschaftler im 18. Jahrhundert beherrschten. EULER war der produktivste Mathematiker aller Zeiten, wobei sein literarisches Schaffen mit zunehmendem Alter nicht erlahmte. Ich habe bei früherer Gelegenheit die Zahl der von EULER zum Druck vorbereiteten Werke auf Jahrzehnte verteilt zusammengestellt, wobei ich sowohl große Bücher als auch kleine Artikel aufnahm und nur die wenigen Werke nicht berücksichtigte, die ich nicht zu datieren vermochte. Die Berechnungen ergaben folgendes Bild (von insgesamt fast 850 Werken EULERS):

1726 bis 1734 ca. 4%	1755 bis 1764 ca. 14%
1735 bis 1744 ca. 10%	1765 bis 1774 ca. 18%
1745 bis 1754 ca. 19%	1775 bis 1783 ca. 34%.

Man muß dabei übrigens berücksichtigen, daß erstklassige Sekretäre EULER in seiner zweiten Petersburger Lebensperiode viel geholfen haben.

Die angeführten Prozentzahlen reichen natürlich nicht aus, um über die geistige Entwicklung EULERS urteilen zu können. Wie es für Mathematiker üblich ist, bildeten sich die wichtigsten Interessen und Ideen EULERS in seinen jungen Jahren heraus, obwohl er auch am Lebensabend neue Ideen hervorbrachte und die Entdeckungen seiner jüngeren Zeitgenossen noch aufnahm. Im Laufe von Jahrzehnten kehrte er zu den Problemen zurück, die sein Interesse einmal erweckt hatten, deren Lösung er aber aus irgendwelchen Gründen aufgeschoben bzw. die er auf eine Weise gelöst hatte, die ihn nicht befriedigte. Sein ganzes Leben lang hatte EULER nicht genug Zeit, alle seine wissenschaftlichen Ideen schriftlich niederzulegen. Viele Arbeiten, die er um die Mitte des 18. Jahrhunderts vollendete, reichten bis in den Anfang der ersten Petersburger Periode oder gar in die Baseler Zeit seiner Jugend zurück. Das Interessanteste zeigt uns sein Tagebuch, das im Archiv der Akademie der Wissenschaften der UdSSR aufbewahrt wird. So hatte er bereits in Basel vor, die Punktmechanik in der Sprache der Infinitesimalrechnung der Leibniz-Schule darzulegen. Er meinte dazu, die Punktmechanik sei in der „Philosophiae naturalis principia mathematica“ von NEWTON (1687) und in der „Phoronomia“ von HERMANN mit Hilfe von synthetischen geometrischen Beweisen dargelegt, die für die Lösung vieler Aufgaben weniger geeignet sind. Sein Vorhaben realisierte er 10 Jahre später in seiner zweibändigen „Mechanica, sive motus scientia analytice exposita“, die 1736 erschien. Sie beeinflußte entscheidend die gesamte Weiterentwicklung der Mechanik sowohl in seinen eigenen Werken als auch in den Abhandlungen von CLAIRAUT, D'ALEMBERT, LAGRANGE und von folgenden Generationen. Ähnlich war es auch bei seiner Theorie des Logarithmus, bei den Forschungen zur Musiktheorie, zur Optik u. a.

Die Petersburger Akademie der Wissenschaften war eine große staatliche Einrichtung, die bedeutende finanzielle Mittel erhielt und die man zur Lösung wichtiger praktischer Fragen heranzog. Der Akademie wurden Gymnasium und Universität angegliedert, in denen der nationale wissenschaftliche Nachwuchs ausgebildet wurde. Viele russische Wissenschaftler des 18. Jahrhunderts, darunter auch M. W. LOMONOSSOW, waren Absolventen dieser Bildungseinrichtungen, die erst Anfang des 19. Jahrhunderts im Zuge einer Reform des gesamten Bildungswesens geschlossen wurden. Die Petersburger Akademie wurde auch mit der Durchführung verschiedener technischer Expertisen beauftragt, ihr wichtigstes Anliegen war jedoch die allseitige — geographische, ethnographische, zoologische und botanische — Erforschung der damals noch wenig untersuchten Regionen des großen Reiches, insbesondere Sibiriens einschließlich der Halbinsel Kamtschatka.

EULER beteiligte sich an den genannten Unternehmungen tatkräftig, wobei ihm der Umstand behilflich war, daß er im Unterschied zu einigen anderen ausländischen Akademiemitgliedern die russische Sprache gut beherrschte und deshalb unter anderem die Prüfungen sowohl im Gymnasium als auch in einer Militärschule abnehmen konnte. Er verfaßte für die Gymnasiasten eine „Einleitung zur Rechenkunst“, die 1738 in Deutsch erschien und dann ins Russische übersetzt wurde. Diese „Einleitung“ trug zur Verbesserung des Unterrichts in diesem Fach im ganzen Lande bei. Mehrere Jahre lang befaßte er sich zusammen mit DELISLE und dem Astronomen und Geographen Akademiemitglied G. HEINSIUS mit der Kartographie, wobei er einige Karten eigenhändig zeichnete. Der Bedarf an genauen geographischen Karten, die früher fehlten, war dringend, man brauchte sie insbesondere, um die Grenzen des Landes festlegen zu können. Die Beschäftigung mit der Geographie wirkte dann auch auf die theoretischen Forschungen EULERS, als er später, in den 70er Jahren des 18. Jahrhunderts, die Funktionen komplexer Variabler bei der Lösung kartographischer Aufgaben verwendete.

Oben wurde erwähnt, daß sich EULER bereits in Basel mit den Problemen des Schiffbaus beschäftigt hatte. In Petersburg entwickelte er diese Forschungen in einem viel breiteren Rahmen weiter und verpflichtete sich 1740, eine Abhandlung speziell zu diesem Thema vorzubereiten. Die Aktualität dieser Probleme wie auch der Aufgaben der Navigation war für Rußland, das bereits in der Epoche Peters I. zu den größten Seemächten aufschloß, evident. Euler beendete das Manuskript seiner zweibändigen „Scientia navalis seu tractatus de construendi ac dirigendi navibus“ in Berlin, schickte es von dort nach Petersburg, wo das Buch 1749 erschien. Dieses Werk war von grundlegender Bedeutung für die Mechanik insgesamt, insbesondere nicht nur für die Hydromechanik, sondern auch für die Kinematik und Dynamik fester Körper. „Scientia navalis“ war jedoch kein Lehrbuch für Anfänger. Deshalb schrieb Euler viele Jahre später für die Marineschüler eine kürzere Abhandlung „Théorie complette de la construction et de la manoeuvre des vaisseaux mise à la portée de ceux, qui s'appliquent à la navigation“. Sie erschien 1773 in Französisch in Petersburg, 1776 in Paris, im gleichen Jahr auch in englischer und italienischer Übersetzung. Die russische Ausgabe erschien im Jahre 1778 und wurde von Akademiemitglied M. E. Golowin, Lomonossows Neffen und Eulers Schüler, zum Druck vorbereitet und durch einige Erläuterungen ergänzt. Die Erfüllung jener und anderer Pflichten verband Euler mit rein theoretischen Studien.

Sein erstes wissenschaftliches Referat hielt Euler am 5. August 1727 auf einer akademischen Konferenz; seit dem 2. Band der „Commentarii“ veröffentlichte er darin zeit seines Lebens Beiträge, manchmal mehr als 10 in einem Band. In der ersten Petersburger Periode bereitete er etwa 85 Werke zum Druck vor und veröffentlichte zirka 50 Abhandlungen zu verschiedenen Fragen der reinen und der angewandten Mathematik, der Zahlentheorie, der mathematischen Analysis, der Mechanik, Astronomie, Physik u. a. m.

Das Privatleben Eulers gestaltete sich ebenfalls gut, jedoch mit einer Ausnahme: ganz unerwartet wurde er 1738 auf dem rechten Auge blind. Anfang Januar 1734 heiratete Euler Catharina Gsell, die Tochter des Malers der Petersburger Akademie der Wissenschaften, der ebenfalls aus der Schweiz stammte. Im gleichen Jahr wurde der älteste Sohn Johann-Albrecht und im Jahre 1740 der zweite Sohn Karl geboren. Euler kaufte sich ein Haus, in dem auch die Familie seines jüngeren Bruders Heinrich, eines Malers, zu wohnen begann. Es sah so aus, als habe sich Euler in der russischen Hauptstadt fest eingerichtet. Nachdem jedoch die Zarin Anna Ioannowna 1740 verstorben war und Ioann VI. im Alter von drei Monaten zum Zaren ausgerufen wurde, entstand eine instabile politische Lage in Petersburg, die durch die Machtkämpfe verschiedener Gruppen hervorgerufen wurde. Zunächst war Biron, der Günstling der verstorbenen Zarin, Verweser des Landes, bald wurde er aber verbannt, und Anna Leopoldowna, die Mutter von Ioann VI., nahm seinen Platz ein. Ihre Macht war jedoch ebenfalls instabil. Die Unzufriedenheit des hauptstädtischen Adels und der Garde mit dem übermäßigen Einfluß der Ausländer am Hofe kündigte neue Komplikationen an. Euler hatte bereits im Sommer 1740 eine Einladung vom preußischen König Friedrich II. erhalten, nach Berlin überzusiedeln, wo der König eine Akademie der Wissenschaften und Literatur einrichten wollte, die in ihrer Bedeutung den Akademien in Paris und Petersburg in nichts nachstehen sollte. Die Einladung wurde im Winter 1741 wiederholt, und Euler, nachdem er alle Für und Wider abgewogen hatte, willigte ein. Am 19. Juni 1741 verließ er mit seiner ganzen Familie Petersburg und kam am 25. Juli nach Berlin, wo er sich etwas später im eigenen Haus in der Behrenstraße, unweit der heute dort stehenden Komischen Oper, niederließ.

So endete die erste Petersburger Periode Eulers.

Er vollbrachte in 14 Jahren vieles für den Fortschritt der Wissenschaften in Rußland. Gleichzeitig war er sich darüber im klaren, daß die Einladung nach Petersburg eine entscheidende Bedeutung für sein ganzes Schicksal und Schaffen gehabt hatte. In diesem Sinne schrieb er an die Petersburger Akademie im Jahre 1749, nur dort hätten mathematische Forschungen seine Hauptbeschäftigung werden können.

EULER kam als energiegeladener 34jähriger Wissenschaftler von Weltruf nach Berlin. Sein alter Lehrer JOHANN BERNOULLI nannte ihn 1745 in einem seiner Briefe mit vollem Recht „princeps mathematicorum". In Berlin wurde EULER zu einem Organisator der neuen Akademie der Wissenschaften. Er begann freilich nicht bei Null. Bereits 1700 war auf Initiative LEIBNIZ' eine „Societät der Wissenschaften" in Berlin gegründet worden, unter ihren Mitgliedern waren jedoch nur wenige bedeutende Gelehrte, und LEIBNIZ selber lebte in Hannover. In der Regierungszeit des Vaters von FRIEDRICH II., des wissenschaftsfeindlichen und despotischen Soldatenkönigs FRIEDRICH WILHELM I., fristete die Berliner „Societät der Wissenschaften" ein klägliches Dasein. FRIEDRICH II., der 1740 den Thron bestieg, war ein Herrscher, der für Preußen eine Großmachtstellung anstrebte. Es genügt, wenn wir bloß daran denken, daß 15 Jahre von den ersten 23 Jahren seiner Herrschaft durch Kriege bestimmt wurden; das waren der achtjährige Krieg um die österreichische Erbschaft (1740 bis 1748) und dann der Siebenjährige Krieg 1756 bis 1763. Gleichzeitig war FRIEDRICH II. jedoch ein typischer Vertreter des aufgeklärten Absolutismus des 18. Jahrhunderts und förderte, teilweise aus Prestigegründen, Wissenschaften und Kunst, ließ ein gemäßigtes philosophisches Freidenkertum zu, allerdings in einem Maße, das keine Gefahr für die absolutistische Monarchie bedeutete. FRIEDRICH II. war ein Bewunderer der französischen Kultur, stand im freundschaftlichen Briefverkehr mit VOLTAIRE, den er später nach Potsdam einlud, schrieb vorwiegend französisch und machte die französische Sprache zur offiziellen Sprache in der neuen Akademie. War der erste Präsident der Petersburger Akademie der Wissenschaften der Leibarzt L. BLUMENTROST, ein Deutscher, eigentlich gebürtiger Moskauer, so wurde als Präsident der Berliner Akademie der Wissenschaften und Literatur, die 1744 die „Societät der Wissenschaften" ablöste, ein bekannter französischer Wissenschaftler, P. L. MOREAU DE MAUPERTUIS, von FRIEDRICH II. berufen, dessen mondäne Manieren dem König imponierten. MAUPERTUIS trat seinen Dienst 1746 an, wobei sich die Beziehungen zwischen ihm und EULER, der zum Direktor der mathematischen Klasse ernannt wurde, von Anfang an bestens gestalteten. Anders war es um das Verhältnis zwischen EULER und FRIEDRICH II. bestellt. Der Mathematik-König war ein typischer Baseler Bürger, der nicht willens war, die Rolle eine Hofphilosophen zu spielen. Als frommes Mitglied der französisch-reformierten Kirche war er gegen das Freidenkertum, vor allem in dessen radikaler französischer Variante. Außerdem war EULER in erster Linie Mathematiker, FRIEDRICH II. verachtete aber die Mathematik, falls sie nicht für die Lösung irgendwelcher praktischer Aufgaben angewendet werden konnte. Im Grunde genommen hegten beide füreinander wenig Achtung, es war mehr eine Art Duldsamkeit, und wenn sie sich doch vertrugen, dann nur deshalb, weil es anders nicht ging. Als MAUPERTUIS 1759 starb, dachte der König gar nicht daran, EULER zum Präsidenten zu berufen, sondern bot diesen Posten D'ALEMBERT an. Als dieser jedoch das Angebot ablehnte, übernahm er die Leitung der Akademie selbst.

EULER leistete eine sehr umfangreiche wissenschaftlich-organisatorische Arbeit in Berlin und führte unterschiedliche Aufträge des Königs aus. Seine außerordentliche Arbeitsfähigkeit sowie die rationelle Zeiteinteilung ermöglichten es ihm, nicht nur all seine Pflichten erfolgreich zu bewältigen, sondern auch in einem ständig zunehmendem Tempo wissenschaftliche Forschungen durchzuführen.

EULER war Mitglied des Direktoriums der Berliner Akademie und vertrat den Präsidenten, wenn MAUPERTUIS, was sehr oft vorkam, abwesend war. In dieser Funktion beschäftigte er sich mit dem Bau der Sternwarte und der Anschaffung entsprechender Geräte, leitete die Herstellung und Herausgabe von geographischen Karten, den Ankauf von Samen und Setzlingen für den botanischen Garten, die Einstellung, Entlassung und Rentenleistung für die Angestellten, aber auch die Herausgabe von Jahreskalendern — der Erlös aus dem Verkauf dieser Kalender stellte einen Teil des akademischen Etats dar, der um so wichtiger wurde, je mehr der König die Finanzen wegen der ständigen großen militärischen Ausgaben kürzte. EULER folgte dem königlichen Wunsch und übersetzte das beste damalige Werk zur Ballistik „New principles of gunnery" von B. ROBINS, das 1742 erschienen war, aus dem Englischen ins Deutsche. Die deutsche Ausgabe der „Neuen Grundsätze der Artillerie" (1745) ergänzte EULER durch seine wertvollen Nachträge, die später in die englische Neuausgabe sowie in deren französische Übersetzung aufgenommen wurden.

Im Auftrage des Königs sollte sich EULER auch mit der Hydrotechnik beschäftigen. So gab er Ratschläge beim Bau des Finowkanals zwischen Havel und Oder sowie zur Wasserversorgung der königlichen Residenz in Potsdam mit ihren zahlreichen Springbrunnen, die auf unterschiedlichen Ebenen liegen. Nachdem er die von dem Mathematikprofessor J. A. SEGNER (er bekleidete dieses Amt in Göttingen und dann in Halle) entwickelte hydraulische Maschine durch Briefe kennengelernt hatte, nahm EULER in den Jahren 1750 bis 1753 wesentliche technische Änderungen an ihr vor und schuf die Grundlagen der Theorie der Wasserturbinen. Oben erwähnte ich die Vollendung der Arbeit an der „Scientia navalis". Mit all diesen Arbeiten war eine Reihe von theoretischen Abhandlungen EULERS zur Hydromechanik (1754 bis 1763) verbunden; EULERS Aktivitäten auf diesem Gebiet verflochten sich mit den entsprechenden Forschungen D'ALEMBERTS. Ich gehe auf diese Arbeiten nicht ein, da ein besonderes Referat der Eulerschen Mechanik gewidmet ist.

Ich erwähne noch zwei Aspekte der Tätigkeit EULERS in Berlin, die mit der Lösung praktischer Aufgaben direkt verbunden waren.

Das waren erstens Berechnungen zur Organisation staatlicher Lotterien, die eine der Quellen zur Auffüllung der Staatskasse darstellten, sowie zu Problemen der Versicherungsmathematik und Demographie — hier mußte man Aufgaben aus der Wahrscheinlichkeitstheorie und der Mathematischen Statistik lösen.

Zweitens befaßte er sich jahrelang erfolgreich mit der Optik. Nach der Lichttheorie von NEWTON führt die Zunahme der Leistungsfähigkeit optischer Geräte unweigerlich zum Aufkommen einer chromatischen Aberration, zu Abbildungsfehlern. Man mußte deshalb Spiegelteleskopen im Vergleich zu Linsenfernrohren den Vorzug geben. Von der eigenen Lichttheorie ausgehend, kam EULER zu dem Schluß, daß es möglich ist, achromatische Linsen mit jeder beliebigen Brennweite zu fertigen, falls man sie aus unterschiedlichen durchsichtigen Stoffen mit geeigneten optischen Materialkonstanten herstellt. Die eigenen Versuche EULERS brachten wenig Erfolg, ihnen folgten jedoch durchaus erfolgreiche Versuche des Engländers DOLLOND, der 1759 achromatische Linsen aus der Schmelze von Kronglas und Flintglas herstellte. Das war ein entscheidender Fortschritt in der Herstellung von Fernrohren und Mikroskopen. EULER berechnete ausführlich unterschiedliche dioptrische Systeme und legte die Ergebnisse seiner Forschungen auf diesem Gebiet in der dreibändigen „Dioptrica“ dar, die im großen und ganzen in Berlin vorbereitet wurde. EULER vollendete die Abhandlung jedoch in Petersburg, wo sie in den Jahren 1769 bis 1771 veröffentlicht wurde.

Die wissenschaftlich-organisatorische Arbeit EULERS in Berlin beschränkte sich nicht auf die Berliner Akademie der Wissenschaften. Vor seiner Abreise aus Petersburg hatte EULER mit der russischen Akademie die Beibehaltung fester Verbindungen vereinbart; er blieb ihr Auswärtiges Mitglied, was damals mit der Zahlung einer nicht unbedeutenden Jahrespension verbunden war. Einerseits verpflichtete sich EULER, einige wissenschaftliche Werke, die er in Petersburg begonnen hatte, zu vollenden (von der „Scientia navalis“ war schon die Rede) und Aufsätze für die Petersburger „Commentarii“ zu schicken; andererseits übernahm er einige Aufträge. So war EULER in Berlin eher als Ordentliches Mitglied der Petersburger Akademie denn als ihr Auswärtiges Mitglied zu betrachten. Gleichzeitig war er ein tätiger Mittelsmann zwischen der Petersburger und der Berliner Akademie. Von der Festigkeit seiner Verbindungen mit Petersburg zeugen drei Bände seines Briefwechsels mit den Mitarbeitern der Petersburger Akademie, die von Wissenschaftlern der DDR (zum Herausgeberkollektiv dieser großen Briefsammlung gehörte das verstorbene Mitglied der Akademie der Wissenschaften der DDR E. WINTER) und der UdSSR zwischen 1959 und 1976 in der Originalsprache herausgegeben wurden und 800 Briefe von und an EULER enthalten. Sie wurden in 25 Jahren, also etwa 3 Briefe im Monat, geschrieben. Man muß dabei berücksichtigen, daß der Briefwechsel in der Zeit des Siebenjährigen Krieges wesentlich nachließ; die Briefe wurden über Personen aus neutralen Ländern geschickt. Zu diesen Briefen gehören solche von und an M. W. LOMONOSSOW, dessen Abhandlungen zur Physik EULER hoch schätzte und unterstützte.

EULER kaufte Bücher und Geräte für die Petersburger Akademie, redigierte den mathematischen Teil ihrer „Novi commentarii“, suchte Kandidaten für vakante Stellen aus, schrieb Rezensionen über die Arbeiten von Studenten und Adjunkten, die man ihm schickte, stellte Themenlisten für internationale Wettbewerbe zusammen und verfaßte Urteile über die Aufsätze, die zu Preisausschreiben eingereicht wurden, berichtete über Neuigkeiten im wissenschaftlichen Leben Deutschlands und Westeuropas überhaupt, vor allem Frankreichs und vieles mehr. Seine wissenschaftlichen Werke — insgesamt ca. 250 — veröffentlichte EULER fast zu gleichen Teilen in Berlin und Petersburg, und zwar in den „Mémoires“ der Berliner Akademie in Französisch, in den Petersburger „Novi commentarii“ in Latein. Eine besonders wichtige Rolle spielte ein langes Praktikum dreier russischer Adjunkten, der Mathematiker S.K. KOTELNIKOW, S.J. RUMOWSKI und M. SOFRONOW, bei EULER; die jungen russischen Gelehrten studierten zusammen mit EULERS Sohn JOHANN-ALBRECHT Mathematik und Mechanik und wurden alle drei später prominente Wissenschaftler Rußlands.

EULER korrespondierte in den Berliner Jahren mit A. CLAIRAUT, J. D'ALEMBERT, J. L. LAGRANGE, was für das Schaffen eines jeden von ihnen sowie für die Erweiterung der Problemkreise, die sie erforschten, von großer Bedeutung war. Ich möchte bemerken, daß Probleme der mathematischen Physik und der Himmelsmechanik im Schaffen EULERS eine wesentliche Rolle zu spielen begannen. Das betraf auch den entsprechenden mathematischen Apparat: Lösungsmethoden für gewöhnliche und partielle Differentialgleichungen unter Anwendung von komplexen Funktionen, numerische Methoden der Analysis, die Theorie spezieller transzendenter Funktionen usw. Gleichzeitig beschäftigte sich EULER begeistert mit der Zahlentheorie; er diskutierte über die

Probleme dieser Theorie in seinem Briefverkehr mit Goldbach und später auch mit Lagrange. Aus Zeitmangel kann ich leider nicht auf einige wissenschaftliche Diskussionen jener Zeit eingehen, an denen sich Euler beteiligte. Ich erwähne nur zwei davon. Das war vor allem der lange Streit mit d'Alembert über die Eigenschaften der Logarithmen negativer Zahlen, worüber sich Leibniz und Johann Bernoulli am Anfang des 18. Jahrhunderts erfolglos stritten. D'Alembert versuchte in Anlehnung an Bernoulli zu beweisen, daß der Logarithmus einer negativen Zahl mit dem Logarithmus des Betrages dieser Zahl kongruiere. Euler, der die moderne Definition der logarithmischen Funktion als erster formulierte, betrachtete ihre vollständige Theorie im Komplexen, wobei er die mangelhafte Behandlung durch d'Alembert überzeugend nachwies. Von besonders großer Bedeutung war die Diskussion über das Wesen der beliebigen Funktionen, die als Lösungen der Gleichungen der mathematischen Physik dienen können. Euler, d'Alembert, D. Bernoulli, Lagrange, überhaupt alle berühmten Mathematiker der zweiten Hälfte des 18. Jahrhunderts beteiligten sich an dieser Diskussion, die den Fortschritt nicht nur der mathematischen Physik, sondern auch der gesamten mathematischen Analysis, vor allem jedoch der Theorie der trigonometrischen Reihen sowie der Funktionentheorie, gewaltig beeinflußte. Man bezeichnet diesen Streit oft als den Streit über die schwingende Saite, weil diese Diskussion 1749 mit einer Analyse der Aufgabenlösung über kleine Querschwingungen der Saite mit vorgegebenen Grenz- und Anfangsbedingungen begann.

Unter den wissenschaftlichen Werken Eulers, die in den Jahren 1741 bis 1766 herausgegeben bzw. vorbereitet wurden, nenne ich nur einige fundamentale Monographien, in denen die Ergebnisse jahrelanger Forschungen nicht nur Eulers, sondern auch anderer Wissenschaftler zusammengefaßt sind. Als Euler Petersburg verließ, verpflichtete er sich, nicht nur die „Scientia navalis", sondern noch ein weiteres Werk zu vollenden, das in offiziellen Dokumenten als „höhere Algebra" bezeichnet wurde. Euler befaßte sich in Berlin tatsächlich mit der Algebra. Es folgt aber aus verschiedenen Dokumenten, daß es sich hier um eine umfassendere Arbeit über die Analysis handelte, die Euler bereits in den 30er Jahren zu schreiben beabsichtigt hatte. Er veröffentlichte sie im Jahre 1744 als „Methodus inveniendi lineas curvas maximi minimive proprietate gaudentes, sive solutio problematis isoperimetrici latissimo sensu accepti". Diese Monographie enthält die erste allgemeine Methode zur Ermittlung der Extrema von Funktionalen, die auf einer Klasse von Funktionen definiert sind, durch Reduktion der Aufgabe auf die Integration von Differentialgleichungen. Es ist bemerkenswert, daß diese Reduktion mit Hilfe einer von den direkten Methoden erfolgte, die erst in unserem Jahrhundert entwickelt wurden und die es gestatten, solche sowie verwandte Aufgaben zu lösen, ohne entsprechende Differentialgleichungen zu integrieren. Johann und Jakob Bernoulli stellten und behandelten einige derartige Aufgaben, sie waren jedoch weit entfernt von der allgemeinen Methode, die Euler gänzlich zuzuschreiben ist. Mitte der 50er Jahre schlug der junge Lagrange, der den Begriff Variation einführte, eine neue formalanalytische Darlegung der Frage vor, die von den geometrischen Überlegungen befreit wurde, die in der Eulerschen Konstruktion eine so wichtige Rolle spielten, und die man auf breitere Klassen von Funktionalen leicht ausdehnen konnte. So wurden die Grundlagen für die auf Initiative von Euler so genannte Variationsrechnung gelegt.

Zur gleichen Zeit, als Euler an dieser Monographie arbeitete, beschäftigte er sich mit der Vorbereitung des erwähnten Werkes, das alle Teile der Analysis umfassen sollte. In dem Jahr, als die „Methodus inveniendi lineas curvas" erschien, schickte er das zweibändige Werk „Introductio in analysin infinitorum" in die Schweiz, das dort 1748 gedruckt wurde.

Der erste Band enthielt eine rein analytische Deutung der Lehre über Funktionen, so allgemeinverständlich, wie es in jener Zeit, und zwar ohne die Differentialrechnung angewendet zu haben, nur möglich war. Das wichtigste (doch nicht das einzige!) Instrument waren hier unendliche Potenzreihen. Eine erstaunlich elegante und einfache Darlegung der Theorie der elementaren Funktionen, die erstmalig nicht nur für die reellen, sondern auch für die komplexen Werte der unabhängigen Variablen betrachtet wurden, sowie ein Reichtum an schönen Beispielen zeichnen dieses Buch in der gesamten mathematischen Literatur aus; man kann es nach wie vor den angehenden Freunden der Mathematik als eine spannungsreiche Lektüre empfehlen. Der zweite Band der „Introductio" ist der Geometrie gewidmet; es werden dort vor allem Kurven der 2. und 3. Ordnung sowie Flächen 2. Ordnung, mit einigen Abschweifungen in das Gebiet der transzendenten ebenen Kurven, betrachtet.

Nach einigen Jahren folgte das fundamentale Werk „Institutiones calculi differentiales", das 1755 in Berlin auf Kosten der Petersburger Akademie herausgegeben wurde. In Berlin wurde ein großer Teil des Manuskriptes der dreibändigen „Institutiones calculi integralis" angefertigt, das in Petersburg vollendet und 1768 bis 1770 herausgegeben wurde. Es ist unmöglich, den ganzen Reichtum des Inhalts dieser zwei Werke mit wenigen Worten zu beschreiben. Ich möchte lediglich betonen, daß Euler den von ihm glänzend ausgearbeiteten Apparat der unendlichen Reihen, darunter auch divergenter Reihen, sowohl in diesen als auch in vielen anderen Büchern meisterhaft anwendete. Man müßte noch hinzufügen, daß Euler die Integralrechnung nicht bloß als Berechnung der Integrale im engeren Sinne des Wortes begriff — sie nimmt eigentlich nur die Hälfte des ersten Bandes des dreibändigen Werkes aus den Jahren 1768 bis 1770 ein —, sondern auch als Lösung der Differentialgleichungen, sowohl der gewöhnlichen als auch der partiellen betrachtete; er legte auch die Variationsrechnung in diesem Werk auf eine neue, vollkommenere Weise dar. Geometrische Anwendungen fehlen in diesen beiden Werken; sie befinden sich aber in seinen zahlreichen Artikeln. Diese sechsbändige Trilogie Eulers spielte eine überaus wichtige Rolle für die Weiterentwicklung der Infinitesimalrechnung. Sie allein würde schon die Richtigkeit der Worte bestätigen, die Laplace einmal gesagt haben soll: „Lisez, lisez Euler, il est notre maître à tous".

Das Bild der wissenschaftlichen Aktivitäten Eulers in Berlin wäre unvollständig, wenn ich nicht noch zwei große Bücher erwähnte: „Theoria motus Lunae" (Berlin 1753) und „Theoria motus corporum solidorum seu rigidorum" (Rostock—Greifswald 1765). Das Buch über die Mondbewegung wurde im Zusammenhang mit den Zweifeln geschrieben, die in den 40er Jahren aufgekommen waren. Man vermutete, es sei unmöglich, die beobachtete Bewegung des Mondes auf Grund des Newtonschen Gravitationsgesetzes zu erklären. Die Petersburger Akademie stellte auf Vorschlag Eulers dieses Problem zum Wettbewerb für das Jahr 1751. Auf Grund des Eulerschen Urteils wurde die Prämie Clairaut zuerkannt, der die Frage zugunsten der Newtonschen Theorie entschied. Mit dem Ziel, dieses Resultat zu überprüfen, untersuchte Euler diese Frage in seinem Buch über die Bewegung des Mondes zum zweiten Mal, wobei er seine eigene originelle Methode anwendete. Das Resultat glich dem von Clairaut.

Das Familienleben gestaltete sich bei Euler in Berlin glücklich. Er kaufte 1753 in Charlottenburg ein Gut, dessen Leitung seine Mutter übernahm, die aus Basel zum Sohn gekommen war. Eulers Sohn Johann-Albrecht wurde zum Mitglied der Berliner

Akademie der Wissenschaften gewählt. Der jüngere Sohn Christoph war Offizier der preußischen Armee. Zwei Töchter wurden geboren. Viele Prämien der Pariser Akademie der Wissenschaften wurden Euler gerade in dieser Periode seines Lebens zugesprochen, 1755 wählte diese Akademie ihn zu ihrem Auswärtigen Mitglied. Die Londoner Royal Society wählte ihn noch früher, schon im Jahre 1746. Für seine Mondtheorie erhielt er eine hohe Prämierung von der Petersburger Akademie der Wissenschaften sowie einen Teil der Prämie, die das englische Parlament für das beste Verfahren für die Ortsbestimmung von Schiffen auf hoher See ausgesetzt hatte. Der Astronom J. T. Mayer aus Göttingen benutzte nämlich die Eulersche Theorie und errechnete ziemlich exakte Mondtafeln, die in maritime Handbücher aufgenommen und für die Feststellung der geographischen Länge der Schiffsposition angewandt wurden.

Eulers Verhältnis zum König ließ jedoch viel zu wünschen übrig. Als nach der Beendigung des Siebenjährigen Krieges im Jahre 1763 Friedrich II. begann, der Berliner Akademie, die keinen Präsidenten mehr hatte, verstärkt Aufmerksamkeit zu schenken und sich in ihre Angelegenheiten gebieterisch einzumischen, verschlechterte sich dieses Verhältnis noch mehr. Euler verkaufte 1763 vorsorglich sein Gut in Charlottenburg. Als der König 1765 das Budget der Akademie prüfte, kam er zu dem Schluß, Euler habe die Herausgabe und den Verkauf der Kalender unbefriedigend geleitet, sie hätten mehr Geld einbringen können. 1766 nahmen die Uneinigkeiten des Wissenschaftlers und des Königs derartige Ausmaße an, daß Euler sein Rücktrittsgesuch einreichte. Das war für ihn um so leichter, als er immer wieder, jetzt sogar öfter als früher, nach Petersburg eingeladen wurde. Der König wollte auf die Dienste eines derart nützlichen Beraters und Organisators nicht verzichten, mußte jedoch Euler gehen lassen, der von der russischen Regierung unterstützt wurde. Am 9. Juni 1766 reiste Euler mit seiner Familie, außer dem jüngeren Sohn, der noch Offizier in der preußischen Armee war, nach Petersburg, wo er am 28. Juni nach 25jähriger Abwesenheit ankam. Etwas später entließ Friedrich II. auch Eulers Sohn Christoph. Lagrange kam bald als Nachfolger Eulers an die Berliner Akademie, zog jedoch 1787 für immer nach Paris.

Als Euler nach Rußland zurückkehrte, war er kein junger Mann mehr, sondern bereits 60 Jahre alt. Dafür hatte er aber kolossale Erfahrungen, viele noch nicht veröffentlichte Arbeiten und schöpferische Kräfte, die bei weitem noch nicht verausgabt waren. Man empfing ihn in Petersburg mit Freude und Achtung, wie es sein Genie verdiente. Er wurde mit seinem Sohn Johann-Albrecht in den Beirat beim offiziellen Leiter, dem Direktor der Petersburger Akademie der Wissenschaften — damals Graf W. G. Orlow —, berufen. Von da an beeinflußte die Familie Euler im Laufe von etwa 100 Jahren die Tätigkeit der Akademie in großem Maße. 1769 war Johann-Albrecht zum Konferenzsekretär, d. h. zum ständigen Sekretär der Akademie avanciert. Nach seinem Tod (1800) ging dieser Posten an den Schüler Eulers N. I. Fuss über, der mit der Tochter von Johann-Albrecht verheiratet war, nach dem Tod Fuss' im Jahre 1825 an dessen Sohn, den Mathematiker P. N. Fuss, der dieses Amt wiederum bis zu seinem Tod im Jahre 1855 ausübte.

Die russische Regierung ließ Euler ständig ihre großzügige finanzielle Unterstützung angedeihen. Für die Familie Euler, die nun 16 Angehörige zählte, wurde ein großes Haus an der Newa-Uferstraße, unweit der Akademie der Wissenschaften, gebaut. Als dieses Haus im Frühjahr 1771 abbrannte, wurde ein neues gebaut, das bis in die heutige Zeit, jedoch etwas umgebaut, erhalten geblieben ist. Einige schwere Ereignisse überschatteten jedoch die letzten 17 Lebensjahre Eulers. Im Herbst 1766 erblindete er fast vollständig auch auf dem linken Auge. Er vermochte nur noch große Gegenstände zu erkennen sowie große Buchstaben zu lesen, die man mit Kreide auf eine schwarze Tafel schrieb. Das wirkte sich auf seine schöpferische Aktivität jedoch glücklicherweise kaum aus, obwohl sich die Form seiner Arbeit änderte. Sekretäre mußten ihm bei der Vorbereitung seiner Werke helfen. Das waren hochqualifizierte Fachleute, die unter seiner Anleitung alle notwendigen Berechnungen ausführen sowie Texte redigieren konnten, die er diktierte. Als Sekretäre fungierten zuerst sein Sohn Johann-Albrecht, dann der Physiker und Akademiemitglied W. L. Krafft, der Sohn eines seiner Kollegen aus den 30er Jahren, der begabte Mathematiker A. J. Lexell und dann M. E. Golowin und N. I. Fuss, die ich bereits erwähnte. Fuss wurde schon als junger Mann aus Basel auf eine Empfehlung von Bernoulli nach Rußland eingeladen. Das ermöglichte Euler, bei der unveränderten Frische seines Verstandes sowie der Unversehrtheit seines erstaunlichen Gedächtnisses bis in die letzten Tage seines Lebens intensiv zu arbeiten. Er mußte nur den Briefwechsel, insbesondere mit Lagrange, wesentlich einschränken, weil er es nicht mehr vermochte, komplizierte Überlegungen und Berechnungn in den Briefen von Lagrange selbständig zu lesen und zu prüfen.

Ein weiteres trauriges Ereignis war im Jahre 1773 der Tod seiner Frau, mit der er fast 40 Jahre lang verheiratet gewesen war. Drei Jahre später heiratete er Salome Abigail Gsell, die Halbschwester seiner ersten Frau. Später erlebte er noch den Schmerz, seine beiden Töchter zu verlieren, die 1780 und 1781 starben. Im allgemeinen aber lebte seine Familie recht gut. Sein ältester Sohn, kein bedeutender Wissenschaftler, hatte einen einflußreichen Posten in der Akademie, worauf bereits hingewiesen worden ist. Sein zweiter Sohn, Karl, wurde ein prominenter Arzt, und Christoph war Offizier der russischen Armee und jahrelang Direktor einer Waffenfabrik in der Umgebung von Petersburg. Seine militärische Laufbahn schloß er als General ab. Die Söhne Eulers wurden russische Staatsbürger (Euler blieb zeit seines Lebens Bürger der Stadt Basel); einige direkte Nachkommen Eulers leben noch heute in Leningrad und Moskau. Euler war eine lange Zeit kerngesund, begann nur vor seinem Tode an Schwindelanfällen zu leiden. Er starb am 15. September 1783 ganz plötzlich an Gehirnschlag und wurde auf dem Lutheranischen Smolenski-Friedhof beigesetzt, wo 1837 die Petersburger Akademie der Wissenschaften ein massives Denkmal errichtete. Die lateinische Inschrift lautet: „Leonhardo Eulero — Academia Petropolitana". Als der 250. Geburtstag Eulers im Jahre 1957 begangen wurde, führte man das Grab und das Grabmal auf die Leningrader Nekropolis, die Alexandro-Newskaja Lawra, über, an seinem Haus wurde eine marmorne Gedenktafel angebracht.

Euler veröffentlichte in der zweiten Petersburger Lebensperiode mehr als 200 Arbeiten, darunter einige große Bücher, die teilweise in Berlin vorbereitet und in Petersburg nur ergänzt und endgültig redigiert wurden. Nichtsdestoweniger vermochten die akademischen „Abhandlungen" nicht, all seine Werke zu veröffentlichen. Nach seinem Tod gab es noch ca. 300 unveröffentlichte Aufsätze. Sein treuer Schüler N. I. Fuss konnte etwa zwei Drittel dieser Aufsätze veröffentlichen. Viele Arbeiten jener Periode eröffneten neue Perspektiven der Forschungen auf den Gebieten der Mathematik und Mechanik, die erst im 19. Jahrhundert ihre Entwicklung nahmen. Einige dieser Arbeiten, die die Nachkommen nicht beachteten, enthielten Resultate, die man später abermals entdeckte. Ich weise hier nur auf einige Beispiele hin: eine rein analytische Herleitung der am Anfang des Referats erwähnten Cauchy-Riemannschen Differentialgleichungen und die Berechnung einer Reihe spezieller bestimmter Integrale mit Hilfe der Funktionen komplexer Variabler (ein Verfahren, zu dem gleichzeitig und selbständig LAPLACE gekommen war) und die elementare Herleitung der Formeln der sogenannten Fourier-Koeffizienten in der Theorie der trigonometrischen Reihen. Es ist interessant zu wissen, daß FOURIER diese Koeffizienten aufs neue und auf eine andere Weise herleitete, weil er, wie es scheint, nichts über die Arbeit EULERS gewußt hat.

Ich möchte nur noch einige große Monographien nennen, die ich bisher nicht erwähnt habe. Vor allem erschien seine zweibändige „Vollständige Anleitung zur Algebra" (in russischer Übersetzung 1768 und 1769, in der Originalsprache, also in Deutsch, 1770). Diese einzigartige Darlegung des Materials bestimmte einerseits den Inhalt aller nachfolgenden Algebralehrbücher für Gymnasien, außerdem lieferte EULER darin Erkenntnisse in der Theorie unbestimmter Gleichungen, die weit über den Rahmen des Gymnasialunterrichts hinausgingen. Die französische Ausgabe dieses Werkes (die Übersetzung besorgte ein Mitglied der Familie BERNOULLI), die 1774 in Lyon mit wertvollen Ergänzungen von LAGRANGE erschien, stellte einen bedeutenden Fortschritt in der Entwicklung der Diophantischen Analysis dar. Fast gleichzeitig erschienen drei Bände der „Lettres à une Princesse d'Allemagne" (1768 bis 1772) in französischer Sprache, die damals auch in der russischen Übersetzung von S. J. RUMOWSKI gleichzeitig (1768 bis 1774) vorlagen.

Diese „Lettres" waren unter allen Eulerschen Werken besonders beliebt und erweckten in breiten Kreisen ein lebhaftes Interesse. Sie wurden wiederholt in Französisch, Englisch, Deutsch, Russisch, Holländisch, Schwedisch, Dänisch, Spanisch und Italienisch verlegt. Diese Arbeit, die zu Beginn der 60er Jahre geschrieben worden war, stellt eine allgemeinverständliche Darlegung der wichtigsten Fragen der Physik, Philosophie, Logik, Ethik, Theologie u. a. Gebiete dar. Sie entsprach in wissenschaftlicher Hinsicht den höchsten Anforderungen. Gleichzeitig spiegelte sie die tiefe Religiosität EULERS sowie seine Einstellung zu den wichtigsten philosophischen Lehren des 17. Jahrhunders und seiner Epoche wider. Er war bekanntlich Gegner der Monadenlehre von LEIBNIZ. In den „Lettres" brachte er auch seine negative Einstellung zum subjektiven Idealismus und Solipsismus zum Ausdruck, nahm eine Zwischenposition im Streit zwischen den Anhängern der Naturphilosophie DESCARTES' und NEWTONS ein (wobei er in vielem mehr zu DESCARTES tendierte). Die „Lettres" beeinflußten zweifellos KANT in der ersten Periode seines philosophischen Schaffens. Im allgemeinen ist jedoch die philosophische Konzeption EULERS bei weitem nicht so ausführlich erforscht worden wie seine Werke zur Physik und Mathematik. Die Meinungen der Autoren, die zu dieser Thematik ihre Arbeiten schrieben, divergieren. Auch die Bücher der DDR-Autoren, die in der letzten Zeit erschienen sind, weisen keine absolute Übereinstimmung auf. Die einen charakterisieren die wichtigsten philosophischen Anschauungen EULERS als materialistisch, die anderen als eine eigenartige Kombination des Materialismus mit dem Idealismus. Ich glaube, die Ursache dieser Meinungsverschiedenheiten besteht darin, daß ein konsequentes System philosophischer Auffassungen des großen Mathematikers fehlt. Es kann aber auch sein, daß sich EULER nicht das Ziel gesetzt hatte, ein solches System, um so mehr in einer populärwissenschaftlichen Abhandlung, auszuarbeiten.

Man müßte noch die „Theoria motuum Lunae, nova methodo pertractata" erwähnen, die 1772 erschien. Dieses Werk spielte eine noch größere Rolle für die Entwicklung der Himmelsmechanik als das Buch aus dem Jahr 1753, das dieser Frage gewidmet war. Unter der Leitung EULERS wurde dieses Buch von drei Mitgliedern der Akademie herausgegeben. Das waren sein Sohn JOHANN-ALBRECHT, KRAFFT und LEXELL, die sehr umfangreiche Berechnungen anstellen mußten.

Bis jetzt betrachteten wir den Lebensweg EULERS, seine wichtigsten Werke und Entdeckungen wurden nebenbei erwähnt. Ich möchte abschließend versuchen, in allgemeinen Zügen sein Schaffen zu charakterisieren, das alle, die es kennen, durch seinen Umfang, seine Mannigfaltigkeit und Originalität in Erstaunen versetzt. Nicht umsonst nannte D'ALEMBERT ihn einmal „ce diable d'homme".

Die Schweizerische Gesellschaft der Naturforscher begann 1911 mit der Herausgabe seiner sämtlichen Werke. In den vergangenen 70 Jahren erschienen 69 große Bände in drei Serien, und zwar „Opera mathematica", „Opera mechanica" und „Opera physica. Miscellanea". Es werden noch vier Bände dieser Serie veröffentlicht. 1975 begann man mit der vierten Serie. Sie enthält den wissenschaftlichen Briefwechsel sowie einige unveröffentlichte Manuskripte. Das Institut für Geschichte der Naturwissenschaften und Technik der Akademie der Wissenschaften der UdSSR beteiligt sich an der Vorbereitung dieser IV. Serie. Diese Serie besteht aus zwei Gruppen. Von den acht Bänden der ersten Gruppe — „Commercium epistolicum" —, die den wissenschaftlichen Briefwechsel EULERS enthält, sind bereits zwei erschienen, noch ein Band ist im Druck. In der zweiten Gruppe, „Manuscripta", werden fünf oder sechs Bände die unveröffentlichten wissenschaftlichen Manuskripte und Fragmente enthalten.

Kaum ein anderer Mathematiker oder Physiker der Welt hat so viele Werke wie EULER veröffentlicht. Sein Schaffen frappiert jedoch nicht nur durch die Zahl der Werke, sondern auch durch die Breite der behandelten Themen. Es umfaßte buchstäblich alle Gebiete der damaligen Mathematik und mathematischen Naturwissenschaft sowie viele Probleme der Technik, Philosophie und sogar Theologie. Zählt man nach Bänden, von denen viele einen gemischten Charakter aufweisen, so entfallen auf die Mathematik und Mechanik mit der Astronomie je 43%, insgesamt also 86%. Man darf jedoch nicht vergessen, daß z. B. seine Werke zur Mechanik und Astronomie viele originelle Methoden der Lösung von Differentialgleichungen enthalten sowie Reihenentwicklungen der verschiedenen wichtigen Klassen von speziellen Funktionen, d. h. oftmals originelle mathematische Resultate, die nicht als selbständige Arbeiten gesondert erschienen.

Bei all der thematischen Vielfalt war EULER also vor allem Mathematiker. Der große russische Ingenieur und Mathematiker A. N. KRYLOW betonte vor 50 Jahren, EULER habe die Mechanik aus einer physikalischen Wissenschaft in eine mathematische verwandelt. In Anlehnung an EULER erklärte LAGRANGE 1787, die Mechanik sei ein neuer Zweig der Analysis geworden, und FOURIER sagte 1822, die Analysis sei genauso umfassend wie die Natur selbst.

In den meisten mathematischen Arbeiten trat EULER als Analytiker auf. Im Rahmen der sogenannten reinen Mathematik entfallen 60% auf die Werke zur Analysis. Dann folgen die Geometrie, vorwiegend die Differentialgeometrie, mit 17%, die Algebra, Kombinatorik und Wahrscheinlichkeitstheorie mit 13% und zuletzt die Zahlentheorie mit 10%. Diese Daten sind natürlich approximativ, sie spiegeln jedoch die organische Verbindung des mathematischen Schaffens EULERS mit den Naturwissenschaften wider. Er wurde zur Entwicklung vieler Methoden dadurch angeregt, daß er nach der Lösung solcher naturwissenschaftlicher Aufgaben suchte, die zur Schaffung mathematischer Theorien führen konnte. Die Besonderheit seiner mathematischen Schöpferkraft bestand gerade darin, daß er sich niemals auf die Lösung einzelner konkreter Aufgaben beschränkte, ob angewandter oder rein mathematischer; er kehrte immer auf eine weitere tiefergreifende und noch mehr verallgemeinernde Erforschung der Frage zurück. Nicht selten entstanden auf diese Weise selbständige mathematische Theorien. Er erweiterte auf diesem Wege nicht nur den Rahmen der Analysis von NEWTON, LEIBNIZ und den älteren Brüdern BERNOULLI beachtlich, er schuf auch neue Bereiche der Analysis, so die Variationsrechnung, Ansätze der Theorie der Funktionen komplexer Variabler, die wichtigsten Abschnitte der Theorie der speziellen Funktionen, die neuen leistungsfähigen Verfahren der Integration der Differentialgleichungen u. a. m.

Seine Beweise lassen, vom modernen Standpunkt aus betrachtet, eine gewisse Strenge vermissen. Jedoch hat sich seine Ablehnung des übermäßigen Rigorismus, was ihm vor allem in der ersten Hälfte des 19. Jahrhunderts oft vorgeworfen wurde, historisch bewährt. Seine Intuition schützte ihn fast immer vor großen Fehlern; viele seiner gewagten Ideen, so z. B. die von ihm erfundenen Summierungsverfahren divergenter Reihen, wurden erst Ende des 19., Anfang des 20. Jahrhunderts gebührend eingeschätzt und konnten auf einer neuen, vollkommeneren und exakteren Grundlage weiterentwickelt werden. Aber es wäre ein Irrtum, würde man denken, daß die angewandten Aufgaben allein die Quelle der Eulerschen Entdeckungen darstellten. Sehr viele Ideen entsprangen aus seinen Überlegungen zu Problemen der reinen Mathematik, wie z. B. die Einführung so wichtiger Klassen wie der Zylinderfunktionen, der Beta-, Gamma- und Zeta-Funktionen, oder zu Problemen der Zahlentheorie, die ihn vom Beginn der 30er Jahre bis zu seinen letzten Tagen hin immer begeisterten.

Die Einstellung EULERS zur Zahlentheorie zeugt wohl am einleuchtendsten von dem wahrhaft mathematischen Stil seines Denkens. Nach genialen Einsichten FERMATS wurde die Zahlentheorie viele Jahrzehnte lang vernachlässigt. Sie interessierte solche bedeutende Wissenschaftler wie D. BERNOULLI, CLAIRAUT, D'ALEMBERT, ja die meisten Zeitgenossen EULERS nicht. Um mit P. L. TSCHEBYSCHEW zu sprechen, schuf EULER die Zahlentheorie als Wissenschaft. Die Zahlentheorie lockte EULER natürlich durch die Schönheit ihrer Sätze, die so einfach formuliert werden, für ihre Entdeckung jedoch scharfe Beobachtungsgabe und für ihre Lösung recht feine Mittel benötigen. Das Wichtigste bestand jedoch darin, daß EULER die tiefe organische Abhängigkeit aller Teile der Mathematik voneinander erkannte. Er faßte die Mathematik, deren wichtiger Bestandteil die Zahlentheorie ist, in ihrer Gesamtheit auf und hielt es für seine Pflicht, die Mathematik in ihrer vollen Breite zu fördern. Man kann an die Typologie der Mathematiker von unterschiedlichen Standpunkten herangehen. Immer gab es Mathematiker, die die angewandte Richtung ganz deutlich repräsentierten, so CH. HUYGENS oder NEWTON, CLAIRAUT und D'ALEMBERT, FOURIER und POISSON. Auf der anderen Seite bestand die Tradition der reinen Mathematik von alters her, deren prominente Vertreter ABEL und GALOIS, die allerdings als junge Menschen starben, später R. DEDEKIND und G. CANTOR, L. BROUWER und I. M. WINOGRADOW waren. EULER gehörte zu einem anderen Typus der Mathematiker, die diese beiden Tendenzen, die immanent mathematische und die angewandte, in ihrem Schaffen organisch verbanden. Diese Richtung wurde im Altertum durch ARCHIMEDES und in den letzten Jahrhunderten durch LAGRANGE, GAUSS, RIEMANN, TSCHEBYSCHEW, POINCARÉ, HILBERT u. a. vertreten.

Ich möchte noch einige Worte über EULERS Beziehungen zu seinen Zeitgenossen sagen. Außer in einigen scharfen Diskussionen ließ er in der Regel keinen Wissenschaftler seine eigene Überlegenheit spüren. Er neidete keinem, der ihm bei irgendeiner Entdeckung zuvorkam, den Erfolg. Hier sind die Worte vollkommen am Platze, die B. DE FONTEnelle einst über Leibniz sagte: „Il aimait avoir croître dans les jardins d' autrui les plantes dont il avait fourni les graines". Er war Lehrer für alle, aber er lernte gern bei den anderen und legte deren Entdeckungen in den eigenen Werken oft in einer passenderen und zugänglicheren Form dar. Er war auch im reifen Alter für fremde Ideen aufgeschlossen, die er dann weiterentwickelte. Das betraf z. B. die Werke von d'Alembert zur Analysis bzw. die von Lagrange zur Variationsrechnung. Im allgemeinen jedoch gab er anderen Menschen unermeßlich mehr, als er von ihnen nahm. Er beeinflußte das Schaffen vieler Generationen von Mathematikern; die Petersburger mathematische Schule, die P. L. Tschebyschew begründete und die in der zweiten Hälfte des 19. Jahrhunderts sowie im ersten Viertel des 20. Jahrhunderts blühte, stand ihm ihrem Geist nach besonders nah. Der inzwischen verstorbene bedeutende Mathematiker B. N. Delone, ein Teilnehmer der Euler-Ehrung des Jahres 1957 in Berlin, betonte, diese Schule hätte sich vom Grundsatz der Euler-Tschebyschews leiten lassen: von einer komplizierten mathematischen Aufgabe ausgehend, die mitunter eine andere Wissenschaft bzw. die Technik stellt, große und tiefe mathematische Theorien aufzubauen und die Lösung der mathematischen Aufgaben immer bis zu einem von der Praxis benötigten Zahlenresultat zu führen.

Ich möchte mein Referat mit den Worten abschließen, die N. I. Fuss vor 200 Jahren auf der Versammlung der Petersburger Akademie der Wissenschaften, die dem Andenken an den soeben verstorbenen Euler gewidmet war, sprach: „Tels sont les travaux de M. Euler, telles sont ses titres à l'immortalité; son nom ne périra qu'avec les sciences mêmes" — sein Name wird nur mit der Wissenschaft zusammen untergehen. Und ich füge dem hinzu: Das darf niemals geschehen!

Literatur

In meinem Beitrag wurde keine spezielle Literatur angegeben. In einem Vortrag von so allgemeinem Charakter ist das nicht notwendig. Es seien aber die folgenden Werke genannt:

[1] Лаврентьев, М. А., А. П. Юшкевич и А. Т. Григорьян: Леонард Эйлер. Сборник статей в честь 250-летия со дня рождения, Москва 1958.

[2] Leonhardi Euleri Opera omnia. Leipzig—Berlin, später Zürich und Basel, seit 1911, 4 Serien, Series IV: Commercium epistolicum (Briefe).

[3] Leonhard Euler, 1707—1783, Beiträge zu Leben und Werk. Gedenkband des Kantons Basel-Stadt, Birkhäuser-Verlag, Basel 1983.

[4] Juškevič, A. P., und E. Winter (Hrsg.): Die Berliner und die Petersburger Akademie der Wissenschaften im Briefwechsel Leonhard Eulers. 3 Teile, Akademie-Verlag, Berlin 1959—1976.

[5] Juškevič, A. P., und E. Winter (Hrsg.): Leonhard Euler und Christian Goldbach. Briefwechsel 1729—1764. Zum Druck vorber. v. P. Hoffmann, T. N. Klado und Ju. Ch. Kopelevič, Akademie-Verlag, Berlin 1965.

[6] Schröder, K. (Hrsg.): Sammelband der zu Ehren des 250. Geburtstages Leonhard Eulers der Deutschen Akademie der Wissenschaften zu Berlin vorgelegten Abhandlungen. Akademie-Verlag, Berlin 1959.

[7] Winter, E., und M. Winter (Hrsg.): Die Registres der Berliner Akademie der Wissenschaften 1746—1766. Akademie-Verlag, Berlin 1957.

[8] Winter, E.: Die deutsch-russische Begegnung und Leonhard Euler. Akademie-Verlag, Berlin 1958.

Prof. Dr. sc. nat. ROLF KLÖTZLER
Vorsitzender der Mathematischen Gesellschaft der DDR
Karl-Marx-Universität, Leipzig

Euler und die Variationsrechnung

Sehr verehrte Anwesende!

Durch den beeindruckenden Vortrag meines Vorredners, Herrn A. P. JUSCHKEWITSCH, haben wir aus der Sicht des Mathematik-Historikers und exzellenten Kenners von EULERS Leben und Werk einen tiefen Einblick in das Schaffen dieses Genius des 18. Jahrhunderts, LEONHARD EULER, erhalten.

Ich möchte in Ergänzung dazu den nicht ganz unbescheidenen Versuch unternehmen, aus der Sicht des Mathematikers etwas von der großen Ausstrahlungskraft ins Bild zu setzen, die von EULERS Werk ausgegangen ist und bis in unsere heutige Zeit wirksam wird. Bei der enormen und von einem Mathematiker kaum wieder erreichten, unvergleichlich hohen Produktivität EULERS wäre es freilich vermessen, in einem Vortrag alle jene mathematischen Disziplinen, die durch EULERS Werk nachhaltig gefördert worden sind, einer einschlägigen Analyse zu unterziehen. Es muß vielmehr Anliegen unserer gesamten Festveranstaltung bleiben, durch ihre Einzelbeiträge dieses Ziel anzusteuern.

Meine Darlegungen werden sich auf jene spezielle mathematische Disziplin beschränken, die für die Entwicklung der höheren Analysis eine maßgebende Rolle gespielt hat und durch EULER ihren Namen und ihre Fundierung erfahren hat: die Variationsrechnung, oder mit den Worten EULERS: der „Calculus variationum", ein Begriff, den EULER am 16. September 1756 — also fast auf den Tag genau vor 227 Jahren — erstmalig in einem Vortrag vor der Berliner Akademie unter dem Titel „Elementa calculi variationum" zu Wort brachte. 1760 wurde diese Arbeit der Petersburger Akademie vorgelegt, aber erst 1766 (mit der Rückkehr EULERS nach Petersburg) gedruckt.

Aus unserer heutigen Sicht — und ich zitiere hier aus einem der neuesten Bücher über Variationsrechnung von P. BLANCHARD und E. BRÜNING [2] — „ist Variationsrechnung für alle diejenigen eine sehr menschliche Beschäftigung, die denken, daß das Beste gerade gut genug ist". Für EULER war die Beschäftigung mit Variationsrechnung aber mehr als dieses. Getragen von der zu seiner Zeit aufkeimenden Erkenntnis, daß viele Vorgänge in der uns umgebenden Natur aus gewissen Minimalprinzipien herleitbar sind, war für EULER die Beschäftigung mit Variationsrechnung zugleich eine mathematische Ausdrucksform seiner tiefen Religiösität. EULER sagte dazu selbst (vgl. [10], S. 29):

„Da nämlich die Einrichtung der ganzen Welt die vorzüglichste ist und da sie von dem weisesten Schöpfer herstammt, wird nichts in der Welt angetroffen, woraus nicht irgendeine Maximum- oder Minimumeigenschaft hervorleuchtete. Deshalb kann kein Zweifel bestehen, daß alle Wirkungen der Welt ebensowohl durch die Methode der Maxima oder Minima wie aus den wirkenden Ursachen selbst abgeleitet werden können."

Wenn wir uns nun bemühen, EULERS Wirken zur Variationsrechnung zu verstehen, so können wir nicht umhin, ein wenig in die Details zu gehen. Andererseits werde ich mich, dem breiten, aber unterschiedlichen Bildungsspektrum meiner Zuhörerschaft Rechnung tragend, dabei freilich von allzu fachspezifischen Diskussionen fernhalten müssen. Ich bin mir jenes Ausspruches von ANDREAS SPEISER, des Generalredaktors (1928—1965) des Herausgebergremiums von EULERS über 80 Bände umfassenden Gesamtwerkes, sehr wohl bewußt: „Im Gegensatz zu den Dichtern und Künstlern genießen die Mathematiker den Vorzug, nur von ihresgleichen beurteilt zu werden." Demgegenüber sehe ich — und das nicht nur als Referent und Mittler — darin aber zugleich auch einen großen Nachteil der Mathematiker. Dennoch hoffe ich, auch dem Nichtmathematiker zumindest Umrisse von der geistigen Größe LEONHARD EULERS sichtbar machen zu können.

Dem hier beabsichtigten Anliegen ist auch schon zu anderen Zeiten aus gegebenem Anlaß gebührend Aufmerksamkeit gewidmet worden. Der Persönlichkeit EULERS in ihrer Verbindung zur Berliner Akademie und Petersburger Akademie, als einer ihrer bedeutendsten Mitglieder, haben besonders die Akademie der Wissenschaften der UdSSR und die damalige Deutsche Akademie der Wissenschaften zu Berlin in zwei feierlichen Tagungen und einer gemeinsamen Festschrift [7] anläßlich des 250. Geburtstages EULERS im Jahre 1957 gedacht. Unter ihren Beiträgen befinden sich allerdings keine Themen zur Variationsrechnung. Das gleiche gilt auch für den jüngsten Gedenkband des Kantons Basel-Stadt 1983 [8]. Hingegen 50 Jahre früher, in der dem 200. Geburtstag EULERS gewidmeten Festschrift [9] der Berliner Mathematischen Gesellschaft hat A. KNESER (als ihr Vorsitzender) unter der gleichen Ankündigung, wie ich es tat, einen Vortrag zu dem Thema „EULER und die Variationsrechnung" dargeboten. Was soll es also, daß ich hier erneut zu diesem Gegenstand spreche, was gibt es Neues zu vermelden? — Die Antwort auf diese Frage legt uns eigentlich A. KNESER schon mit dem Schlußwort seines genannten Vortrages in den Mund. Er sagt:

„Besinnen wir uns noch einen Augenblick darüber, was Betrachtungen, wie die Ihnen heute vorgeführten, eigentlich wollen und sollen. Wühlen wir nur in altem Schutt, weil es uns Vergnügen macht, allerhand Antiquitäten einer wohlverdienten Vergessenheit zu entreißen? Und was sind überhaupt die Zwecke einer historischen Betrachtung für den Mathematiker? LEIBNIZ spricht sich einmal über den Nutzen einer solchen Betrachtung aus und sagt: es sei dabei nicht nur wichtig, daß die Geschichte jedem sein Recht gebe und andere zur Bewerbung um gleiche Ehren anlocke, sondern ihr Zweck sei, daß die Ars iveniendi gemehrt und die Methode durch hervorragende Beispiele erläutert werde."

Genau darum geht es mir in meinem heutigen Vortrag, nämlich zu zeigen, wie die „Ars inveniendi" — d. h. im Sinne der Leibnizschen Auffassung die Kunst, spezielle Aufgaben unter allgemeinen Gesichtspunkten bzw. auf der Grundlage allgemeiner Prinzipien zu lösen — unter dem Einfluß, dem Vorbild und den Gedankenansätzen EULERS bis zur Gegenwart gemehrt wurde. Eine einschlägige Bilanz zu Anfang unseres Jahrhunderts und eine heutige Einschätzung dieses Sachverhalts müssen zwangsläufig beachtliche Unterschiede aufweisen, da Mitte des 20. Jahrhunderts eine bedeutende Renaissance und Reaktivierung der Variationsrechnung in echter Rückbesinnung auf EULER eingetreten ist. Sie äußert sich einmal in der Neuschöpfung der mathematischen Disziplin der Steuerungstheorie oder genauer Theorie der optimalen Steuerung, in der Anreicherung und Verquickung funktionalanalytischen Gedankenguts in bzw. mit der Variationsrechnung und in einer vielseitigen Bewährung variationstheoretischer Methoden in Physik, Technik, Ökonomie und Biologie.

Eulers Zugang zur Variationsrechnung

LEONHARD EULER hatte das große Glück, an einer Universität studieren zu können, an der die für die damalige Zeit bedeutendsten aktiven Mathematiker der Welt wirkten: die Brüder JAKOB und JOHANN BERNOULLI in Basel. Sie waren Träger und Förderer der erst wenige Jahrzehnte zuvor von LEIBNIZ und NEWTON entwickelten Differential- und Integralrechnung, begeistert und eifrig in dem Bemühen, den geometrischen Begriff der Kurve analytisch, d. h. mittels Funktionen, zu fassen und über die Lösungen gewöhnlicher Differentialgleichungen zu beschreiben.

Die von den Brüdern BERNOULLI verfolgten Zielstellungen schlossen recht bald auch die Suche solcher Kurven ein, die gewissen Optimalitätsansprüchen genügen, ein Anliegen, das wir heute der Variationsrechnung zuordnen. Es ist heute üblich (trotz einiger Vorläufer), die Geburtsstunde der Variationsrechnung auf diesen Zeitpunkt des

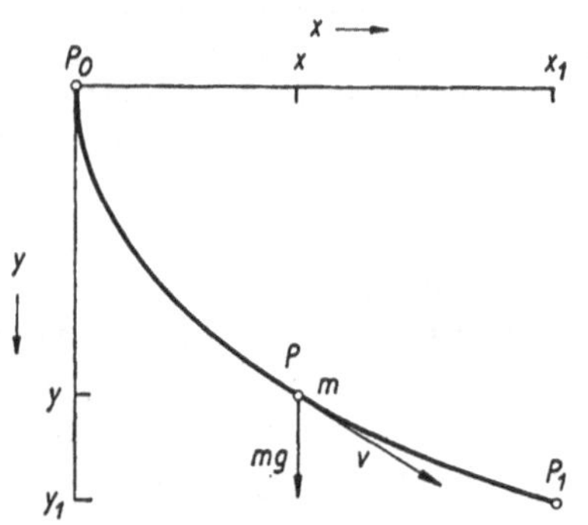

Abb. 1. Skizze zum Brachystochronen-Problem

Juni 1696 zu datieren, als in den Acta Eruditorum Lipsiae durch JOHANN BERNOULLI das Problem der Brachystochrone öffentlich ausgeschrieben wurde. Es beinhaltet die Frage nach jener ebenen Kurve vorgegebener Endpunkte P_0, P_1, auf der ein Massenpunkt unter dem Einfluß konstanter Schwere am schnellsten von P_0 nach P_1 reibungsfrei gleitet (vgl. Abb. 1).

Wir wollen hier davon absehen, daß an dieser Aufgabe und an nachfolgenden weiteren Aufgaben dieser Art zwischen den Brüdern BERNOULLI ein aus Reizbarkeit und Eifersüchteleien resultierender Streit entbrannte. Für uns ist nur wichtig, daran zu erkennen, mit welcher Erbitterung, aber auch mit welchem Einfallsreichtum schon Ende des 17. Jahrhunderts um die Lösung spezieller Variationsprobleme gerungen wurde. Dennoch hat EULER in seiner Baseler Zeit von seinem Lehrer JOHANN BERNOULLI kaum einschlägige Anregungen erhalten. Erst nach EULERS Übersiedelung nach Petersburg wurde er 1728 von JOHANN BERNOULLI brieflich angeregt, sich mit Variationsproblemen und speziell mit dem Problem der kürzesten Linie auf einer Fläche (d. h. dem Problem der geodätischen Linien) zu beschäftigen. Seit den stürmischen Gründerjahren der Variationsrechnung hatten sich bisher nur ganz wenige Mathematiker mit diesen Problemen auseinandergesetzt, indem sie allgemein als „zu schwierig" eingeschätzt wurden. EULER greift die Empfehlung JOHANN BERNOULLIS auf und sammelt zunächst an einer Reihe von anspruchsvollen Beispielen Erfahrungen. Er tut dies zuerst in Anlehnung an die Ad-hoc-Methode von JAKOB BERNOULLI und LEIBNIZ. Es gelingt EULER damit, die schon von JOHANN BERNOULLI aufgestellten Bedingungen für die geodätischen Linien erneut zu finden, was ihm höchstes Lob seines Lehrers einträgt. Auch das schwierige Problem der Brachystochrone im widerstehenden Mittel und zahlreiche geometrische Optimierungsaufgaben zu Kurven vorgegebener Länge (daher „isoperimetrische Aufgaben") erfahren durch EULER jetzt ihre Lösung. Mehr und mehr erkennt EULER an diesen Beispielen selber den Kern seiner Herangehensweise, seiner „Methodus inveniendi". Er beginnt, unabhängig von der besonderen Natur seiner Aufgaben, sich dem allgemeinen Studium der Maximierung oder Minimierung von Integralen des Typs

$$J(y) = \int_a^b Z\big(x, y(x), y'(x)\big)\,\mathrm{d}x$$

für gewisse Klassen zweimal differenzierbarer Funktionen y zuzuwenden und die Ergebnisse seiner unermüdlichen Forschungen in Gestalt einer zusammenhängenden Theorie in seinem berühmten grundlegenden Werk zur Variationsrechnung darzulegen, das den Titel trägt „Methodus inveniendi curvas maximi minimive proprietate gaudentes sive solutio problematis isoperimetrici latissimo sensu accepti" (Methode, Kurven zu finden, denen eine Eigenschaft im höchsten oder geringsten Grade zukommt oder Lösungen des isoperimetrischen Problems, wenn es im weitesten Sinne des Wortes aufgefaßt wird). Dieses 1744 in Lausanne gedruckte, 320 Seiten umfassende Buch ist nicht nur äußerlich eine bibliophile Kostbarkeit (vgl. sein Titelblatt auf Abb. 2), es wurde sogar inhaltlich in seiner Gestaltung zum Vorbild aller nachfolgenden Lehrbücher zur Mathematik.

Es weist erstmalig konsequent jene strenge Gliederung in Prädikate, wie Definition, Lehrsatz, Folgerung, Anmerkung und Beispiele auf, die dem Mathematiker noch heute bestimmend für seinen Stil ist. C. CARATHÉODORY, der Herausgeber der Bände XXIV und XXV von EULERS Opera Omnia (vgl. [5] und [6]) und unumstritten bester Kenner der Variationsrechnung in der ersten Hälfte unseres Jahrhunderts (nach PRINGSHEIM der „Isopérimaitre incomparable") hat EULERS „Methodus inveniendi ..." sogar als eines der schönsten mathematischen Werke, die je geschrieben wurden, bezeichnet. Lassen Sie uns wenigstens noch Notiz von der ersten Seite dieses Buches nehmen, in der Sie bereits Eindrücke der erwähnten Gliederung finden (vgl. Abb. 3).

Der wortreiche und emotionale Stil dieser Zeit ist uns zwar heute fremd, indem wir es in unseren Tagen manchmal fast ein wenig zu weit treiben, mit unterkühlter wissenschaftlicher Sachlichkeit unsere Darlegungen zu fassen und vorzutragen. Auch Gebrauch und Präzision der mathematischen Begriffe sowie die Exaktheit der Schlußweisen passen sich heute nicht mehr jenen hohen Ansprüchen an, die wir im Interesse der Zuverlässigkeit unserer Aussagen und zur Erhaltung und Förderung unserer mathematischen Kultur unbedingt einhalten müssen. Man bedenke jedoch, daß zu EULERS Zeit ja noch nicht einmal der Begriff der stetigen Funktion geprägt und bekannt war und daß trotz üppigen und furchtlosen Einstiegs in die Analysis der unendlich kleinen Größen nicht einmal eine fundierte Charakterisierung des Grenzwertbegriffes bekannt war. Erst der französische Mathematiker A. L. CAUCHY hat hierzu ein halbes Jahrhundert später

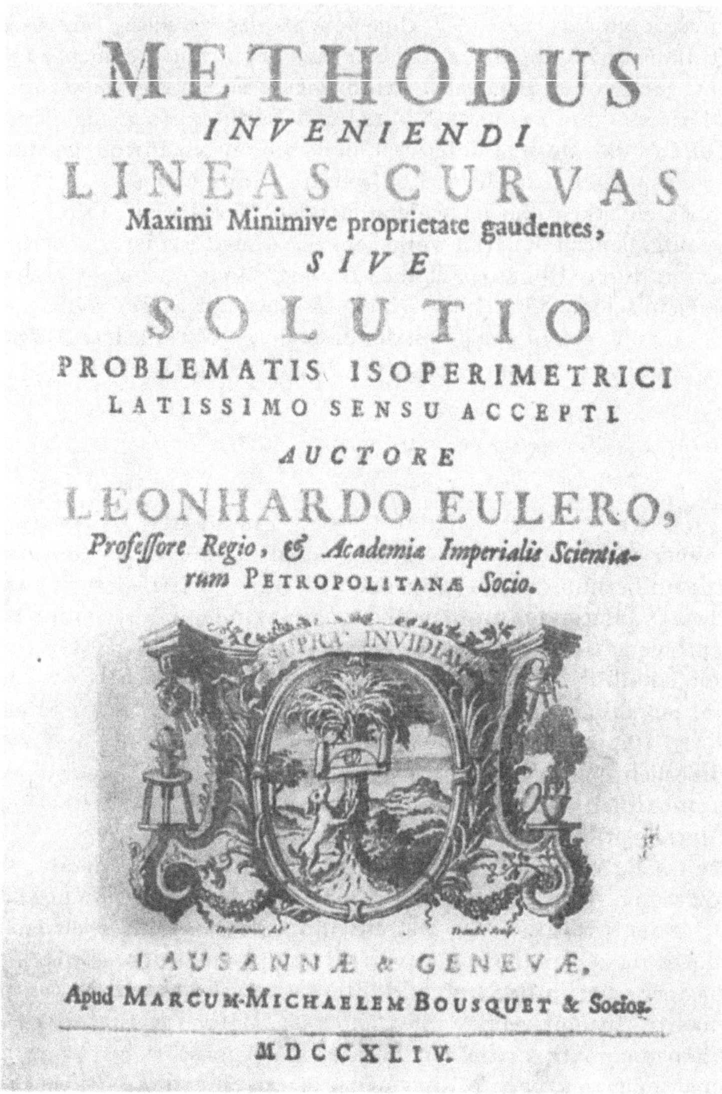

METHODUS
INVENIENDI
LINEAS CURVAS
Maximi Minimive proprietate gaudentes,
SIVE
SOLUTIO
PROBLEMATIS ISOPERIMETRICI
LATISSIMO SENSU ACCEPTI
AUCTORE
LEONHARDO EULERO,
Professore Regio, & Academiæ Imperialis Scientiarum PETROPOLITANÆ Socio.

LAUSANNÆ & GENEVÆ,
Apud MARCUM-MICHAELEM BOUSQUET & Socios.
MDCCXLIV.

Abb. 2. Titelblatt des Lehrbuches „Methodus inveniendi", Lausanne 1744

eine sichere Basis geschaffen. Deshalb müssen wir uns heute bei der Einschätzung von EULERS Werk im wesentlichen auf seine Ideen konzentrieren und sie in unsere derzeitige Sprache umzusetzen versuchen.

Den Begründern der Infinitesimalrechnung, G. W. LEIBNIZ und I. NEWTON, war diese Schlußfolgerung wohlbekannt, daß eine differenzierbare Funktion f von einer Variablen x im E^1 nur dann in x_0 eine Minimalstelle bzw. Maximalstelle haben kann, wenn für die erste Ableitung f' die Bedingung $f'(x_0) = 0$ gilt. Bedeutsam ist, daß bereits in der ersten Veröffentlichung von LEIBNIZ zur Differentialrechnung (1684) diese spezielle Anwendung so im Vordergrund stand, daß der Titel dieser Abhandlung

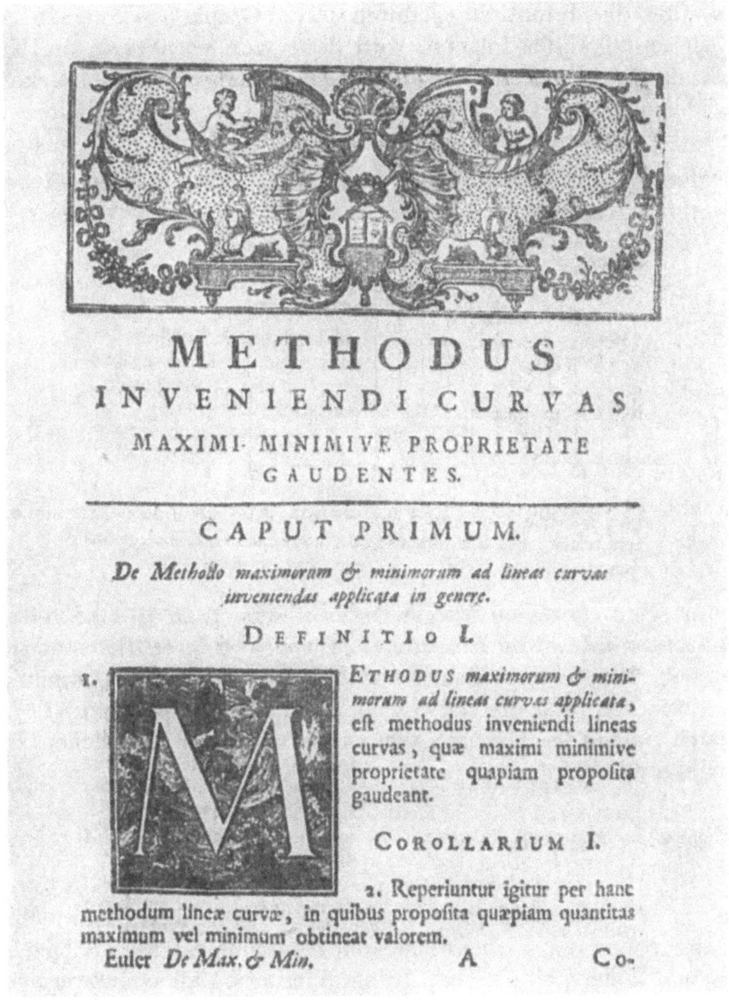

METHODUS
INVENIENDI CURVAS
MAXIMI MINIMIVE PROPRIETATE
GAUDENTES.

CAPUT PRIMUM.

De Methodo maximorum & minimorum ad lineas curvas inveniendas applicata in genere.

DEFINITIO I.

1. METHODUS *maximorum & minimorum ad lineas curvas applicata*, eſt methodus inveniendi lineas curvas, quæ maximi minimive proprietate quapiam propoſita gaudeant.

COROLLARIUM I.

2. Reperiuntur igitur per hanc methodum lineæ curvæ, in quibus propoſita quæpiam quantitas maximum vel minimum obtineat valorem.

Euler *De Max. & Min.* A Co-

Abb. 3. Erste Seite des Lehrbuches „Methodus inveniendi“

lautete: „Nova methodus pro maximis et minimis itemque tangentibus“. Aus der Herleitung dieser Bedingung war offensichtlich, daß sie auch dann noch zu gelten hat, wenn f in x_0 nur bezüglich einer kleinen Umgebung einen Minimalwert (Maximalwert) besitzt; der Begriff der Umgebung und Nachbarschaft resultierte dabei aus dem Selbstverständnis des euklidischen Abstandsbegriffes.

Euler knüpfte daran (zunächst rein geometrisch) seine Grundidee der Optimierung von Integralausdrücken (oder Integralfunktionalen, wie wir heute sagen) der oben eingeführten Art $J(y)$ an und damit an eine Fragestellung, die von der Qualität her auf einer viel höheren Stufe als die Extremwertaufgaben der Differentialrechnung steht, indem jetzt nicht optimale Stellen (Punkte), sondern optimale Funktionen zu bestimmen sind. Ausgehend von der Annahme, daß das Integral J seinen kleinsten (größten) Wert für die Funktion y_0 annimmt, repräsentiert Euler im rechtwinkligen kartesischen

Koordinatensystem die Funktion y_0 durch ihren Graphen $\widehat{az}$ gemäß Abb. 4. Dem Geiste des Differentialkalküls folgend, wird dabei von vornherein die Kurve $\widehat{az}$ aufgefaßt als Vereinigung unendlich vieler infinitesimal kleiner Geradenstückchen hi, ik, kl, usw. Als „benachbarte" Vergleichsfunktionen y wählt Euler solche, deren Graph nur innerhalb eines kleinen Intervalls MO von $\widehat{az}$ verschieden ist, indem dort ihr Graph aus dem Polygonzug $\widehat{m\nu o}$ besteht. Auf diese Weise wird für Euler der Wert von

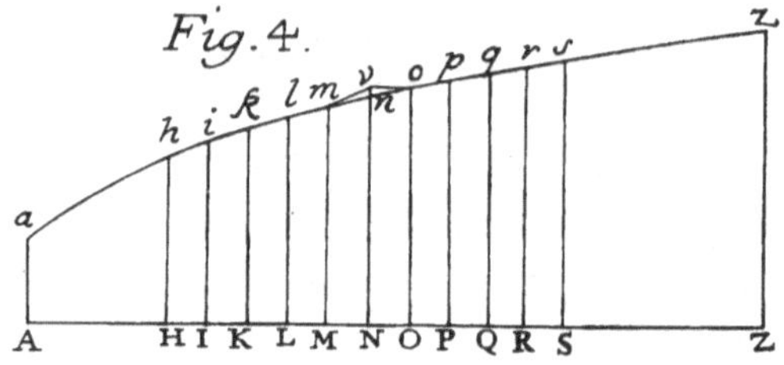

Abb. 4. Polygonzug als Vergleichsfunktion, aus „Methodus inveniendi"

$J(y) - J(y_0)$ für seine speziellen Vergleichsfunktionen y zu y_0 eine reine Funktion f der variablen Störung $\overline{n\nu}$ mit der Eigenschaft, für $\overline{n\nu} = 0$ ihren kleinsten (bzw. größten) Wert anzunehmen. Alle weiteren Schritte sind dann wiederum ein Objekt der Differentialrechnung. Zunächst muß die notwendige Optimalitätsbedingung $f'(0) = 0$ gelten, aus der sich nach einigen Rechnungen von Euler an der (willkürlichen) Störungsstelle $x = N$ die Bedingung

$$E(y_0, x) = Z_y\big(x, y_0(x), y_0'(x)\big) - \frac{\mathrm{d}Z_{y'}}{\mathrm{d}x}\big(x, y_0(x), y_0'(x)\big) = 0$$

ergibt, welche wir als *Eulersche Differentialgleichung* bezeichnen. Rein technisch bedient sich Euler dabei neben der stillschweigenden Annahme der zweimaligen Differenzierbarkeit von y_0 und Z der Leibnizschen Integraldefinition als Grenzwert von Zwischensummen bezüglich einer äquidistanten Intervallunterteilung $\overline{HI} = \overline{IK} = \overline{KL} = \dots = \Delta x$. Mit dieser Schlußweise vollzieht Euler in seinen Überlegungen in Wahrheit nicht nur allein den Grenzübergang $\overline{n\nu} \to 0$, sondern gleichzeitig $\Delta x \to 0$, ungeachtet der Problematik, ob die Änderung der Reihenfolge oder Koppelung solcher Grenzübergänge überhaupt das Resultat unbeeinflußt läßt.

Die Unschärfe, die wir in dieser Betrachtungsweise heute sehen, war freilich bei dem Entwicklungsstand der Infinitesimalrechnung jener Zeit gar nicht spürbar. Sie sollte uns aber nicht daran hindern, Euler für diese Pionierleistung dennoch unseren großen Respekt zu zollen. C. Carathéodory sagt dazu auch im gleichen Sinne im Vorwort von Bd. XXIV der Opera Omnia [5]:

„Man soll nicht — wie es öfters, besonders gegen Ende des 19. Jahrhunderts, der Fall war, von Mangel an Strenge reden, wenn es sich um Methoden früherer Mathematiker handelt, die wir mit Hilfe der Technik, die wir uns im Laufe der Zeit angeeignet haben, befriedigend handhaben können, sondern nur, wenn irgendein Resultat mit Hilfe einer Kette von Schlüssen gefunden wurde, die man nicht rein logisch begründen kann."

In einer späteren kritischen Analyse konnte A. Kneser ([9], S. 39–45) in der Tat in einer leicht modifizierten Weise die Korrektheit der Eulerschen Herleitung der Eulerschen Differentialgleichung nachweisen.[1])

Euler selbst hat die Schwächen und Schwierigkeiten seines geometrischen Zugangs voll erkannt, besonders dort, wo er in Verallgemeinerung seiner Aufgabenstellungen sich von dem anschaulichen Fall ebener Kurven löste. Seiner ungeheuren analytischen Geschicklichkeit beugten sich zwar auch viele Probleme dieser Art, der dazu erforderliche Aufwand war aber nicht unbeträchtlich. Daß Euler in den nachfolgenden zehn Jahren (von 1745 bis 1755) kaum weitere Beiträge zur Variationsrechnung geliefert hat, mag nicht nur an seinem vielseitigen Interesse gelegen haben, sondern auch an dem Umstand, daß Eulers geometrischer Zugang zur Variationsrechnung sich praktisch ausgeschöpft hatte.

Euler hat in dem schon erwähnten Vortrag 1756 vor der Berliner Akademie eine Selbsteinschätzung seines Buches „Methodus inveniendi ...“ gegeben. Nach einigen Äußerungen der Befriedigung über sein Werk und die Brauchbarkeit seiner Methoden schreibt Euler:

„... Doch scheint die Methode selbst, obgleich die ganze Frage mit ihrer Hilfe ziemlich schnell erledigt wird, nicht recht natürlich zu sein, weil sie zu einer Lösung führt, die auf die Betrachtung der Linienelemente der zu untersuchenden Kurve beruht, während man dem gestellten Problem leicht eine Wendung geben kann, durch welche es aus dem Gebiet der Geometrie in dasjenige der reinen Analysis verpflanzt wird. ... Deshalb sollte auch jede natürliche Behandlung dieser Fragestellung frei von geometrischen Überlegungen sein. Und je größer die Schwierigkeiten sein sollten, um die Analysis auf dieses Ziel abzustimmen, desto größer wäre im Falle des Gelingens die Hoffnung, dieser Disziplin eine Förderung zukommen zu lassen.“

1755 gelang es dem jungen, 19jährigen J. L. Lagrange aus Turin (und späteren Nachfolger Eulers an der Berliner Akademie nach dessen Rückkehr von Berlin nach Petersburg (1766)) in einer brieflichen Mitteilung an Euler diesen erhofften, rein analytischen Zugang zur Variationsrechnung zu finden. Mit überschwenglichen Worten wußte Euler diese neuen Ideen zu würdigen und aktiv zu fördern. Die in den Nachfolgejahren von Euler verfaßten Arbeiten zur Variationsrechnung benutzen ausschließlich den neuen analytischen Zugang von Lagrange. Dieser verzichtet, im Unterschied zu Eulers obiger Methode, von vornherein auf den Gebrauch diskretisierter Darstellungen des Integrals $J(y)$ mittels abzählbar vieler Summanden und benutzt zum Vergleich des Integralwerts $J(y_0)$ spezielle einparametrige Scharen $y = y_0 + \varepsilon\eta$ zulässiger Vergleichsfunktionen, so daß aus der Optimaleigenschaft von $f(\varepsilon) := J(y_0 + \varepsilon\eta)$ an der Stelle $\varepsilon = 0$ notwendig die *Variationsgleichung*

$$\delta J(y_0, \eta) := f'(0) \to 0$$

resultiert. Aus ihr schließt man speziell für beliebige differenzierbare Funktionen η, die am Rande des Intervalls $[a, b]$ gleich Null sind, auf die Forderung, daß die *erste Variation*

$$\delta J(y_0, \eta) = \int_a^b E(y_0, x)\, \eta(x)\, dx = 0$$

[1]) Damit erfährt zugleich eine von C. Carathéodory in [3], S. 114, Absatz 2, angeführte Bemerkung eine Berichtigung.

ist. Aus der Willkürlichkeit von η folgerte Lagrange wiederum die Bedingung, daß der Eulersche Differentialausdruck $E(y_0, x) = 0$ sein muß — eine Schlußweise, deren Begründung bereits Euler für unerläßlich hielt. Aber erst 1879 konnte diese Schlußweise durch den Tübinger du Bois-Reymond unter dem Namen „Fundamentallemma der Variationsrechnung" tatsächlich gerechtfertigt werden. Historisch erklärt sich daraus, weshalb man die Bedingung $E(y_0, x) = 0$ heute auch *Euler-Lagrangesche Differentialgleichung* nennt.

Dieser analytische Zugang zu Variationsproblemen (der zugleich eine erste Anwendung des Homotopiebegriffs darstellt) hat nicht nur den Vorzug der leichteren technischen Realisierung, er gestattet zugleich, notwendige Optimalitätsbedingungen (Transversalitätsbedingungen) an den Grenzen des Integrationsintervalls $[a, b]$ herzuleiten, Bedingungen, die wir in den jüngeren Arbeiten Eulers noch vermissen. Der Lagrangesche Zugang ist im 20. Jahrhundert zum Vorbild für eine optimierungstheoretische Behandlung allgemeinerer reeller Funktionale auf Funktionenräumen geworden und zur Prägung des grundlegenden Begriffes der *Gâteauxschen Ableitung*. Die sich daran anschließenden neuen, bedeutenden Theorien über Variationsgleichungen und Variationsungleichungen sind jüngste Ausläufer dieser Entwicklungslinie (vgl. etwa [17]).

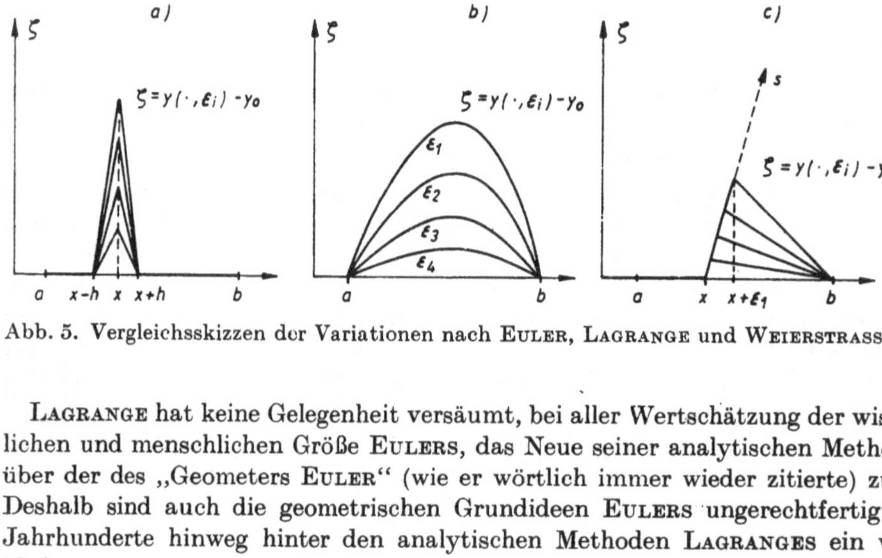

Abb. 5. Vergleichsskizzen der Variationen nach Euler, Lagrange und Weierstrass

Lagrange hat keine Gelegenheit versäumt, bei aller Wertschätzung der wissenschaftlichen und menschlichen Größe Eulers, das Neue seiner analytischen Methode gegenüber der des „Geometers Euler" (wie er wörtlich immer wieder zitierte) zu betonen. Deshalb sind auch die geometrischen Grundideen Eulers ungerechtfertigt über die Jahrhunderte hinweg hinter den analytischen Methoden Lagranges ein wenig verblaßt, und viele Ergebnisse Eulers wurden nach ihrer perfekteren Behandlung mit Lagranges Kalkül oft nur mit dem Namen Lagranges verknüpft. Daher scheint es mir besonders hervorhebenswert zu sein, daß am Ende des 19. Jahrhunderts durch den Berliner K. Weierstrass und Mitte unseres Jahrhunderts durch die Begründer der modernen Steuerungstheorie L. S. Pontrjagin und M. R. Hestenes eine Rückbesinnung auf Eulers geometrische Überlegungen erfolgte. Wir verfolgen dazu an einigen Vergleichsskizzen die Art des Kurvenvergleichs (der Variation) bei der Herleitung notwendiger Optimalitätsbedingungen nach Euler, Lagrange und Weierstrass. Ist $\zeta = y_0(x)$ die Gleichung einer optimalen Lösung (Trajektorie) bezüglich J und $\zeta = y(x, \varepsilon)$ die Gleichung einer zulässigen Vergleichskurvenschar in der jeweiligen Auffassung, so gibt die obige Abb. 5 qualitativ für verschiedene kleine Parameterwerte $\varepsilon_1 > \varepsilon_2 > \varepsilon_3 > \varepsilon_4 > 0$ den Graphen der Funktion $y(\cdot, \varepsilon) - y_0(\cdot)$ an. Wegen der Optimalität von y_0 erhalten wir über die Betrachtungen a) und b) erneut notwendig

$$\lim_{\varepsilon \to 0} \frac{J(y) - J(y_0)}{\varepsilon} = 0$$

und daraus auf die oben beschriebene Weise wiederum die Eulersche Differentialgleichung $E(y_0, x) = 0$. In der Betrachtung c) (und der damit auferlegten Beschränkung auf positive ε) führt die Optimalität von y_0 notwendig zu der Forderung

$$\lim_{\varepsilon \downarrow 0} \frac{J(y) - J(y_0)}{\varepsilon} \geqq 0,$$

aus der sich nach einigen Zwischenrechnungen (vgl. [13], S. 65) die Weierstraßsche $\mathscr{E}$-Bedingung

$$\mathscr{E}\big(x, y_0(x), y_0'(x), p\big) \geqq 0 \qquad \forall p \in E^1$$

ergibt. Dabei ist $p - y_0'(\eta)$ der Anstieg des Strahls s in Abb. 5c). Die Verwandtschaft von WEIERSTRASS' dreieckförmiger Variation zu der von EULER wird in der Abb. 5 offensichtlich.

Fassen wir im Sinne der Steuerungstheorie die Ableitungen y_0' und y' als Steuerungen u_0 bzw. u auf, so läßt sich die in Betrachtung c) benutzte Störung (Variation) auch durch den offensichtlich angenähert nadelförmigen Graphen der Steuerungsänderung $\Delta u = u - u_0$ gemäß Abb. 6a) darstellen. Für die Herleitung der grundlegenden not-

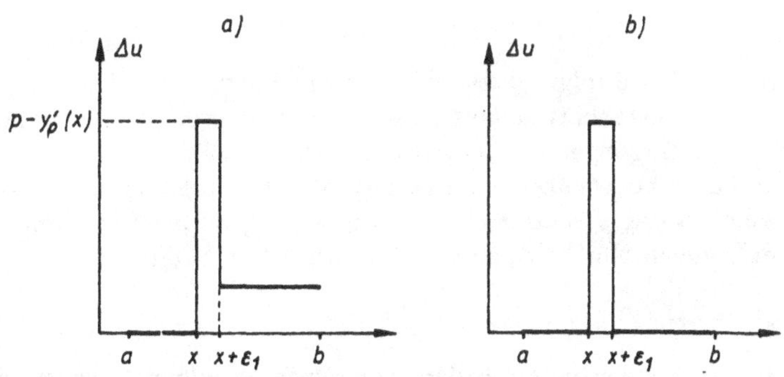

Abb. 6. Vergleichsskizzen der Variationen der Steuerung nach WEIERSTRASS und dem Pontrjaginschen Maximumprinzip

wendigen Optimalitätsbedingungen der allgemeinen Steuerungstheorie in Gestalt des *Pontrjaginschen Maximumprinzips* werden heute Störungen benutzt, bei denen (unter Zurückführung der Untersuchungen auf Probleme mit rechtsseitig freien Randbedingungen) rein nadelförmige Variationen Δu gemäß Abb. 6b) auftreten.

Die Eulersche Multiplikatorenmethode

Die ersten Auseinandersetzungen der Brüder JOHANN und JAKOB BERNOULLI ranken sich auch um Variationsprobleme mit Nebenbedingungen. Das spezielle isoperimetrische Problem der Bestimmung jener geschlossenen ebenen Kurve vorgegebener Länge, die einen maximalen Flächeninhalt umschließt, ist charakteristisch für Aufgabenklassen dieser Art. Euler untersuchte in seinen Beispiel-Studien und in seinem erwähnten grundlegenden Werk „Methodus iveniendi ..." eine Fülle ähnlicher Aufgabenklassen

$$J_0(y) \to \text{Min (Max)} \qquad \text{unter der Nebenbedingung} \qquad J_1(y) = 0 .$$

Dabei sind J_0 und J_1 Integralfunktionale des gleichen Typs, wie oben das Integral J. Euler nannte solche Aufgaben „isoperimetrische Probleme im weitesten Sinne"; er vermochte mittels einer wesentlichen Modifikation seiner oben beschriebenen geometrischen Methode auch hier notwendige Optimalitätsbedingungen in Gestalt von Differentialgleichungen aufzustellen. Während aber bei der Optimierung von J für das diskretisierte Ersatzproblem lediglich genau eine Ordinate zur Abszisse $x = N$ willkürlich variiert wurde, erfolgt jetzt ein entsprechender Entwicklungsgang durch Variieren von zwei benachbarten Ordinaten in der Weise, daß auch noch die (diskretisierten) Nebenbedingungen erfüllt werden (vgl. Abb. 7).

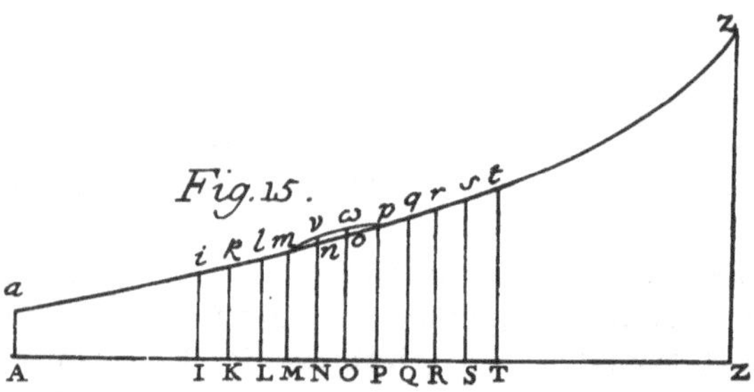

Abb. 7. Skizze zum „isoperimetrischen Problem im weitesten Sinne", aus „Methodus inveniendi"

Das Ergebnis dieser kunstvollen Überlegungen war schließlich die Erkenntnis, daß man zur optimalen Lösung y_0 stets zwei Konstante λ_0, λ_1 (Multiplikatoren) finden kann, welche nicht beide gleich Null sind, so daß zur Linearkombination

$$J(y) := \lambda_0 J_0(y) + \lambda_1 J_1(y)$$

die Funktion y_0 der zugeordneten Eulerschen Differentialgleichung genügt. Mit der verbesserten Technik Lagranges konnte diese Regel später wesentlich leichter (und sogar für mehrere Nebenbedingungen obiger Art) entwickelt werden, so daß sie in die Literatur bevorzugter unter dem Namen *Lagrangesche Multiplikatorenregel* eingegangen ist, ihr Ursprung geht aber in der Tat auf Euler zurück. In dieser Regel drückt sich zugleich das bemerkenswerte *Reziprozitätsgesetz* aus. Es bringt die Eigenschaft zum Ausdruck, daß in den abgeleiteten notwendigen Optimalitätsbedingungen eines isoperimetrischen Problems die besondere Stellung des zu optimierenden Integrals J_0 gegenüber dem Integral J_1 der Nebenbedingung völlig verlorengeht. Das heißt, wenn wir im Gegensatz zum Vorangehenden jetzt das Integral $J_1(y)$ optimieren wollen unter der Nebenbedingung $J_0(y) = 0$, so erhalten wir die gleichen Optimalitätsbedingungen wie zuvor.

Euler hat diese Resultate auch auf mehrere Nebenbedingungen ausgedehnt, aber nicht mit der erforderlichen Konsequenz. Diese finden wir erst über 100 Jahre später in Arbeiten des Leipzigers A. MAYER [19]. Das Vorbildhafte in EULERS einschlägigen Untersuchungen sehen wir aber heute darin, daß EULER mit seiner geometrischen Methode der mehrstelligen Koordinatenvariation zugleich für die späteren Forschungen unseres Jahrhunderts zu Steuerungsproblemen brauchbare Ansätze schuf. Diese finden heute in Erweiterung der im vorangehenden Abschnitt beschriebenen nadelförmigen Variationen technisch in der Verwendung von Mehrnadel-Variationen ihre Realisierung (vgl. HESTENES [13], PONTRJAGIN [20], GABASOW/KIRILLOWA [11]).

EULER hat sich auch an zahlreiche spezielle Klassen von Variationsproblemen herangewagt, in denen Differentialgleichungen als Nebenbedingungen auftreten — wir pflegen solche Aufgaben heute als *Lagrange-Probleme* anzusprechen. Er hat mit diesen Untersuchungen und seiner hohen Beherrschung der Integrationstechnik ausgezeichnete Musterbeispiele geschaffen, die heute noch in jedem guten Lehrbuch der Variationsrechnung Erwähnung finden. Die zeitbedingten erkenntnistheoretischen Schwächen seiner Überlegungen haben aber bis in unser Jahrhundert hinein beste Mathematiker aktiviert, bestehende theoretische Lücken zu schließen. In dem berühmten funktionalanalytischen Theorem des sowjetischen Mathematikers L. A. LJUSTERNIK zur Gültigkeit der Euler-Lagrangeschen Multiplikatorenmethode (vgl. [18]) und weiterführenden einschlägigen Resultaten von IOFFE/TICHOMIROW [15], DUBOWITZKIJ/MILJUTIN [4], PSCHENITSCHNYJ [21] u. a. für weitaus noch allgemeinere Formen der Nebenbedingungen (insbesondere auch in Gestalt von Ungleichungen) widerspiegelt sich ein breiter Erfolg dieser Bemühungen.

Bemerkenswert ist an dieser Stelle auch noch die Feststellung, daß über zwei Jahrhunderte eine Aufgabenklasse gänzlich unbeachtet blieb, zu der schon EULER recht brauchbare Resultate erzielt hatte: nämlich die Aufstellung notwendiger Optimalitätsbedingungen für Aufgaben des Typs

$$\Phi\big(J_0(y), J_1(y)\big) \to \text{Min (Max)},$$

wobei Φ eine beliebige differenzierbare Funktion oben eingeführter Integrale ist. Erst neuere Resultate von L. BITTNER [1] und anderen Autoren haben EULERS einschlägige Untersuchungen bestätigt und erweitert.

Schlußwort

Mit den hier aufgezeigten fundamentalen Beiträgen EULERS zur Variationsrechnung haben wir freilich bei weitem noch nicht all jene Aktivitäten aufgezählt, die seinen Namen mit dieser Disziplin unsterblich verbinden.

Ich erwähne hier nur EULERS sehr maßgebliche Arbeiten zur Entwicklung der Variationsprinzipien der Mechanik in Gestalt des Prinzips der kleinsten Wirkung. Im Addimentum II von EULERS „Methodus inveniendi ...“ finden wir die erste Veröffentlichung über diesen Gegenstand. In unserer Festveranstaltung wird Herr HENNIG dazu eingehende Ausführungen machen.

Ebensokurz möchte ich mich zu der bemerkenswerten Entdeckung EULERS äußern, daß die Eulersche Differentialgleichung der Variationsrechnung invariant gegenüber Koordinatentransformationen ist. Für EULER war diese Resultat ein Produkt seiner hohen Rechenkunst und seiner Bemühungen, durch geschickte Wahl von Koordinatensystemen geschlossene Lösungen über Quadraturen erhalten zu können. EULER hat damit erste Ansätze zu einer Invariantentheorie von Variationsproblemen gegeben, die erst 1918 durch EMMY NOETHER ihre endgültige Vervollkommnung erfahren haben. Die daraus gewonnenen Erkenntnisse sind für die Entwicklung der allgemeinen Relativitätstheorie außerordentlich bedeutungsvoll geworden (vgl. P. FUNK [10], S. 451).

Von ungewöhnlich belehrendem Wert sind aber auch heute noch EULERS 100 Beispiele zur Variationsrechnung, über die JACOBI das bezeichnende Urteil prägte:

„Es ist immer ein Fortschritt, wenn man den Beispielen Eulers ein wirklich neues hinzuzufügen weiß."

C. CARATHÉODORY verfaßte über diese im Bd. XXIV der „Opera Omnia" eine ordnende Gesamtschau. In diesen Beispielen widerspiegelt sich nicht nur die Virtuosität, mit der EULER die neuen analytischen Hilfsmittel zu handhaben wußte, sondern zugleich sein tiefverwurzeltes Vertrauen in die Kraft der mathematischen Denkweise in weiten Bereichen menschlichen Schaffens. Aus diesem Grunde sprechen wir ja auch EULER als Mathematiker an, obwohl über die Hälfte seiner Publikationen sich auf physikalische, ingenieurwissenschaftliche, astronomische und musiktheoretische Untersuchungen bezieht. Das Problem der Biegung und Knickung eines Stabes sowie — im Anschluß an NEWTON — das Problem des Schiffskörpers kleinsten Widerstandes wurden beispielsweise sehr erfolgreich von EULER bearbeitet. Die Beherrschung des Konkreten war sein Hauptanliegen — und in diesem Streben sollte EULER jedem Mathematiker auch heute noch ein Vorbild sein. Für ihn war das Beispiel nicht nur Anhang oder Illustration einer Theorie, sondern ein vollwertiger Arbeitsgegenstand, dessen erfolgreiche Behandlung als Muster für ähnliche Aufgaben oder als Vorstufe einer theoretischen Konzeption anzusehen war. Freilich war es zu EULERS Zeit noch nicht üblich, diese Muster oder Konzeptionen mit jenen vorsichtigen Gebrauchsanweisungen zu versehen, die der Mathematiker heute vor jede seiner Aussagen stellt (unabhängig von ihrer tatsächlichen Überprüfbarkeit) und „Voraussetzungen" nennt. Auf diese Weise haben sich EULERS Ideen in ungeschickten Händen in der Nachfolgezeit mitunter auch als unzuverlässiges Handwerkzeug erwiesen. Dennoch wäre es ungerecht, aus der Sicht dieser mangelnden Strenge EULERS Stil heute zu tadeln. Anläßlich des 250. Geburtstages EULERS schrieb A. O. GELFOND dazu in seinem Artikel „Über einige charakteristische Züge in den Ideen L. Eulers auf dem Gebiete der mathematischen Analysis und seiner Einführung in die Analysis des Unendlichen" (vgl. [12]):

„Man wirft Euler oft die mangelnde Strenge der Beweise für die von ihm gefundenen neuen Tatsachen vor und stellt ihn in dieser Hinsicht z. B. C. F. Gauß gegenüber. Doch Euler, der mit konstantem Erfolg neue und wirksame Methoden zur Lösung zahlreicher Aufgaben suchte und fand, wurde durch seine riesige und äußerst angespannte wissenschaftliche Tärigkeit vor die Notwendigkeit gestellt, nicht so lange bei den Beweisen oder von ihm entdeckten Fakten zu verweilen, wenn diese den Rahmen der zeitgenössischen Mathematik sprengten und die nur unter einem neuen, bedeutend weiteren Gesichtsfeld als einfach hätte erscheinen können."

Heute können wir beruhigt über solche Diskussionen hinweggehen. Das 19. Jahrhundert hat mit seiner strengen Durchmusterung und Fundierung der Analysis auch für die Variationsrechnung EULERS jene theoretische Stabilisierung mit sich gebracht, die wir heute für unerläßlich halten. Darauf aufbauend sind in unserem Jahrhundert neue Überlegungen und Arbeitsrichtungen in die Variationsrechnung hineingetragen worden, an die man zur Zeit EULERS überhaupt noch nicht dachte: Existenzfragen zu optimalen

Lösungen und Methoden zu ihrer schrittweisen Annäherung (*Direkte Methoden der Variationsrechnung*) unter wirksamem Einsatz unserer heutigen modernen Rechentechnik. Auch die bei EULER unbeachtet gebliebene Frage des Aufbaus hinreichender Optimalitätskriterien hat inzwischen eine erhebliche Förderung und Klärung erfahren durch C. G. J. JACOBI und R. HAMILTON, über *Eigenwertkriterien* von L. LICHTENSTEIN und E. HÖLDER (vgl. [14]), über die *Feldtheorien* von D. HILBERT, K. WEIERSTRASS, C. CARATHÉODORY und anderen, uns schließlich in noch universellerer Form durch die *Dualitätstheorie zu Steuerungsproblemen* (vgl. dazu den Übersichtsbeitrag [16]). All jene, die dabei die Klassiker der Variationsrechnung, und voranstehend LEONHARD EULER, aus den Augen verloren haben, sollten sich aber jener berühmten Einschätzung bewußt sein, die vor knapp 140 Jahren von einem sehr kompetenten Mathematiker des 19. Jahrhunderts über EULER abgegeben wurde und auf die uns Herr K.-R. BIERMANN in seinem Beitrag „Aus der Vorgeschichte der Euler-Werkausgabe" in [8] aufmerksam macht. Diese Einschätzung stammt von dem bedeutenden russischen Mathematiker MICHAIL WASSILJEWITSCH OSTROGRADSKIJ (1801–1861) aus dem Jahre 1844, indem er aufgefordert wurde, zum Zwecke der Herausgabe von EULERS gesammelten Werken eine Einschätzung der wissenschaftlichen Bedeutung EULERS dem damaligen Akademiepräsidenten und Minister für Volksaufklärung, SERGEJ SEMJONOWITSCH UWAROW, zu übergeben. OSTRORADSKIJ schrieb in einer sehr langen Stellungnahme unter anderem:

„... Alle berühmten Mathematiker, die heute leben, sagt ein ebenso hervorragender wie tiefer Geometer[1]), sind Schüler von Euler. Es gibt keinen unter ihnen, der sich nicht unter dem Studium seiner Werke entfaltet, der nicht von ihm die benötigten Formeln und Methoden erhalten hätte, der bei seinen Entdeckungen nicht von seinem Genie geleitet und gestützt worden wäre. Euler kommt die Ehre der Umgestaltung der mathematischen Wissenschaften zu, die er sämtlich der Analysis unterwarf; seine Arbeitskraft erlaubte es ihm, diese Wissenschaften in Gänze zu umfassen; er verwirklichte methodische Ordnung in seinen großen Werken; seine Formeln sind einfach und elegant; die Klarheit seiner Methoden und Beweise wird noch durch eine große Zahl gelungen ausgewählter Beispiele erhöht. Weder Newton noch selbst Descartes, so groß auch ihr Einfluß gewesen ist, haben einen solchen Ruhm errungen, wie ihn von allen Geometern allein Euler ganz und ungeteilt besitzt. ..."

Dem vermag ich auch aus heutiger Sicht nichts Treffenderes hinzuzufügen.

Literatur

[1] BITTNER, L.: On Optimal Control of Processes Governed by Abstract Functional, Integral and Hyperbolic Differential Equations. Math. Operationsforsch. Statist. **6** (1975) 1/2, 107–134.

[2] BLANCHARD, P., und BRÜNING E.: Direkte Methoden der Variationsrechnung. Wien–New York 1982.

[3] CARATHÉODORY, C.: Basel und der Beginn der Variationsrechnung, Gesammelte Mathematische Schriften Bd. II, München 1955, 108–128.

[4] ДУБОВИЦКИЙ, А. Я., и А. А. МИЛЮТИН: Задачи на экстремум при наличии ограничений. Вычисл. мат. и мат. физ. **5** (1965), № 3. 395–453.

[5] Leonhardi Euleri Opera Omnia, Ser. Prima, Bd. XXIV. Bern 1952.

[6] Leonhardi Euleri Opera Omnia, Ser. Prima, Bd. XXV. Bern 1952.

[1]) Gemeint ist vermutlich LAPLACE.

[7] Schröder, K. (Hrsg.): Sammelband der zu Ehren des 250. Geburtstages Leonhard Eulers der Deutschen Akademie der Wissenschaften zu Berlin vorgelegten Abhandlungen. Berlin 1959.

[8] Leonhard Euler, Beiträge zu Leben und Werk, Gedenkband des Kantons Basel-Stadt. Basel 1983.

[9] Festschrift zur Feier des 200. Geburtstages Leonhard Eulers, Leipzig—Berlin 1907.

[10] Funk, P.: Variationsrechnung und ihre Anwendung in Physik und Technik. Berlin—Göttingen—Heidelberg 1962.

[11] Габасов, Р., и Ф. М. Кириллова: Методы оптимального управления. Современные проблемы математики, Т. 6, Москва 1975, 131—259.

[12] Гельфонд, А. О.: О некоторых характерных чертах идей Л. Ейлера в области математического анализа и его ,,Введении в безконечно малых". Успех. мат. Наук **XII**, 4 (76) (1957).

[13] Hestenes, M. R.: Calculus of Variations and Optimal Control Theory. New York—London—Sidney 1966.

[14] Hölder, E.: Beweise einiger Ergebnisse aus der Theorie der 2. Variation mehrfacher Extremalintegrale. Math. Ann. **148** (1962), 214—225.

[15] Иоффе, А. Д., и В. М. Тихомиров: Теория экстремальных задач. Москва 1974 (deutsche Übers.: Theorie der Extremalaufgaben. Berlin 1979).

[16] Klötzler, R.: Dualität in der Steuerungstheorie. Mitt. Math. Ges. DDR (1981) 2—4, 72—83.

[17] Kluge, R.: Nichtlineare Variationsungleichungen und Extremalaufgaben. Berlin 1979.

[18] Ljusternik, L. A., und W. L. Sobolew: Elemente der Funktionalanalysis. Berlin 1968.

[19] Mayer, A.: Die Lagrangesche Multiplikatorenmethode und das allgemeinste Problem der Variationsrechnung bei einer unabhängigen Variablen. Ber. Ver. Ges. Wiss. Leipzig **47** (1895), 129—144.

[20] Понтрягин, Л. С., В. Г. Болтянский, Р. В. Гамкрелидзе и Е. Ф. Мищенко: Математическая теория оптимальных процессов. Москва 1961.

[21] Пшеничный, Б. Н.: Необходимые условия экстремума. Москва 1969.

Ansprachen ausländischer Teilnehmer

Prof. Dr. Leonid Iwanowitsch Sedow (Леонид Иванович Седов)

Mitglied der Akademie der Wissenschaften der UdSSR, Lomonossow-Universität, Moskau

В эти дни в свете достижений современной науки и техники мы чтим великого ученого математика и механика Леонарда Эйлера — автора, заложившего многие основы этих наук, их приложений, создавшего ряд познавательных фундаментальных теорий, разрешившего многие поставленные им фундаментальные проблемы и стимулировавшего дальнейшее развитие математических методов в естествознании.

Имя Л. Эйлера и добытые им результаты теперь содержатся в основах образования по математике и механике. Его достижения являются исходными в решении многих главных технических задач, связанных со всякого рода движениями на Земле и в космосе.

До последнего времени при построении моделей Вселенной наличие человеческой цивилизации учитывалось только в самом факте предложений подобных моделей, в которых отсутствовали какие-либо воздействия людей и влияние конкретных разнообразных особенностей подвижных космических объектов.

В будущем, по-видимому, нельзя уже сомневаться, что если человечество выживет, то люди смогут оказывать существенное влияние на эволюцию планетных систем, Галактик, а может быть и всей Вселенной. Наверно, это нельзя не учитывать в перспективных прогнозах отдаленного будущего.

Уже теперь в подавляющем числе примеров люди на Земле могут в малых масштабах получать и объяснять эффекты, которые в грандиозных масштабах они наблюдают на небе.

Можно надеяться, что благодаря достижениям многих великих ученых и среди них основоположным влиянием Л. Эйлера, а также теперь в работах больших коллективов ученых знания и понимание в современной науке станут основой для конструктивных проектов, осуществление которых для нас невозможно предсказать и которые, однако, в наших фантазиях находят только бледные отражения, так же как это уже было в науке у наших предков и современников.

Перспективные трансформации в жизни и в развитии человеческой культуры и техники в отдаленном будущем предсказать трудно, но одно ясно, что вклады в науку Леонарда Эйлера сохранят свои основополагающие значения в дальнейшем развитии человечества.

Я предлагаю тост за углубление научной оценки роли Леонарда Эйлера в становлении современной науки и в осознании его роли как основателя многих творческих достижений людей.

Prof. Dr. Olaf Pedersen

Vizepräsident der International Union of the History and Philosophy of Science (IUHPS), Universität Aarhus

Dear colleagues and friends,

I hope we all agree that the commemoration of one of the great names in the history of science should be not only a tribute paid to a single individual. It should also be an occasion for reflecting on the fact that the more a scholar or scientist of the past has contributed to the growth of science or scholarship, the more his or her achievement belongs to mankind in general. Therefore we gather together, on such occasions, not only to praise famous men or women, but also to confirm our common conviction that science is universal and that — in spite of its occasional dangerous misapplications — science must be reckoned among those positive forces which are gently at work on uniting this sadly divided world of ours.

One of the fundamental aims of the *International Union of the History and Philosophy of Science* is to contribute to keeping this conviction alive everywhere where it is possible, by furthering the study of the history of science in many different countries all over the world. Thus it goes without saying that this meeting in commemoration of a truly universal genius like Euler is completely on line with the general efforts of our Union, and that we must be gratefully indepted to the *Berliner Akademie der Wissenschaften* for having arranged and supported it in such a generous way.

In consequence, I take great pleasure in greeting both the organizing committee and all the participants in this conference on the part of the IUHPS and, by inference, on the part of an international community of scholars devoted to the history of science.

Many of us work in different fields, but on this occasion it should also be remembered that a great number of the most prominent historians of science of our own century have dedicated their work to the almost superhuman task of lifting the scientific heritage of Euler. The edition of his complete works is not only a monument to the genius and industry of their author. It also stands out as a marvel of historical research, critical scholarship and meticulous editing, and will for many years to come remain an example of how such things ought to be done. Thus Euler is not only an inspiration for science even of our times, but also a figure of singular importance for the historiography of science. This is one more reason why an historian must look at his name with thankfulness and veneration.

Prof. Dr. Jan Hult

Generalsekretär der International Union of Theoretical and Applied Mechanics (IUTAM), Chalmers University of Technology, Göteborg

Meine sehr verehrten Damen und Herren!

Wenn die Internationale Union für theoretische und angewandte Mechanik bereits schon im achtzehnten Jahrhundert existiert hätte, dann wäre mit Gewißheit Leonhard Euler ihr Präsident gewesen. Doch dieses Gremium der internationalen Zusammenarbeit gab es damals nicht. Leonhard Euler war aber dennoch die führende Persönlichkeit unter den Mechanikern seiner Zeit. Wir haben hier heute vieles über seine engen Verbindungen mit Kollegen in anderen Ländern gehört. Und wir können sagen, daß durch diese Korrespondenz der Weg für eine internationale Zusammenarbeit vorbereitet wurde, wie sie heute in der IUTAM realisiert wird.

Unsere Internationale Union für theoretische und angewandte Mechanik richtet herzliche Grüße an die Teilnehmer der Euler-Ehrung.

Teil II

Wissenschaftliche Konferenz im Großen Festsaal im Haus der Ministerien und im Plenarsaal der Akademie der Wissenschaften der DDR, Berlin

Dr. rer. nat. WERNER MÜLLER
Institut für Mathematik der AdW der DDR, Berlin

Zetafunktionen in Geometrie und Analysis

Dieser Vortrag soll ein aktuelles Forschungsgebiet der theoretischen Mathematik behandeln, dessen Wurzeln auf EULER zurückgehen. Es handelt sich dabei um Zetafunktionen. Die bekannteste Funktion dieser Art ist die Riemannsche Zetafunktion

$$\zeta(s) = \sum_{n=1}^{\infty} n^{-s}, \quad s \in \mathbb{C}, \quad \mathrm{Re}(s) > 1.$$

Diese Funktion wurde für reelle s bereits von EULER untersucht. Ich verweise auf den Vortrag von Herrn Prof. KOCH, in dem die Rolle der Zetafunktion in EULERS Schaffen näher behandelt wird. Ihre eigentliche Bedeutung für die Mathematik haben die Zetafunktionen durch das Wirken von DIRICHLET und RIEMANN erlangt. DIRICHLET benutzte die L-Reihen, die eine Verallgemeinerung der Zetafunktion sind, um seinen berühmten Satz über die Anzahl von Primzahlen in arithmetischen Progressionen zu beweisen. RIEMANN erkannte die fundamentale Bedeutung der Zetafunktion für die Verteilung der Primzahlen. Charakteristisch ist dabei, daß gewisse analytische Funktionen sehr tiefe Aussagen über arithmetische Fragen liefern. In der weiteren Entwicklung haben Zetafunktionen eine große Bedeutung in der Mathematik, insbesondere in der Zahlentheorie und der algebraischen Geometrie, erlangt.

Im 20. Jahrhundert sind Zetafunktionen auch in andere Gebiete der Mathematik eingedrungen und spielen hier eine große Rolle. Dabei handelt es sich insbesondere um die Geometrie im Zusammenhang mit partiellen Differentialgleichungen, die hier auftreten. Es ist das Anliegen dieses Vortrages, über einige dieser Fragestellungen zu sprechen.

1. Die Riemannsche Zetafunktion

Die Riemannsche Zetafunktion ist die einfachste der Zetafunktionen, die hier behandelt werden sollen. Außerdem war sie der Ausgangspunkt für die Entwicklung auf diesem Gebiet. Deshalb beginnen wir mit der Beschreibung der wichtigsten Eigenschaften dieser Funktion.

In der Halbebene $\mathrm{Re}\,(s) > 1$ wird die Riemannsche Zetafunktion durch die absolut konvergente Reihe

$$\zeta(s) = \sum_{n=1}^{\infty} n^{-s}$$

definiert. Diese Funktion hat die folgenden Eigenschaften:

(i) $\zeta(s)$ besitzt eine meromorphe Fortsetzung in die ganze komplexe Ebene mit einem einfachen Pol in $s = 1$.

(ii) $\zeta(s)$ genügt der folgenden Funktionalgleichung. Es sei $\xi(s) = \pi^{-s/2}\Gamma\left(\frac{s}{2}\right)\zeta(s)$. Dann ist

$$\xi(s) = \xi(1 - s).$$

(iii) Die Zetafunktion besitzt die folgende Eulersche Produktentwicklung für $\mathrm{Re}(s) > 1$

$$\zeta(s) = \prod_p \left(1 - \frac{1}{p^s}\right)^{-1}.$$

Dabei durchläuft p sämtliche Primzahlen.

Aus (iii) gewinnt man den Zusammenhang zwischen analytischen Eigenschaften dieser Funktion und der Verteilung der Primzahlen. In der Halbebene $\mathrm{Re}\,(s) > 1$ besitzt die Zetafunktion die oben angegebene Reihenentwicklung. Ihr Verhalten in der Halbebene $\mathrm{Re}\,(s) < 0$ erhält man aus der Funktionalgleichung. Von entscheidender Bedeutung ist das Verhalten im kritischen Streifen $0 < \mathrm{Re}\,(s) < 1$. Die Riemannsche Vermutung besagt, daß sämtliche Nullstellen der Zetafunktion $\zeta(s)$ im Streifen $0 < \mathrm{Re}\,(s) < 1$ auf der Geraden $\mathrm{Re}\,(s) = \frac{1}{2}$ liegen. Die positive Beantwortung dieser Vermutung hat sehr wichtige Konsequenzen für die Verteilung der Primzahlen und andere Gebiete der Mathematik. Von Dirichlet wurden allgemeinere Reihen der Art

$$L(s) = \sum_{n=1}^{\infty} \frac{a_n}{n^s}, \quad a_n \in \mathbb{C},$$

betrachtet. Eine von Dirichlets großen Leistungen war die Anwendung dieser analytischen Funktionen auf arithmetische Probleme. Unter anderem gelang es ihm mit diesen Methoden, seinen Satz über die Anzahl von Primzahlen in arithmetischen Progressionen zu beweisen.

2. Zetafunktionen in der Analysis

2.1. Schwingungen eines elastischen Körpers

Es sei $\Omega \subset \mathbb{R}^n$ ein beschränktes Gebiet mit glattem Rand $\partial\Omega$ und

$$\Delta = -\sum_{i=1}^{n} \frac{\partial^2}{\partial x_i^2}$$

der Laplace-Operator. Die Schwingungen des elastischen Körpers Ω mit fixiertem Rand $\partial\Omega$ werden durch die Gleichung

$$\left(\frac{\partial^2}{\partial t^2} + \Delta\right) u(x, t) = 0 \quad \text{mit} \quad u(x, t) = 0 \quad \text{für} \quad x \in \partial\Omega, \quad u|_{t=0} = \varphi_0, \quad \left.\frac{\partial u}{\partial t}\right|_{t=0} = \varphi_1$$

beschrieben. Durch Separation der Variablen erhält man $u(x, t)$ in Abhängigkeit von den Anfangsbedingungen $u|_{t=0} = \varphi_0$, $\left.\frac{\partial u}{\partial t}\right|_{t=0} = \varphi_1$ als Superposition von Lösungen der Form

$$\big(a \cos(\mu t) + b \sin(\mu t)\big)\, u(x),$$

wobei u der Gleichung

$$\Delta u = \mu^2 u \quad \text{mit} \quad u|_{\partial\Omega} = 0$$

genügt. Die Koeffizienten a und b hängen von den Anfangsbedingungen ab. Im Fall eines beschränkten Gebietes Ω existiert ein vollständiges orthonormiertes System $\{u_k\}_{k\in\mathbb{N}} \subset L^2(\Omega)$ von Eigenfunktionen mit Eigenwerten

$$0 < \lambda_1 \leqq \lambda_2 \leqq \ldots \to \infty.$$

Dadurch werden die Eigenschwingungen des elastischen Körpers Ω beschrieben. Ein fundamentales Problem ist die Untersuchung der Eigenwerte in Abhängigkeit von der Gestalt des Gebietes Ω. Dieses Problem wurde von H. WEYL betrachtet. Um diese Frage zu untersuchen, führt man analog zur Riemannschen Zetafunktion folgende analytische Funktion ein:

$$\zeta_\Omega(s) = \sum_{i=1}^{\infty} \lambda_i^{-s}.$$

Diese Reihe konvergiert in der Halbebene $\operatorname{Re}(s) > n/2$, und es gilt :

(i) $\zeta_\Omega(s)$ besitzt eine meromorphe Fortsetzung auf ganz $\mathbb{C}$.
(ii) $\zeta_\Omega(s)$ hat einfache Pole höchstens in den Punkten $s = (n - k)/2$, $k \in \mathbb{N}$.

Es sei

$$\omega_k(\Omega) = \operatorname*{Res}_{s=(n-k)/2} \zeta_\Omega(s).$$

Die $\omega_k(\Omega)$ sind geometrische Invarianten des Gebietes Ω. Beispielsweise ist $\omega_0(\Omega) = \operatorname{Vol}(\Omega)/(4\pi)^{n/2}$. Die höheren Invarianten enthalten Krümmungsinvarianten des Randes. Als Beispiel betrachten wir den eindimensionalen Fall. Es seien $\Omega = [0, \pi] \subset \mathbb{R}$ und $\Delta = -\frac{\mathrm{d}^2}{\mathrm{d}x^2}$. Die Eigenfunktionen von Δ mit Dirichletschen Randbedingungen sind die Funktionen

$$u_k(x) = \sin(kx)$$

mit den Eigenwerten $\lambda_k = k^2$. Damit ist

$$\zeta_\Omega(s) = \zeta(2s).$$

In diesem Sinne kann man die Zetafunktion ζ_Ω als Verallgemeinerung der Riemannschen Zetafunktion ansehen. Eine Methode, die Zetafunktion $\zeta_\Omega(s)$ zu untersuchen, ist die Methode der Wärmeleitungsgleichung. Mittels Mellin-Transformation erhält man

$$\zeta_\Omega(s) = \sum_{i=1}^{\infty} \lambda_i^{-s} = \frac{1}{\Gamma(s)} \int_0^{\infty} t^{s-1} \sum_{i=1}^{\infty} \mathrm{e}^{-\lambda_i t}\, \mathrm{d}t.$$

Um die Thetareihe $\sum e^{-\lambda_i t}$ zu untersuchen, betrachtet man die Wärmeleitungsgleichung

$$\left(\frac{\partial}{\partial t} + \Delta\right) u(x,t) = 0, \quad u(x,t) = 0, \quad x \in \partial\Omega; \quad \lim_{t\to+0} u = u_0. \tag{1}$$

Die Wärmeleitungsgleichung (1) besitzt eine Fundamentallösung $K(x, y, t)$. Dies ist eine C^∞-Funktion auf $\Omega \times \Omega \times \mathbb{R}^+$, und es gilt

(i) $u(x,t) = \int\limits_\Omega K(x,y,t)\, \overline{u_0(y)}\, \mathrm{d}y$,

(ii) $\sum e^{-\lambda_i t} = \int\limits_\Omega K(x,x,t)\, \mathrm{d}x$.

Aus der expliziten Konstruktion dieses Kernes kann man das Verhalten von $\int\limits_\Omega K(x,x,t)\,\mathrm{d}x$ für $t \to +0$ beschreiben. Die Koeffizienten, die in der entsprechenden asymptotischen Entwicklung auftreten, sind durch die Geometrie des Gebietes bestimmt. Mittels dieser Methoden erhält man unter anderem Aussagen über die asymptotische Verteilung der Eigenwerte. Es sei

$$N(\lambda) = \#\{k \mid \lambda_k \leqq \lambda\}.$$

Dann erhält man aus dem Verhalten von $\int\limits_\Omega K(x,x,t)\,\mathrm{d}x$ für $t \to +0$ durch Anwendung des Tauberschen Satzes die folgende asymptotische Formel:

$$N(\lambda) = \frac{\mathrm{Vol}\,(\Omega)}{(4\pi)^{n/2}\,\Gamma\left(\frac{n}{2}+1\right)}\,\lambda^{n/2} + R(\lambda)$$

mit $R(\lambda) = o(\lambda^{n/2})$ für $\lambda \to \infty$. Diese Formel wurde zuerst von H. Weyl 1912 bewiesen. Die genaue Abschätzung des Restgliedes ist im allgemeinen sehr schwierig. Dieses Problem wurde vor allem durch die Arbeiten von Hörmander, Duistermaat, Ivrii und Mellin in den letzten Jahren geklärt.

2.2. *Kompakte Riemannsche Mannigfaltigkeiten*

Wir haben bisher nur den Fall eines beschränkten Gebietes $\Omega \subset\subset \mathbb{R}^n$ betrachtet. Man kann dieses Gebiet durch eine beliebige kompakte Riemannsche Mannigfaltigkeit M ersetzen und entsprechende Eigenwertprobleme auf dieser Mannigfaltigkeit untersuchen. Dazu führt man den Laplace-Operatur Δ ein, der durch die Riemannsche Metrik von M bestimmt ist. Δ ist auf dem Raum der C^∞-Funktionen $C^\infty(M)$ definiert als

$$\Delta = \mathrm{div}\,\mathrm{grad}.$$

Der Laplace-Operator ist somit ein linearer Differentialoperator 2. Ordnung. In lokalen Koordinaten kann man Δ wie folgt beschreiben: Der metrische Tensor sei in den Koordinaten $x_1, \ldots, x_n$ gegeben durch

$$\mathrm{d}s^2 = \sum_{i,j=1}^n g_{ij}(x)\,\mathrm{d}x_i\,\mathrm{d}x_j.$$

Weiter seien $g = \det(g_{ij})$ und $(g^{kl}) = (g_{ij})^{-1}$. Dann ist

$$\Delta = -\frac{1}{\sqrt{g(x)}} \sum_{i,j} \frac{\partial}{\partial x_i} \left(\sqrt{g(x)}\, g^{ij}(x) \frac{\partial}{\partial x_j} \right).$$

Δ ist einer der wichtigsten Differentialoperatoren in der Geometrie. Es sei ∂M der Rand von M, der auch leer sein kann. Analog zum Fall eines Gebietes kann man zeigen, daß Δ ein vollständig orthonormiertes System von Eigenfunktionen $\{\varphi_i\}_{i\in\mathbb{N}} \subset L^2(M)$ mit den Eigenwerten $0 < \lambda_0 \leqq \lambda_1 \leqq \ldots \to \infty$ besitzt. Es gilt also

$$\Delta\varphi_j = \lambda_j\varphi_j, \qquad \varphi_j|_{\partial M} = 0.$$

Man kann nun wieder die Zetafunktion des elliptischen Operators Δ definieren. Es ist

$$\zeta_\Delta(s) = \sum_{i=1}^{\infty} \lambda_i^{-s}, \qquad \operatorname{Re}(s) \gg 0. \tag{2}$$

Diese Reihe konvergiert absolut für $\operatorname{Re}(s) > \dim M/2$. Sie besitzt eine meromorphe Fortsetzung auf ganz $\mathbb{C}$ mit einfachen Polen. Pole können höchstens in den Punkten $s = (n - j)/2$, $j \in \mathbb{N}$, $n = \dim M$, auftreten. Die Residuen haben wiederum geometrische Bedeutung. Zur Untersuchung der Zetafunktion wendet man die Methode der Wärmeleitungsgleichung oder der Wellengleichung an.

2.3. *Der Indexsatz von Atiyah-Singer*

Der Beweis des Indexsatzes von ATIYAH-SINGER beruht unter anderem auf der Untersuchung von Zetafunktionen der Form (2). Es seien E und F zwei Hermitesche Vektorbündel über der geschlossenen Riemannschen Mannigfaltigkeit M. Mit $\Gamma(E)$ und $\Gamma(F)$ bezeichnen wir die C^∞-Schnitte dieser Vektorbündel. Weiterhin sei

$$A : \Gamma(E) \to \Gamma(F)$$

ein linearer elliptischer Differentialopterator. In lokalen Koordinaten handelt es sich dabei um ein System von partiellen Differentialoperatoren. Der Index von A ist dann wie üblich definiert als

$$\operatorname{Ind} A = \dim\ker A - \dim\operatorname{coker} A.$$

Mittels der Riemannschen Metrik auf M und den Hermiteschen Metriken in E und F kann man Skalarprodukte in $\Gamma(E)$ bzw. $\Gamma(F)$ einführen und den formal adjungierten Operator A^* bilden. Man erhält auf diese Weise zwei elliptische Operatoren

$$\Delta_1 = A^*A : \Gamma(E) \to \Gamma(E), \qquad \Delta_2 = AA^* : \Gamma(F) \to \Gamma(F).$$

Es seien $0 \leqq \lambda_0^{(i)} \leqq \lambda_1^{(i)} \leqq \ldots \to \infty$ die Eigenwerte von Δ_i, $i = 1, 2$, und

$$\zeta_{\Delta_i}(s) = \sum_{\lambda_j \neq 0} (\lambda_j^{(i)})^{-s}, \qquad \operatorname{Re}(s) \gg 0,$$

die entsprechenden Zetafunktionen. Diese Funktionen besitzen ebenfalls eine meromorphe Fortsetzung, die regulär in $s = 0$ ist. Für den Index ergibt sich

$$\operatorname{Ind} A = \zeta_{\Delta_1}(0) - \zeta_{\Delta_2}(0).$$

Ein entscheidender Schritt beim Beweis des Indexsatzes ist die genauere Untersuchung der Werte $\zeta_{\Delta_i}(0)$.

2.4. Lokal symmetrische Mannigfaltigkeiten

Bisher haben wir zwei verschiedene Gebiete der Mathematik — Zahlentheorie und Analysis — betrachtet, in denen Zetafunktionen eine wichtige Rolle spielen. Der Zusammenhang zwischen diesen Gebieten wird hergestellt, wenn man sich auf eine bestimmte Klasse von Mannigfaltigkeiten beschränkt. Es handelt sich dabei um die lokal symmetrischen Räume. Allerdings genügt es nicht mehr, nur kompakte Mannigfaltigkeiten zu betrachten. Das einfachste Beispiel ist eine kompakte Riemannsche Fläche vom Geschlecht $g \geqq 2$ mit konstanter Gaußscher Krümmung -1. Die universelle Überlagerung von M^2 ist die obere Halbebene

$$H = \{z \in \mathbb{C} \mid \operatorname{Im}(z) > 0\},$$

versehen mit der Poincaré-Metrik $\mathrm{d}s^2 = \dfrac{\mathrm{d}x^2 + \mathrm{d}y^2}{y^2}$. Außerdem existiert eine diskrete Gruppe $\Gamma \subset SL(2, \mathbb{R})$ von hyperbolischen Bewegungen, so daß $M = \Gamma \backslash H$. Wir führen jetzt noch einige Bezeichnungen ein. Mit $d(z_1, z_2)$ bezeichnen wir den hyperbolischen Abstand der Punkte $z_1, z_2 \in H$. Für $\gamma \in \Gamma$ sei

$$\log N(\gamma) = \inf_{z \in H} d(z, \gamma z).$$

Jeder Konjugationsklasse $\{\gamma\}$ in Γ entspricht genau eine geschlossene Geodätischen auf M, und $\log N(\gamma)$ ist die Länge dieser Geodätischen. Ein Element $\gamma_0 \in \Gamma$ nennen wir primitiv, falls es sich nicht darstellen läßt als γ^k, $k > 1$, $\gamma \in \Gamma$. Dann ist die von SELBERG eingeführte Zetafunktion, die der Fläche M zugeordnet ist, wie folgt definiert:

$$Z(s) = \prod_{\{\gamma_0\}} \prod_{k=0}^{\infty} \left(1 - \frac{1}{N(\gamma_0)^{s-k}}\right), \qquad \operatorname{Re}(s) > 1.$$

Dabei durchläuft $\{\gamma_0\}$ die primitiven Konjugationsklassen Γ. Die so definierte Funktion bezeichnet man als Selbergsche Zetafunktion der Riemannschen Fläche M. Wenn man die primitiven Konjugationsklassen von Γ mit den Primzahlen vergleicht, so erkennt man eine gewisse Analogie zur Eulerschen Produktentwicklung der Riemannschen Zetafunktion. $Z(s)$ besitzt eine analytische Fortsetzung auf ganz $\mathbb{C}$. Im Gegensatz zur Riemannschen Zetafunktion kann man die nichttrivialen Nullstellen von $Z(s)$ genau angeben. Dazu betrachten wir den Laplace-Operator Δ der Fläche M. Auf der universellen Überlagerung H gilt

$$\Delta = -y^2 \left(\frac{\partial^2}{\partial x^2} + \frac{\partial^2}{\partial y^2}\right).$$

Die Abschließung $\bar{\Delta}$ von Δ in $L^2(M)$ besitzt ein vollständig orthonormiertes System von Eigenfunktionen. Die Eigenwerte seien

$$0 = \lambda_0 < \lambda_1 \leqq \lambda_2 \leqq \ldots \to \infty.$$

Jeden Eigenwert λ_k können wir eindeutig darstellen als $\lambda_k = s_k(1 - s_k)$ mit $s_k \in \mathbb{C}$ und $\operatorname{Re}(s_k) \geqq \frac{1}{2}$. Es sei $s_k = \frac{1}{2} + ir_k$, $r_k \in \mathbb{C}$. Dann sind die nichttrivialen Nullstellen von $Z(s)$ genau die Punkte $\frac{1}{2} \pm ir_k$. Da es nur endlich viele r_k gibt, die nicht reell sind, kann man damit sagen, daß für $Z(s)$ die „Riemannsche Vermutung“ richtig ist. $Z(s)$ genügt auch einer Funktionalgleichung. Es sei

$$\xi(s) = \exp\left(\operatorname{Vol}(M) \int_0^{s-1/2} v \tan(\pi v)\, dv\right)$$

Dann ist

$$Z(s) = \xi(s)\, Z(1-s).$$

Von besonderem Interesse sind diese Untersuchungen für spezielle Gruppen von hyperbolischen Bewegungen. Das sind die sogenannten arithmetischen Untergruppen. Eine Untergruppe $\Gamma \subset Sl(2, \mathbb{R})$ nennt man arithmetisch, wenn sie kommensurabel mit $Sl(2, \mathbb{Z})$ ist, d. h. $\Gamma \cap Sl(2, \mathbb{Z})$ hat endlichen Index sowohl in Γ als auch in $Sl(2, \mathbb{Z})$. Unter diesen Gruppen sind wiederum die sogenannten Kongruenzuntergruppen besonders wichtig. Die Standardbeispiele sind die Hauptkongruenzuntergruppen der Stufe N

$$\Gamma(N) = \ker\left(SL(2, \mathbb{Z}) \to SL(2, \mathbb{Z}/N\mathbb{Z})\right).$$

Allerdings sind die entsprechenden Flächen $\Gamma\backslash H$ nicht mehr kompakt. Deshalb ist die Untersuchung der Spektralzerlegung des Laplace-Operators in diesem Fall wesentlich komplizierter, denn jetzt tritt auch ein stetiges Spektrum auf.

Im Fall einer arithmetischen Gruppe gibt es einen engen Zusammenhang zur Theorie der automorphen Formen und damit zur Zahlentheorie. Diese Entwicklung begann mit HECKES Arbeiten über Dirichletsche Reihen, die einer Funktionalgleichung genügen. Bei der Weiterentwicklung dieser Theorie entdeckte H. MAASS den Zusammenhang zwischen Dirichletschen Reihen und sogenannten nichtanalytischen automorphen Funktionen. Das sind Eigenfunktionen des Laplace-Operators in $L^2(\Gamma\backslash H)$ für eine geeignete Kongruenzuntergruppe Γ. Diese Untersuchungen wurden dann vor allem von SELBERG weitergeführt, der in diesem Zusammenhang die nach ihm benannte berühmte Spurformel herleitete.

Von GELFAND und PJATETZKI-SHAPIRO wurde der Zusammenhang zur Darstellungstheorie hergestellt. So hängt z. B. die Spektralzerlegung des Laplace-Operators Δ in $L^2(\Gamma\backslash H)$ eng mit der Zerlegung der regulären Darstellung von $SL(2, \mathbb{R})$ im Hilbert-Raum $L^2\left(\Gamma\backslash SL(2, \mathbb{R})\right)$ in irreduzible unitäre Darstellungen zusammen. Dies ist der moderne Standpunkt in der Theorie der automorphen Formen. Dabei wird $SL(2, \mathbb{R})$ durch eine beliebige halbeinfache Lie-Gruppe G ersetzt und Γ durch eine „arithmetisch definierte“ diskrete Untergruppe $\Gamma' \subset G$. Ausgehend von HECKES Untersuchungen über Dichletsche Reihen wurde in diesem Rahmen vor allem von LANGLANDS ein Programm für die Schaffung einer verallgemeinerten Klassenkörpertheorie entwickelt.

Begonnen haben wir mit den ersten Untersuchungen der Zetafunktion $\zeta(s)$ durch EULER, und wir sind angelangt bei der modernen Theorie der automorphen Formen, in der Zahlentheorie, algebraische Geometrie, Darstellungstheorie und Analysis sehr fruchtbar zusammenwirken. Sicher hätte dieses Gebiet auch EULERS reges Interesse gefunden.

Prof. Dr. GLEB KONSTANTINOVICH MIKHAILOV (Глеб Константинович Михайлов)
Nationalkomitee der UdSSR für theoretische und angewandte Mechanik, Moskau

Euler und die Entwicklung der Mechanik[1])

LEONHARD EULER war einer der größten Gelehrten aller Zeiten sowohl auf dem Gebiet der Mathematik als auch auf dem der Mechanik. Doch ist die Rolle EULERS im Entstehen und in der Entwicklung der rationellen Mechanik bis zuletzt bei weitem nicht so gründlich erforscht worden wie sein Beitrag zur Entwicklung der Mathematik. Dies kann dadurch erklärt werden, daß die Geschichtsschreibung der Mathematik als Wissenschaft seit mehr als zwei Jahrhunderten betrieben wird. Eine eingehende „Geschichte der Mathematik" (unter ebensolchem Titel) wurde von J. E. MONTUCLA noch zu EULERS Zeiten veröffentlicht.[1] Die Geschichte der Mechanik ist aber eine bedeutend jüngere Wissenschaft. Ihre Anfänge kann man, wenn man so will, im bekannten Göttinger Wettbewerb von 1869 suchen, der der kritischen Geschichte allgemeiner Prinzipien der Mechanik gewidmet war. Die maßgebenden Bücher der damaligen Zeit waren die bekannten Werke von E. DÜHRING und E. MACH[2]. Einige Wissenschaftler erblicken den Anfang der Geschichte der Mechanik (und sogar der gesamten Naturkunde) als einer Wissenschaft erst in den Werken von P. DUHEM, der am Anfang des 20. Jahrhunderts die mittelalterliche Mechanik (vorwiegend Statik) für uns entdeckt hat.[3] Jedenfalls erschien aber die erste umfangreiche Monographie unter dem Titel „Geschichte der Mechanik" erst im Jahre 1950, etwa 200 Jahre nach der „Geschichte der Mathematik" von MONTUCLA. Das ist die „Histoire de la Mécanique" von R. DUGAS. Aus den 50er Jahren unseres Jahrhunderts stammen auch die in der Euler-Forschung bereits klassisch gewordenen Untersuchungen von C. TRUESDELL, die im gewissen Sinn die traditionellen Auffassungen von der Rolle EULERS im Werden der rationellen Mechanik umstürzten. Es ist kein Zufall, daß eine der verallgemeinernden Arbeiten TRUESDELLS über die Geschichte der Mechanik im 18. Jahrhundert folgendermaßen heißt: „A Program toward Rediscovering the Rational Mechanics of the Age of Reason".[4]

Der gesamte Umfang der veröffentlichten Werke EULERS auf dem Gebiet der Mechanik ist riesig. Die zweite Serie der „Sämtlichen Werke" (Opera omnia) EULERS, die seine Arbeiten auf dem Gebiet der Mechanik und Astronomie — praktisch nur Himmelsmechanik — enthält, wird über 11000 Seiten ausmachen, die 31 große Bände im Quartformat bilden.[5] Daher ist es selbstverständlich, daß ich in meiner kurzen Übersicht die Arbeiten EULERS zu Fragen der rationellen Mechanik nur in ganz großen Zügen berühren werde.[6]

[1]) Für die Überarbeitung der deutschsprachigen Fassung des Vortrages ist der Verfasser Herrn Prof. Dr. J. WITTENBURG (Karlsruhe) und Frau ANNETTE VOGT (Berlin) innig zu Dank verpflichtet.

Es muß betont werden, daß die Mechanik die erste ernsthafte Leidenschaft EULERS war. In den erhalten gebliebenen „Notizbüchern", die er im Alter von 18—19 Jahren führte, sind schon die von ihm ausgearbeiteten, ausführlichen Pläne der allgemeinen Traktate über die Dynamik des Massenpunktes und die Theorie der Flüssigkeitsbewegung (sowie über die Theorie der Musik) enthalten. Vom lebhaften Interesse des jungen EULER für die Mechanik zeugt auch die vergleichende Analyse der veröffentlichten Schriften EULERS, die er in den ersten 10 Jahren seines wissenschaftlichen Schaffens (1726—1735) verfaßt hat. Von ihrem gesamten Umfang von etwa 1800 Seiten (umgerechnet auf die Seiten der „Opera omnia") sind fast 2/3 der Mechanik und nur etwa 1/4 der höheren Mathematik gewidmet. Die Hälfte dieses gesamten Umfanges macht das große Traktat EULERS über die Dynamik des Massenpunktes aus, das ihm die erste Anerkennung in der damaligen respublica litterarum brachte.

Die Dynamik befand sich am Ende der 20er Jahre des 18. Jahrhunderts sozusagen im nichtstationären Zustand. Die Newtonschen „Principia" zogen das Fazit aus den Anstrengungen seiner Vorgänger zur Klärung der Ausgangsbegriffe der Mechanik und der Grundgesetze der Bewegung. Die „Principia" bildeten den bedeutenden Teil des Fundaments des gesamten Gebäudes der Dynamik und jenes Teiles, der durch die Dynamik des Massenpunktes gekennzeichnet ist; auch enthielten sie die Versuche des Aufbaus einiger anderer Teile desselben. Aber bei NEWTON fehlten noch viele wesentliche Elemente, die zum endgültigen Errichten des ganzen Gebäudes der Mechanik (und vor allem zum Aufbau der Mechanik des Systems des starren Körpers und der Kontinuumsmechanik) notwendig waren. Außerdem waren die „Principia" mit Hilfe der ihrem Ende entgegengehenden geometrischen Methoden der Alten dargestellt, welche denen, die nicht in die Geheimnisse der Analysis eingeweiht waren, keinen Weg zum weiteren Vordringen eröffneten. Zunächst ging EULER mutig an die Übertragung der gesamten damaligen Dynamik des Massenpunktes in die Sprache der mathematischen Analysis.[7] Dies vollbrachte er in der zweibändigen „Mechanik" (Mechanica sive motus scientia analytice exposita), die 1736 als Ergänzung zu den „Commentarii" der Petersburger Akademie der Wissenschaften, die mit dem Strom der eingehenden Aufsätze nicht zurechtkam, veröffentlicht wurde.

Die synthetische Methode der Darlegung Newtonscher „Principia" im Vorwort zum ersten Band der „Mechanik" erörternd, schrieb EULER:[8]

„Was aber von allen, ohne Anwendung der Analysis verfassten, Schriften gilt, trifft vorzugsweise die Werke über Mechanik. Der Leser wird zwar von der Wahrheit der vorgetragenen Sätze überzeugt, allein er erlangt keine hinreichend klare und bestimmte Kenntniss derselben. Werden daher dieselben Fragen nur ein wenig abgeändert, so wird er sie mit eigenen Kräften kaum beantworten können; wenn er nicht zur Analysis seine Zuflucht nimmt, und dieselben Sätze nach der analytischen Methode entwickelt. Diess war gerade bei mir der Fall, als ich anfing, Newton's *Principien* und Herrmann's *Phoronomie* zu studieren, wo ich zwar die Auflösung vieler Aufgaben genügend verstanden zu haben glaubte, allein solche Aufgaben, welche nur ein wenig verschieden waren, nicht auflösen konnte. Schon zu jener Zeit versuchte ich, so weit ich es vermochte, aus der synthetischen Methode die Analysis herzuleiten und zu meinem Nutzen dieselben Sätze analytisch zu behandeln, wodurch ich meine Einsicht bedeutend vermehrte. Auf ähnliche Weise habe ich hierauf auch andere zerstreuete und in diese Wissenschaft einschlagende Schriften behandelt, sie alle zu meinem Nutzen nach einer geebneten und gleichförmigen Methode dargestellt und in eine geschickte Ordnung gebracht. Bei dieser Beschäftigung verfiel ich nicht nur auf viele vorher noch nicht behandelte Aufgaben, welche ich glücklich löste, sondern erlangte auch mehrere besondere Methoden, durch welche nicht nur die Mechanik, sondern auch die Analysis viel Zuwachs erhalten zu haben scheint. So entstand diese Abhandlung über die Bewegung, in welcher ich sowohl dasjenige, was ich in den Schriften Anderer über die Bewegung der Körper gefunden, als auch was ich selbst durch Nachdenken herausgebracht habe, nach analytischer Methode und in bequemer Reihenfolge darlege."

Ich möchte hier die gerechten Worte Eulers darüber betonen, daß er in seinem Traktat über die Mechanik gleichzeitig auch die neuen Methoden der Analysis entwickelte. Ursprünglich waren die mathematischen Methoden für Euler vorwiegend nur Mittel zur Lösung der Aufgaben der Mechanik.

In seiner „Mechanik" legte Euler zum erstenmal systematisch die Dynamik eines freien Massenpunktes und eines sich auf einer vorgegebenen Kurve oder Oberfläche befindlichen Punktes dar. Dabei wurden von ihm fortlaufend die Bewegungen des Massenpunktes im leeren Raume und in einem widerstehenden Medium studiert. Die ganze Untersuchung wurde hier in den mit der Laufbahn des Massenpunktes verbundenen natürlichen Koordinaten durchgeführt.

Nachdem Euler in der „Mechanik" die Dynamik des Massenpunktes eingehend erörtert hat, unternahm er gleichzeitig auch einen erfolglosen Versuch, die Bewegung des starren Körpers (mit Hilfe des im ersten Band der „Mechanik" (§175) eingeführten Begriffs der „wiederherstellenden" Kraft — vis restituens) zu betrachten. Doch, wie Euler im ersten Kapitel zugab, mußte die Lösung dieser Aufgabe „wegen des Mangels der genügenden Prinzipien ... auf das Folgende" verschoben werden. Dieser Tatsache zum Trotz formulierte er damals noch einen Plan zum Aufbau der ganzen Mechanik, wie er sie sich Mitte der 30er Jahre vorstellte. In der allgemeinen Bemerkung (Scholion generale) zum ersten Kapitel des ersten Bandes der „Mechanik" (§98) schrieb er:

„Zuerst betrachten wir unendlich kleine Körper, welche man als Punkte ansehen kann. Hierauf gehen wir zu Körpern von endlicher Grösse über, welche fest sind und ihre Gestalt nicht verändern können. Drittens behandeln wir biegsame Körper. Viertens diejenigen, welche eine Ausdehnung und Zusammenziehung zulassen. Fünftens untersuchen wir die Bewegung mehrerer loser Körper, von denen einige verhindern, dass die andern ihren Versuch sich zu bewegen ausführen. Sechstens müssen wir die Bewegung flüssiger Körper behandeln. Bei diesen Körpern werden wir nicht bloss sehen, wie sie, sich selbst überlassen, ihre Bewegung fortsetzen, sondern auch untersuchen, wie sie durch äussere Ursachen, d. h. durch Kräfte afficirt werden."

Welchen Teil dieses kolossalen Programms konnte Euler nun im Laufe seines langen, selbstlos und vollständig der Wissenschaft hingegebenen Lebens verwirklichen?

Besonders bedeutend ist die Rolle Eulers für die Schaffung der Grundlagen der Dynamik des starren Körpers und der Hydrodynamik, denen er eine uns aus den heutigen Lehrbüchern bekannte Form gegeben hat (denken wir zum Beispiel an die klassischen Eulerschen Gleichungen in der Kinematik und Dynamik des starren Körpers und in der Hydrodynamik). Auch der Beitrag Eulers zur Entwicklung der Mechanik flexibler und elastischer Körper ist bedeutend, obwohl die Schaffung einer allgemeinen Elastizitätstheorie schon eine Aufgabe des 19. Jahrhunderts war.

Bevor ich auf die einzelnen Resultate Eulers in der Mechanik eingehe, ist es erforderlich, ein paar Worte über den Stil seiner Forschungen zu sagen und seine Werke mit denen seiner Zeitgenossen zu vergleichen. Unter den letzteren nimmt J. d'Alembert (1717—1783) und unter den jüngeren Gelehrten J.-L. Lagrange (1736—1813) den ersten Platz ein.[9] Aber Lagrange und seine „Mécanique analytique" stellen schon eine nach Euler folgende Etappe in der Entwicklung der Mechanik dar. Deswegen ist in ihren Werken die Nachfolge der Ideen einfacher festzustellen, obwohl sie auch nicht immer richtig in der darauffolgenden wissenschaftlichen Literatur wiedergegeben wurden. Was aber D'ALEMBERT betrifft (der nur 10 Jahre jünger als EULER war und im selben Jahr wie er verstarb), so kreuzen sich seine Forschungen mit denen von EULER fast in allen Bereichen der Mechanik. Besonders eng waren sie in der Dynamik des starren Körpers, in der Himmelsmechanik, in der Theorie der schwingenden Saite und im Herangehen an den Aufbau der Hydrodynamik verflochten. D'ALEMBERT war zweifellos ein genialer Rivale EULERS auf dem Gebiet der Mechanik. Ihm gehörten hervorragende Ideen, die manchmal den Forschungen EULERS zuvorkamen. Aber diese Ideen waren von D'ALEMBERT fast nie in einer klaren und einfachen Form ausgedrückt und praktisch niemals bis zur Vollkommenheit realisiert worden. Schon in der Mitte des 19. Jahrhunderts schien die mathematische Sprache des glänzenden Philosophen und Literaten D'ALEMBERT veraltet und schwerfällig.[10] Der wissenschaftliche Stil D'ALEMBERTS gehörte in vielem der scheidenden Generation der Mathematiker an, während EULER eine neue Epoche in der Art der Darstellung der exakten Wissenschaften eröffnete. Der größte Teil dessen, was EULER geschrieben hat, ist äußerst klar dargelegt unter genauer Angabe der Annahmen und eindeutiger Formulierung der anzuwendenden Methoden. Die Schriftsprache und der Stil EULERS riefen Bewunderung im Verlaufe des ganzen 19. Jahrhunderts hervor. LAPLACE schrieb, daß EULER „par ses découvertes dans toutes les branches de l'Analyse et par la perfection qu'il a su donner à la langue analytique, peut être regardé comme le père de l'Analyse moderne". P. S. LAPLACE, laut Aussage eines Zeitgenossen, wiederholte unermüdlich: „Lisez Euler, lisez Euler, c'est notre maître à tous".[11]

EULER bleibt wohl der einzige Gelehrte des 18. Jahrhunderts, dessen Schriften über Mechanik auch heutzutage leicht zu lesen sind. Es ist natürlich, daß dadurch sein unmittelbarer Einfluß auf die darauffolgende Entwicklung der Wissenschaft im Verlaufe von über 100 Jahren erhalten blieb. Die Ergebnisse EULERS blieben in der Wissenschaft in der Regel fast unverändert, selbst wenn sie jetzt nicht mehr mit seinem Namen verbunden werden. Zugleich besaß EULER eine seltene Begabung zur Systematisierung und Verallgemeinerung der wissenschaftlichen Ideen, was ihm gestattete, einzelne große Bereiche der Mechanik in verhältnismäßig abgeschlossener Gestalt zu formulieren.

Kommen wir nach dieser Abschweifung zum Wesen der Sache zurück. Beginnen wir mit der Mechanik des Massenpunktsystems. Bei der Erörterung ihrer Entwicklung in der Mitte des 18. Jahrhunderts ist es unmöglich, das d'Alembertsche Prinzip zu umgehen. Wie ist seine Wechselbeziehung mit den Methoden EULERS? In dieser Angelegenheit gibt es Meinungsverschiedenheiten in der wissenschaftlichen Literatur. Sie sind in bedeutendem Maße mit der bis heute aufrechterhaltenen Uneindeutigkeit der Auslegung des Hauptinhalts des d'Alembertschen Prinzips verbunden. Schon LAGRANGE wies darauf hin, daß verschiedene Autoren unter dem Namen des d'Alembertschen Prinzips unterschiedliche Lehrsätze verstehen. Sowohl das d'Alembertsche Prinzip in jener Form, die er ihm in seinem „Traité de Dynamique" (Paris 1743) verliehen hat, als auch eine weniger direkte, aber in den Anwendungen einfachere Methode der Reduktion der Gesetze der Dynamik auf die Gesetze der Statik, welche „revient à celle d'Hermann et d'Euler, qui l'a employée dans la solution de beaucoup de problèmes de Mécanique".[12] Ohne auf die detaillierte Analyse der Frage einzugehen, ist darauf hinzuweisen, daß EULER schon in den 30er Jahren über die Voraussetzungen der dem d'Alembertschen Prinzip äquivalenten Methode verfügte und seinen Ansatz in der Folgezeit im Sinne der Ideen NEWTONS vollkommen selbständig entwickelte. Vielleicht wies EULER deshalb nie auf das d'Alembertsche Prinzip hin und legte nicht seinen Ansatz zur Lösung der Aufgaben der Mechanik des Massenpunktsystems in der Eigenschaft einer einzelnen Methode dar.

Ich streife hier zuerst einen Sonderfall aus den Arbeiten EULERS über die Mechanik des Massenpunktsystems. 1742 unterbreitete er D. BERNOULLI und A.-C. CLAIRAUT die Aufgabe über die Bewegung der Körper (Massenpunkte) in beweglichen Rohren.[13] Er entwickelte selbst die allgemeinen Methoden zur Lösung dieser Aufgaben, indem er sie in der ausführlichen, im Jahre 1746 veröffentlichten Schrift „De motu corporum in superficiebus mobilibus" zusammenfaßte. Im Prozeß seiner Untersuchungen erschien der Drehimpulssatz dabei zum erstenmal, übrigens gleichzeitig mit den Untersuchungen D. BERNOULLIS. Es ist interessant, daß EULER bei der Lösung der Aufgaben dieses Zyklus systematisch die absoluten Beschleunigungen in der zusammengesetzten Bewegung (in horizontaler Ebene) errechnete, indem er sie insbesondere entlang der Richtungen der Relativ- und der Führungsbewegung zerlegte. In diesen Zerlegungen sind für uns leicht die Relativ-, die Führungs- und die Zusatzbeschleunigung (Coriolisbeschleunigung) zu ermitteln. Analoge Zerlegungen der Absolutbeschleunigung wurden später oft in seinen Untersuchungen der Wasserströmung in rotierenden Rohren genutzt. Doch bemerkte EULER in der Struktur dieser Zerlegungen jene allgemeine Eigenschaft nicht, die später G. G. CORIOLIS entdeckt hat.

Zu den allgemeineren Fragen der Mechanik des Massenpunktsystems zurückkehrend, möchte ich hervorheben, daß das Beispiel einer Differentialgleichung der Bewegung des Systems von n Körpern (nur auf Newtonschen Vorstellungen aufgebaut, wie TRUESDELL betonte) bei EULER in der zweiten Hälfte der 40er Jahre bei der Untersuchung der Aufgabe über die Bewegung eines Systems von n gelenkig zusammengesetzten starren Stäben auf einer glatten horizontalen Oberfläche erscheint (1751 veröffentlicht).

Die Entwicklung der Dynamik des Massenpunktsystems mit endlich vielen Freiheitsgraden war in der ersten Hälfte des 18. Jahrhunderts mit der Schwingungstheorie eng verbunden. Ohne speziell in diesem für die allgemeine Geschichte der Dynamik wichtigen Bereich zu verweilen, möchte ich nur betonen, daß EULER (neben D. und J. BERNOULLI) in den 30er und am Anfang der 40er Jahre einen wesentlichen Beitrag zur Entwicklung der Schwingungstheorie geleistet hat.[14] Es ist natürlich nicht möglich, dabei die große Bedeutung zu vergessen, die die von EULER entdeckte Methode zur Integration linearer Differentialgleichungen für diese Entwicklung hatte. Unter anderem hatte er schon 1739 die Resonanzerscheinung für einen sinusoidal zu erregenden harmonischen Oszillator entdeckt (1750 veröffentlicht).

Seit der Mitte der 40er Jahre widmete EULER viele seiner Arbeiten den Fragen der Himmelsmechanik. Die führende Stelle nehmen hier verschiedene Aspekte des Dreikörperproblems ein: die Mondtheorie, die Störungstheorie der Planetenbewegungen und schließlich seit den 60er Jahren eigentlich das Dreikörperproblem in reiner Form. (Zugleich führte EULER auch die Untersuchungen der Bestimmungsmethoden der ungestörten Bahnen durch, darunter der Kometenbahnen, für die er insbesondere die bekannte Gleichung für das Zeitintervall erhielt, in die die Summe der Radiusvektoren und die Sehne eingehen und die bis jetzt Grundlage der Berechnung parabolischer Bahnen ist.) Der Beitrag EULERS zur Entwicklung der Himmelsmechanik ist recht bedeutend. Und wenn die Methoden EULERS in der modernen Literatur über die Himmelsmechanik gewöhnlich nicht erwähnt werden, so erklärt sich dies in der Hauptsache dadurch, daß alle diese Methoden in der Folgezeit durch andere Gelehrte vervollkommnet wurden, mit deren Namen sie jetzt oft verknüpft werden. Außerdem muß man sagen, daß die Geschichte der Himmelsmechanik des 18. Jahrhunderts bis jetzt überhaupt nicht in gebührender Weise erforscht ist. Gewöhnlich wandten sich die Forscher schon im 19. Jahrhundert nicht an die Primärquellen, die dem „Traité de Mécanique Céleste" (1798—1825) von P. S. LAPLACE vorangingen, der die Haupterfolge jener Zeit auf diesem Gebiet verallgemeinert hatte. LAPLACE selbst legte übrigens den größten Wert auf den Beitrag EULERS für die Himmelsmechanik und besonders für die Theorie der Planetenbewegungen. In seinen historischen Skizzen im fünften Band des Traktates schrieb LAPLACE, daß „depuis la publication de l'ouvrage des *Principes*, jusqu'aux premiers travaux d'Euler sur les perturbations des planètes, les géomètres n'ont rien ajouté de remarquable aux grandes découvertes consignées dans cet Ouvrage".

Tatsächlich kann man annehmen, daß die Störungstheorie der Planetenbewegungen ihren Anfang in dem Memoire EULERS über die Ungleichmäßigkeiten in der Bewegung von Jupiter und Saturn (das zum Wettbewerb der Pariser Akademie der Wissenschaften im Jahre 1747 vorgelegt und 1749 von ihr veröffentlicht wurde) genommen hat. Diese Abhandlung EULERS zusammen mit dem Traktat von D'ALEMBERT über die Präzession der Aequinoctien und die Nutation der Erdachse (veröffentlicht in Paris im selben Jahr) sowie die „Théorie de la Lune" von A.-C. CLAIRAUT (vorgelegt zum Wettbewerb der Petersburger Akademie der Wissenschaften im Jahre 1750 und von ihr 1752 veröffentlicht) können mit Recht als Ausgangspunkt der modernen Himmelsmechanik gelten (wenn man natürlich die Newtonschen „Principia", in denen das Weltsystem selbst vorgeschlagen wurde, nicht in Betracht zieht). Es sei bemerkt, daß in dieser und in anderen Arbeiten EULERS gegen Ende der 40er Jahre schon die Idee der Methode der Variation der Elemente enthalten ist, die von ihm in den darauffolgenden Werken detaillierter entwickelt wurde.

Interessant ist, daß EULER noch in den 40er Jahren die strenge Gültigkeit des Newtonschen Gravitationsgesetzes bezweifelte. In diesem Zweifel unterstützten ihn sowohl die allgemeinen philosophischen Überlegungen als auch die von ihm in den Berechnungen der Planetenstörungen zugelassenen Fehler. Und nur die von CLAIRAUT in seiner eben erwähnten Wettbewerbsschrift durchgeführte Untersuchung der Bewegung des Mondapogäums überzeugte EULER von der Genauigkeit des Newtonschen Gesetzes. Im weiteren setzte EULER seine Untersuchungen der Bewegung des Jupiters und des Saturns fort, indem er sein nächstes Memoire zu diesem Thema der Pariser Akademie im Jahre 1752 vorlegte. Wie M. F. SUBBOTIN schon betont hat, „stellt die hier von ihm [EULER] entwickelte Idee der Ermittlung von gestörten Werten der Exzentrizitäten und der Perihellängen im Grunde genommen den Ursprung der Theorie der Darstellung säkularer Störungen in der trigonometrischen Form dar", die später von LAGRANGE ausgebaut wurde. In der Folgezeit entwickelte EULER die Störungstheorie beträchtlich weiter. So geht zum Beispiel ein effektives numerisches Verfahren zur Integration der Gleichungen gestörter Bewegungen in rechtwinkligen Koordinaten auf ihn zurück, das für die moderne Rechentechnik zunehmend interessant wird. Es ist noch zu erwähnen, daß die in der Mondtheorie entwickelten effektiven Methoden durch EULER auf die Theorie der Planetenstörungen übertragen wurden. Der Mondtheorie ist ebenfalls ein großer Zyklus seiner Arbeiten gewidmet.

Die ersten Arbeiten EULERS über die Mondtheorie sind in seiner Monographie zusammengefaßt, die 1753 in Berlin erschien. Auf der Grundlage der darin enthaltenen Theorie errechnete T. Mayer seine Mondtafeln, die späterhin vom Britischen Parlament mit einer Geldprämie gewürdigt wurden (unter Auszahlung eines Zehntels der Summe an Euler). Besonders interessant ist aber die zweite Eulersche Mondtheorie, die 1772 ausführlich in Petersburg herausgegeben wurde. Ursprünglich war sie infolge ihrer Kompliziertheit außer acht gelassen worden. Aber 100 Jahre später interessierte sich für diese Theorie G. W. Hill, der die darin verankerten Ideen weiterführte und 1877 bis 1878 zwei Arbeiten veröffentlichte, die (wie M. F. Subbotin betont) „zu einer der wichtigsten Quellen des weiteren Fortschritts der ganzen Himmelsmechanik wurde". Die von Euler in rechtwinkligen Koordinaten geschriebenen Bewegungsgleichungen des Mondes erwiesen sich als typisch für die nichtlineare Schwingungstheorie; die von Hill fortgesetzten Untersuchungen Eulers über die Methoden ihrer Integration leisteten einen bedeutenden Beitrag zur allgemeinen nichtlinearen Schwingungstheorie.

Das Prinzip der kleinsten Wirkung werde ich nicht ausführlich betrachten, weil Herr Professor K. Hennig in seinem Vortrag das ganze Spektrum der mit den Variationsprinzipien der Mechanik verbundenen Fragen beleuchten wird. Ich erinnere nur daran, daß das erste integrale Variationsprinzip der Mechanik, das Prinzip der kleinsten Wirkung, von Euler mathematisch formuliert wurde. P. L. Maupertuis hat diesem Prinzip einen philosophischen Aspekt verliehen, der bekanntlich in der Mitte des 18. Jahrhunderts einen Skandal hervorgerufen hat, an dem breite Kreise der gebildeten Gesellschaft — von Euler bis zu Voltaire und Friedrich dem Grossen — aktiv teilnahmen. Euler schränkte das Prinzip der kleinsten Wirkung auf Anwendungen in der Massenpunktmechanik ein, obwohl auch ihm die allgemeinen teleologischen und theologischen Überlegungen im Sinne von Maupertuis imponierten. Im übrigen erwies sich dieses Prinzip für die Lösung neuer Aufgaben der Mechanik damals als ungeeignet. Später wurde das Prinzip der kleinsten Wirkung durch Lagrange auf mechanische Systeme verallgemeinert und gab den Anfang zum Aufbau der nachfolgenden klassischen integralen Variationsprinzipien der Mechanik im 19. Jahrhundert.

Eine Großtat leistete Euler zur Schaffung der allgemeinen Theorie der Bewegung des starren Körpers. Zum ersten Mal beschäftigte er sich mit einigen speziellen Fragen der Dynamik des starren Körpers Ende der 30er Jahre bei der Vorbereitung seiner „Scientia navalis" (sie wurde wegen Schwierigkeiten beim Verlegen erst 1749 in Petersburg gedruckt). In diesem großen Werk finden wir die Zerlegung der Schiffsbewegung in eine Vorwärts- und eine Drehbewegung, den Versuch der Berechnung kleiner Schwankungen von Schiffen auf dem Wasser, die Lehre von der Stabilität des Gleichgewichts schwimmender Körper und Elemente der Lehre von den Trägheitsmomenten. (Die langjährige Verzögerung beim Druck der „Scientia navalis" brachte leider für Euler Prioritätsverluste in einer Reihe wichtiger Ergebnisse, die eigentlich zur Schiffstheorie gehören, da 1746 in Paris das der Thematik verwandte „Traité du navire" von P. Bouguer (1698—1758) veröffentlicht wurde.)

Zur allgemeinen Theorie der Bewegung des starren Körpers kehrte Euler in den Jahren 1749 und 1750 zurück. Anlaß dazu waren wahrscheinlich die Untersuchungen von d'Alembert über die Präzession der Aequinoctien und die Nutation der Erdachse, die bestimmte Betrachtungsweisen zur Rotationstheorie des starren Körpers enthielten.[15] Der erste entscheidende Schritt zur Aufstellung der Dynamik des starren Körpers wurde von Euler in dem von ihm der Berliner Akademie am 3. September 1750 vorgelegten

Memoire „Découverte d'un nouveau principe de Mécanique" gemacht. (Die offizielle Sprache der Berliner Akademie war damals Französisch.) In diesem Memoire legte EULER das von ihm entdeckte Prinzip dar — „le principe général et fondamental de toute la Mécanique", wie er es nannte. Dieses Prinzip bestand in der systematischen mathematischen Anwendung des Grundgesetzes der Dynamik (des zweiten Gesetzes von NEWTON oder des Prinzips der Beschleunigungskräfte) auf infinitesimal kleine Teilchen (und Massenpunkte) und in seiner Komponentenzerlegung in Kartesischen Koordinatensystemen:

$$2M\,\mathrm{dd}x = P\,\mathrm{d}t^2, \qquad 2M\,\mathrm{dd}y = Q\,\mathrm{d}t^2, \qquad 2M\,\mathrm{dd}z = R\,\mathrm{d}t^2.$$

Hierbei ist M die Teilchenmasse, und P, Q und R sind die Komponenten der äußeren Kräfte. (Der Faktor 2 im linken Teil der Gleichungen darf uns nicht stören, da seine Entstehung sich durch das damals von EULER angewendete eigenartige System von Maßeinheiten erklärt[16]). Nach EULERS Worten kann das erwähnte Prinzip als „l'unique fondement de toute la Mécanique et des autres Sciences, qui traitent du mouvement des corps quelconques" betrachtet werden. In seinem Memoire schrieb EULER (§ 19):

„C'est sur ce seul principe, que doivent être établis tous les autres principes tant ceux qui sont déjà reçus dans la Mécanique et l'Hydraulique, et dont on se sert actuellement pour déterminer le mouvement des corps solides et fluides; que ceux aussi qui ne sont pas encore connus et dont nous avons besoin pour développer tant les cas ... des corps solides, que plusieurs autres qui se trouvent dans les corps fluides."

Somit bedeutet dieses Prinzip von EULER die Darstellung eines Kontinuums als System von Massenteilchen und die Anwendung des Newtonschen Grundgesetzes der Dynamik auf diese Massenteilchen, und zwar in Komponentenzerlegung entlang unbeweglicher Koordinatenachsen.

Heute ist es schwer, sich jenen Sprung nach vorn auch nur vorzustellen, den diese für uns heute selbstverständliche Arbeit EULERS in der Mechanik brachte. Aber gerade sie eröffnete den einfachsten und natürlichsten Weg für den nachfolgenden Aufbau der Dynamik des starren Körpers und für die gesamte Kontinuumsmechanik überhaupt.

Der Gerechtigkeit halber muß erwähnt werden, daß die Formulierung des Grundgesetzes der Dynamik in Projektionen auf unbewegliche Koordinatenachsen schon von C. MACLAURIN in seinem „Treatise of fluxions" (Edinburgh 1742) zur Untersuchung der Bewegung der Massenpunkte als selbständiges Prinzip der Mechanik vorgeschlagen wurde. In den 40er Jahren des 18. Jahrhunderts wurde eine solche Formulierung der Bewegungsgleichungen bereits von einer Reihe von Gelehrten, und zwar im speziellen von J. BERNOULLI, CLAIRAUT, D'ALEMBERT, und von EULER selbst verwendet. Aber vor EULER kam niemand auf den Gedanken, daß diese Differentialgleichungen — formuliert für ein beliebiges Element des Mediums (bzw. eines Körpers) — unmittelbar zur mathematischen Formulierung der allgemeinen Aufgaben der Mechanik führen. (Die Notwendigkeit einer unabhängigen Einbeziehung des Drehimpulssatzes erkannte EULER wahrscheinlich erst später.)

Mit Hilfe seines neuen Prinzips leitete EULER sofort die allgemeinen Rotationsgleichungen des starren Körpers ab, er stellte sie jedoch zunächst in der für analytische Untersuchungen wenig geeigneten asymmetrischen Form dar, die sich aus der Verwendung eines unbeweglichen Koordinatensystems ergibt:

$$\frac{Pa}{2M} = \frac{ff\,\mathrm{d}\lambda}{\mathrm{d}t} - \frac{nn\,\mathrm{d}\mu}{\mathrm{d}t} - \frac{mm\,\mathrm{d}\nu}{\mathrm{d}t} + \lambda\nu nn - \lambda\mu mm$$
$$- (\mu\mu - \nu\nu)\, ll + \mu\nu(hh - gg),$$
$$\frac{Qa}{2M} = \frac{gg\,\mathrm{d}\mu}{\mathrm{d}t} - \frac{ll\,\mathrm{d}\nu}{\mathrm{d}t} - \frac{nn\,\mathrm{d}\lambda}{\mathrm{d}t} + \lambda\mu ll - \mu\nu nn$$
$$- (\nu\nu - \lambda\lambda)\, mm + \lambda\nu(ff - hh),$$
$$\frac{Ra}{2M} = \frac{hh\,\mathrm{d}\nu}{\mathrm{d}t} - \frac{mm\,\mathrm{d}\lambda}{\mathrm{d}t} - \frac{ll\,\mathrm{d}\mu}{\mathrm{d}t} + \mu\nu mm - \lambda\nu ll$$
$$- (\lambda\lambda - \mu\mu)\, nn + \lambda\mu(gg - ff).$$

Hierbei sind λ, μ und ν die Winkelgeschwindigkeiten der Rotation, und $f, g, \ldots$ und n sind die Trägheitsmomente des Körpers bezüglich unbeweglicher Achsen, die infolgedessen im Laufe der Bewegung veränderlich sind.

Im Jahre 1755 entdeckte J. A. SEGNER die Existenz der drei freien Rotationsachsen des starren Körpers, worauf wieder EULER zur allgemeinen Theorie der Bewegung des starren Körpers zurückkehrte.[17] In den Arbeiten Ende der 50er Jahre (die aber erst 1765 in den „Mémoires" der Berliner Akademie veröffentlicht wurden) verwendete er als Koordinatensystem die Trägheitshauptachsen, die freie Rotationsachsen sind, und gab den allgemeinen Gleichungen die heute klassisch gewordene Form:

$$\mathrm{d}x + \frac{cc - bb}{aa} \cdot yz\,\mathrm{d}t = \frac{2gP\,\mathrm{d}t}{Maa},$$
$$\mathrm{d}y + \frac{aa - cc}{bb} \cdot xz\,\mathrm{d}t = \frac{2gQ\,\mathrm{d}t}{Mbb},$$
$$\mathrm{d}z + \frac{bb - aa}{cc} \cdot xy\,\mathrm{d}t = \frac{2gR\,\mathrm{d}t}{Mcc}.$$

Damals untersuchte er auch den ersten berühmten integrierbaren Fall, nämlich die Rotation eines starren Körpers um einen festen Punkt für den Fall, daß das äußere Moment bezüglich des festen Massenzentrums fehlt.

EULER gebührt auch das Verdienst der Ausarbeitung der Kinematik des starren Körpers einschließlich der Ableitung beider Formen der kinematischen Rotationsgleichungen (eine von ihnen wird manchmal als Poissonsche Gleichung bezeichnet) und der umfassenden Lehre von den Trägheitsmomenten (Massengeometrie), allerdings mit Ausnahme der Konstruktion des Trägheitsellipsoids.

Die Vollendung der Hauptetappe der Untersuchungen EULERS zur Dynamik des starren Körpers war sein Traktat „Theoria motus corporum solidorum seu rigidorum", welches er 1760 beendete und als dritten Band seiner „Mechanik" betrachtete (wegen ständiger Schwierigkeiten bei der Suche nach einem Verleger erschien dieses Buch erst 1765 in Rostock). Übrigens arbeitete EULER auch in den folgenden Jahren an der Dynamik des starren Körpers. Speziell in seinem Werk „Nova methodus motum corporum rigidorum determinandi", das der Petersburger Akademie im Herbst 1775 vorgelegt wurde (und 1776 in ihren „Novi Commentarii" veröffentlicht wurde), sind zum ersten Male gemeinsam 6 Bewegungsgleichungen eines beliebigen Körpers aufgeführt, die den Impulssatz und den Drehimpulssatz darstellen:

$$\int \mathrm{d}M \left(\frac{\mathrm{d\,d}x}{\mathrm{d}t^2}\right) = iP, \quad \int z\,\mathrm{d}M \left(\frac{\mathrm{d\,d}y}{\mathrm{d}t^2}\right) - \int y\,\mathrm{d}M \left(\frac{\mathrm{d\,d}z}{\mathrm{d}t^2}\right) = iS,$$

$$\int \mathrm{d}M \left(\frac{\mathrm{d\,d}y}{\mathrm{d}t^2}\right) = iQ, \quad \int x\,\mathrm{d}M \left(\frac{\mathrm{d\,d}z}{\mathrm{d}t^2}\right) - \int z\,\mathrm{d}M \left(\frac{\mathrm{d\,d}x}{\mathrm{d}t^2}\right) = iT,$$

$$\int \mathrm{d}M \left(\frac{\mathrm{d\,d}z}{\mathrm{d}t^2}\right) = iR, \quad \int y\,\mathrm{d}M \left(\frac{\mathrm{d\,d}x}{\mathrm{d}t^2}\right) - \int x\,\mathrm{d}M \left(\frac{\mathrm{d\,d}y}{\mathrm{d}t^2}\right) = iU.$$

(Hierbei ist i das Doppelte des Weges, den ein frei fallender Körper in der ersten Sekunde zurücklegt.)

TRUESDELL hält diese Stelle bei EULER für die historisch erste Formulierung dieser beiden Gesetze als „*fundamental, general and independent laws of mechanics*, for all kinds of motions of all kinds of bodies". In diesem Zusammenhang schlug TRUESDELL vor, die Gesamtheit dieser Gesetze als Eulersche Gesetze der Mechanik zu bezeichnen (s. seine „Essays", S. 260).

EULER gebührt das Verdienst der Ausarbeitung der Grundlagen der Strömungslehre. Sein Interesse an den Aufgaben der Bewegung von Flüssigkeiten entstand schon in den Jugendjahren. Unter dem Einfluß von J. BERNOULLI wandte er damals bei der Untersuchung des Ausströmens einer Flüssigkeit aus Gefäßen das Gesetz der lebendigen Kräfte an, indem er neben diesem die schon früher verwendete Hypothese der ebenen Schnitte und die ihr entsprechende Form des Kontinuitätsgesetzes nutzte. Seine Ergebnisse legte EULER im August 1727 im Alter von zwanzig Jahren der Petersburger Akademie vor, und zwar zwei Wochen nach einem Vortrag D. BERNOULLIS über dasselbe Thema. Die Ergebnisse beider Autoren stimmten völlig überein, und in dieser delikaten Situation überließ EULER das Veröffentlichungsrecht auf die gewonnenen Ergebnisse seinem älteren Kollegen und stellte seine eigenen Untersuchungen auf diesem Gebiet für ein Vierteljahrhundert vollständig ein.[18]

Er kam auf die Probleme der Hydrodynamik erst Anfang der 50er Jahre zurück, als er endgültig zwei für ihre Konstruktion erforderliche Vorstellungen entwickelte: den exakten Begriff vom Druck in strömenden Flüssigkeiten und die einfache Formulierung des Grundgesetzes der Dynamik (Impulssatz) für ein Massenelement des Mediums. Die Eulersche Druckbestimmung war die gelungene Vollendung der Evolution dieses Begriffs, der 1730 von D. BERNOULLI geprägt und von J. BERNOULLI in seiner „Hydraulica" teilweise vervollständigt worden war. Letzterem gebührt das Verdienst des ersten Versuches einer Anwendung des Impulssatzes in der Hydraulik, während der Versuch, die allgemeinen Gleichungen der Strömungslehre abzuleiten, erst am Ende der vierziger Jahre von D'ALEMBERT unternommen wurde.[19]

Aber die exakte Konstruktion des ganzen Systems der Bewegungsgleichungen für ideale Flüssigkeiten gelang erst EULER. Dabei stützte er sich auf sein oben erwähntes neues Prinzip der Mechanik. Erste Ergebnisse EULERS zur allgemeinen Strömungslehre gehören wahrscheinlich in das Jahr 1752. Drei seiner Fundamentalwerke zur Hydrostatik und Hydrodynamik gehören in die Jahre 1753 bis 1755 und wurden 1757 im 11. Band der „Mémoires" der Berliner Akademie veröffentlicht.[20]

Im ersten von diesen Werken verallgemeinerte EULER die Ergebnisse von CLAIRAUT und gab der Auslegung der Hydro- und der Aerostatik jene Form, die im großen und ganzen so bis in unsere Tage erhalten geblieben ist. Zuerst führte er den Begriff des Drucks p ein, der durch die Höhe einer homogenen Flüssigkeitssäule meßbar ist, und verwies auf die Abhängigkeit des Drucks zumindest von der Dichte und der Temperatur und gab dann die Ableitung der allgemeinen Gleichgewichtsgleichung für Flüssigkeiten und Gase:

$$\mathrm{d}p = q(P\,\mathrm{d}x + Q\,\mathrm{d}y + R\,\mathrm{d}z).$$

Hierbei bezeichnet q die Dichte.[21] Danach führte EULER den Begriff des Kräftepotentials s ein und, indem er die allgemeine Gleichung in Form $\mathrm{d}p = q\,\mathrm{d}s$ umstellte, verwies er auf die Konstanz von Druck, Dichte und Temperatur an den Niveauflächen. Dann leitete er die allgemeinen Abhängigkeiten, angewandt auf den Fall des idealen Gases, ab, erörterte die auf einen getauchten Körper einwirkenden Kräfte und ging zur detaillierten Betrachtung verschiedener Fälle des Gleichgewichts von Flüssigkeiten und Gasen über. Speziell hier gewann er die bekannte barometrische Formel für die isothermische Atmosphäre und schlug vor, bei konstantem Volumen die Temperatur zweckmäßig proportional dem Gasdruck zu bestimmen.

Sein zweites Werk — „Principes généraux du mouvement des fluides" — legte EULER der Berliner Akademie am 4. September 1755 vor. Er begann mit einer allgemeinen Aufgabenstellung zur Theorie der Bewegung idealer Flüssigkeiten und leitete danach von einer für unsere Zeit üblichen Betrachtung eines elementaren Flüssigkeitselementarparallelepipeds die allgemeinen Gleichungen der Hydrodynamik und die Kontinuitätsgleichung für kompressible Flüssigkeiten ab. Das Gleichungssystem der Hydrodynamik erhielt EULER sofort in der für uns gewohnten Art:

$$P - \frac{1}{q}\left(\frac{\mathrm{d}p}{\mathrm{d}x}\right) = \left(\frac{\mathrm{d}u}{\mathrm{d}t}\right) + u\left(\frac{\mathrm{d}u}{\mathrm{d}x}\right) + v\left(\frac{\mathrm{d}u}{\mathrm{d}y}\right) + w\left(\frac{\mathrm{d}u}{\mathrm{d}z}\right),$$

$$Q - \frac{1}{q}\left(\frac{\mathrm{d}p}{\mathrm{d}y}\right) = \left(\frac{\mathrm{d}v}{\mathrm{d}t}\right) + u\left(\frac{\mathrm{d}v}{\mathrm{d}x}\right) + v\left(\frac{\mathrm{d}v}{\mathrm{d}y}\right) + w\left(\frac{\mathrm{d}v}{\mathrm{d}z}\right),$$

$$R - \frac{1}{q}\left(\frac{\mathrm{d}p}{\mathrm{d}z}\right) = \left(\frac{\mathrm{d}w}{\mathrm{d}t}\right) + u\left(\frac{\mathrm{d}w}{\mathrm{d}x}\right) + v\left(\frac{\mathrm{d}w}{\mathrm{d}y}\right) + w\left(\frac{\mathrm{d}w}{\mathrm{d}z}\right),$$

$$\left(\frac{\mathrm{d}q}{\mathrm{d}t}\right) + \left(\frac{\mathrm{d}\cdot qu}{\mathrm{d}x}\right) + \left(\frac{\mathrm{d}\cdot qv}{\mathrm{d}y}\right) + \left(\frac{\mathrm{d}\cdot qw}{\mathrm{d}z}\right) = 0.$$

Hierbei ist p der Druck, q die Dichte, und P, Q, und R sind Massenkräfte. (Der einzige Unterschied zur heutigen Form besteht darin, daß EULER die schon von A.-M. LEGENDRE eingeführte Bezeichnung der partiellen Ableitungen durch ein „rundes" ∂ nicht benutzte und sie in runde Klammern setzte.)

EULER fügte hier hinzu, daß zu diesen vier Gleichungen eine fünfte gehört, welche die Verbindung zwischen dem Druck, der Dichte und einer zusätzlichen physikalischen Größe herstellt, die auf den Druck einwirkt und unter der, allgemein gesagt, die Temperatur verstanden wird. Die im Ergebnis gewonnenen fünf Gleichungen beinhalten nach EULER „toute la Théorie du mouvement des fluides" (§ 21).

Nach der angeführten Ableitung der Hauptgleichungen der Hydrodynamik führte EULER das Kräftepotential S und das Geschwindigkeitspotential W ein und erhielt

(§ 27 und 28) die Formel

$$dp = q(dS - d\Pi - u\,du - v\,dv - w\,dw), \quad \left[\Pi = \frac{\partial W}{\partial t}\right],$$

und die entsprechenden Integrale für den Fall einer inkompressiblen Flüssigkeit und überhaupt für barotrope Prozesse, Integrale, die heute gewöhnlich als Lagrange-Cauchy-Integrale bezeichnet werden. Übrigens erwähnt EULER hier speziell die Existenz von Nicht-Potential-Strömungen und bringt als Beispiel den Fall einer Wirbelbewegung einer inkompressiblen Flüssigkeit ohne Massenkräfte. Das Werk wird mit der Untersuchung einzelner spezieller Fälle der Bewegung von Flüssigkeiten und mit der Bemerkung beendet, daß die abgeleiteten Gleichungen die Probleme der Flüssigkeitsbewegung aus dem Gebiet der Mechanik in das Gebiet der mathematischen Analysis überführen.

Beim Lesen dieses Werkes verwundern besonders die Klarheit und Einfachheit der Darlegung der Gedanken (die auch der Mehrheit der anderen Arbeiten EULERS eigen sind). Es ist manchmal schwer zu glauben, daß ihn mehr als zwei Jahrhunderte von uns trennen.

Nach den ersten drei Abhandlungen EULERS zur Strömungslehre folgten seine vielen anderen Untersuchungen, die der Hydrodynamik und der Schallausbreitung gewidmet sind. Ihre Vollendung und Verallgemeinerung war eine große Arbeit (516 S.), die in das Ende der 60er Jahre gehört und in vier Teilen in den Jahren 1769 bis 1772 in den „Novi Commentarii" der Petersburger Akademie der Wissenschaften veröffentlicht wurde. Ihr erster Teil beinhaltet die Erörterung der allgemeinen Eigenschaften von Flüssigkeiten und Gasen, die Ableitung der allgemeinen Gleichgewichtsgleichungen und die Untersuchung partieller Gleichgewichtsfälle im Schwerefeld und im Zentralkraftfeld. Im zweiten Teil ist das allgemeine Gleichungssystem der Hydrodynamik idealer Flüssigkeiten abgeleitet, und es werden detaillierte Fälle der Bewegung inkompressibler Flüssigkeiten, darunter von Potentialströmungen, erörtert. Das letzte Kapitel ist der Bestimmung der Flüssigkeitsbewegung bei vorgegebenen Anfangsbedingungen gewidmet; hier werden speziell die allgemeinen Gleichungen der Hydrodynamik in den sogenannten Lagrange-Variablen, den Massenvariablen, abgeleitet. (Es sei bemerkt, daß EULER in seinem Brief an LAGRANGE vom 31. Januar 1760 auf diese Variablen zum ersten Mal hinwies, und daß LAGRANGE diesen Brief 1762 gemeinsam mit seinen eigenen, diesen Untersuchungen gewidmeten Forschungen veröffentlichte.) Im dritten Teil der Arbeit erörterte EULER die Strömung in Rohren mit konstanten und veränderlichen Querschnitten, die Berechnung des Wasserhubs mittels Pumpen und die Strömung unter Einwirkung einer Temperaturdifferenz. Der letzte Teil ist eine Verallgemeinerung der zahlreichen vorangegangenen Untersuchungen EULERS zur Akustik und zur Theorie der Blasinstrumente.

So schuf EULER die Grundlagen der gesamten Hydrodynamik idealer Flüssigkeiten mit Ausnahme der Überschallaerodynamik, die ein Jahrhundert später entstand und ihre weitere Entwicklung erst im 20. Jahrhundert erfuhr. Ohne über den allgemeinen Begriff der Spannung zu verfügen (der erst im Jahre 1822 von A. L. CAUCHY eingeführt wurde), konnte EULER natürlich nicht zur Untersuchung noch komplizierterer Modelle der Kontinuumsmechanik übergehen, z. B. der zähen Flüssigkeit und des elastischen Körpers. Aber alles übrige für die weitere Entwicklung der Kontinuumsmechanik hat er vollständig vorbereitet. (Ich meine natürlich nicht die nachfolgende Einführung der Thermodynamik in die Strömungslehre der Flüssigkeiten und Gase — eine Umwälzung, die ebenfalls im 20. Jahrhundert erfolgte.)

Indem ich eine der glänzendsten Seiten im Schaffen Eulers — die Begründung der Hydrodynamik — näher betrachtet habe, ist noch nichts über seine Arbeiten zur Mechanik biegsamer und elastischer Körper gesagt worden. Untersuchungen auf diesem Gebiet hat Euler sein ganzes Leben lang durchgeführt.

Die Aufgaben der Mechanik elastischer Körper (Stäbe) interessierten Euler seit frühester Jugend. Es ist interessant, daß in einer kleinen, von Euler noch in Basel verfaßten (aber erst nach seinem Tode im Jahre 1862 veröffentlichten) Aufzeichnung Truesdell die erste Ableitung des Biegungsgesetzes des geraden Stabes von Jacob Bernoulli aus dem Hookeschen Gesetz für die Faserdehnung fand — ein Ergebnis, das Euler selbst nicht bemerkt hatte und das er dann erheblich später nochmals entdeckte. Ohne mich bei den Arbeiten Eulers über die Querschwingungen des geraden Stabes aufzuhalten, gehe ich zu den weithin bekannten Untersuchungen Eulers über die Gleichgewichtsformen elastischer Stäbe und das Knicken über. Diese Untersuchungen wurden eingeleitet durch D. Bernoullis Entdeckung (im Jahre 1742) der Extremalität der elastischen Energie gekrümmter elastischer Stäbe. Die dazu gehörenden klassischen Ergebnisse Eulers wurden von ihm in Form eines speziellen Anhangs „De curvis elasticis" zu seinem berühmten Traktat zur Variationsrechnung „Methodus inveniendi lineas curvas maximi minimive proprietate gaudentes" 1744 veröffentlicht. Hier sind die 9 möglichen Typen der Gleichgewichtsformen eines (anfänglich geradlinigen) Stabes mit orthogonalem Querschnitt bei Biegung infolge von Kräften und Momenten an den Enden dargestellt. Außerdem ist auch im Prinzip die allgemeine Formel für die kritische Last beim Knicken des Stabes enthalten. Übrigens verwendete Euler selbst diese Formel nur für den Fall eines beidseitig gelenkig gelagerten Stabes. Im folgenden kam Euler mehrmals zur Frage des Knickens von Säulen zurück, und seine letzte Untersuchung auf diesem Gebiet Ende der 70er Jahre ist der endgültigen Klärung mehrerer Schwierigkeiten gewidmet, denen er bei der Untersuchung des Knickens von Säulen unter Einwirkung ihres Eigengewichtes begegnet war.

Euler nahm aktiv an der Diskussion über die schwingende Saite teil. Im Grunde genommen war die Aufgabe über die kleinen Querschwingungen der Saite (und über die Schallausbreitung) die erste Aufgabe der Dynamik eines Systems mit unendlich vielen Freiheitsgraden. Es ist merkwürdig, daß die Untersuchung dieser Aufgabe begann, lange bevor die Dynamik von Systemen mit endlich vielen Freiheitsgraden entwickelt wurde.

Eine klassische Wellengleichung (von hyperbolischem Typ) für die Saitenschwingung erhielt 1746 d'Alembert (1748 veröffentlicht). Schon damals fand er ihre Lösung in einer Form von zwei sich gegeneinander ausbreitenden Wellen, die zwei beliebige Funktionen der Argumente $(ct + x)$ und $(ct - x)$ enthält. Doch beschränkte d'Alembert willkürlich die Klasse der Funktionen, die in die Lösung der Wellengleichung eingehen, durch gewisse Bedingungen der „Kontinuität" und der „Glattheit". Euler folgte d'Alembert mit der Untersuchung der Wellengleichung sofort nach und betonte, daß die allgemeine Lösung der Aufgabe über die Saite Funktionen bedeutend allgemeinerer Art einschließen muß (beliebige, stückweise glatte Funktionen). Die Überlegungen Eulers in dieser Hinsicht waren nicht absolut streng (auf dem Niveau der mathematischen Analysis des 18. Jahrhunderts konnten sie es auch nicht sein), aber, wie dies A. P. Juschkewitsch betont, „war seine Idee in der Tat fruchtbar, und von ihr erstrecken sich Fäden zu den modernsten Methoden des 20. Jahrhunderts, zu den verallgemeinerten Funktionen von S. L. Sobolew und L. Schwartz". Der dritte aktive Teilnehmer an der Diskussion über die schwingende Saite, D. Bernoulli, beteiligte sich auch fast von Anfang an daran (1753; 1755 veröffentlicht). Bernoulli widersprach den abstrakten Überlegungen d'Alemberts und Eulers über die beliebigen Funktionen und meinte, daß es einfacher und natürlicher sei, die Saitenschwingungen als Superposition von einfachen harmonischen Schwingungen darzustellen. Die Diskussion über den Charakter der Lösungen der Wellengleichung dauerte viele Jahre (später schaltete sich noch Lagrange ein) und übte großen Einfluß auf die nachfolgende Entwicklung der Methoden der mathematischen Physik und in gewissem Maße der Theorie der Funktionen einer reelen Variablen aus.

Ich möchte noch auf die verallgemeinernden Untersuchungen Eulers über die Mechanik flexibler und elastischer (eindimensionaler) Körper aus den 70er Jahren hinweisen. Hier wurden allgemeine Gleichgewichts- und Bewegungsgleichungen der deformierbaren Linie (in einer Ebene) von ihm formuliert, ohne spezielle Annahmen über die Natur des Materials und ohne Voraussetzung kleiner Deformationen. Dabei betrachtete Euler die in den Querschnitten wirkenden Querkräfte, indem er der Vorstellung von den Schubspannungen zuvorkam. Schließlich fällt auch in dieselben Jahre Eulers Einführung einer physikalischen Materialgröße, die dem Youngschen Elastizitätsmodul vollkommen entspricht, und damit gelingt die Abtrennung der elastischen Materialeigenschaften von der Form des zu betrachtenden Körpers.

In meiner Übersicht habe ich die Arbeiten von Leonhard Euler zur angewandten Mechanik überhaupt nicht berührt. Er befaßte sich mit der allgemeinen Theorie der Maschinen, wobei er ihre Effektivität (den Wirkungsgrad) untersuchte, mit der Berechnung verschiedener konkreter Maschinen und Mechanismen, mit der Theorie der Reaktionsturbine (des Segner-Rades) und mit der Schiffstheorie, mit technischen Gutachten zu verschiedenen Fragen und mit vielem anderen.

Zu dem von Euler in den 30erJahren vorgeschlagenen Programm des Aufbaus der Mechanik zurückkehrend, kann man feststellen, daß er während seines ganzen Lebens selbständig mit dem Aufbau von drei der sechs von ihm genannten Bereiche der Mechanik vorankam. Hierher gehören die analytisch dargelegte Massenpunktmechanik (n° 1), die Mechanik des starren Körpers (n° 2) und die Hydrodynamik (n° 6). In der Lehre über flexible Körper (n° 3) und in der Mechanik des Massenpunktsystems (n°5) leistete Euler neben den anderen von mir genannten Gelehrten einen fundamentalen Beitrag. Was aber die Elastizitätstheorie (n° 4) betrifft, der er, wie wir sahen, eine Reihe wichtiger Untersuchungen gewidmet hatte, so ist sie erst im nächsten Jahrhundert geschaffen worden.

Bei der Beantwortung der von mir am Anfang gestellten Frage kann man zusammenfassend sagen, daß Euler mit jenem großartigen Programm, das er sich gestellt hatte, ohne sich der unglaublichen Schwierigkeiten bewußt zu sein, glänzend fertig wurde. Euler sind wir in größerem Maße als irgendeinem anderen für die Klärung der Grundlagen der Mechanik zu Dank verpflichtet. Die nächste Periode in der Entwicklung der Mechanik, die von der „Mécanique analytique" von Lagrange eröffnet wurde, betraf mehr die Formalisierung ihrer mathematischen Methoden als die Vertiefung der Grundlagen.

Anmerkungen

1. „Histoire des mathématiques" von J. E. Montucla wurde in zwei Bänden 1758 in Paris herausgegeben. Ihre zweite, von J. Lalande fortgesetzte Auflage wurde in vier Bänden ebenda 1799–1802 veröffentlicht. Formell stellt aber die erste „Geschichte der Mathematik" anscheinend das Buch von J. Ch. Heilbronner „Historia matheseos universae a mundo condito ad seculum

p. Chr. n. XVI" (Leipzig 1742) dar. Dieses Buch ist eine große, aber wenig geordnete Sammlung verschiedenartiger Materialien. Bis dahin gingen die Übersichten der Entwicklung der Mathematik nur als Bestandteile in irgendwelche anderen Werke ein.

2. Im Zusammenhang mit einem großen Interesse für die Grundlagen der Mechanik, was in der Mitte des 19. Jahrhunderts durch die Entdeckung des Energiesatzes und die Versuche einer mechanischen Deutung der gesamten Natur bedingt war, schrieb die philosophische Fakultät der Göttinger Universität im Sommer 1869 einen Sonderwettbewerb mit Zuerkennung eines Preises für die beste Schrift über die kritische Geschichte der allgemeinen Prinzipien der Mechanik aus. In der Annonce der Fakultät waren unter anderem auch die Forderungen an den eigentlich historischen Teil der Schrift formuliert:

„Die geschichtliche Seite der Arbeit würde zu zeigen haben, wann, von wem und auf Veranlassung welcher bestimmten Aufgabe jedes einzelne der wesentlichen Principien der Mechanik zuerst aufgefunden und ausgesprochen, wann, durch wen und auf Veranlassung welcher andern bestimmten Bedürfnisse oder Untersuchungen der ursprüngliche Ausdruck der Theoreme verändert, berichtigt oder früher vereinzelte zu einem allgemeineren Princip zusammengezogen worden sind. Hiebei verlangt die Facultät zwar kein weitläufiges Eingehen auf die verschiedenen Anwendungen der Principien, legt jedoch Werth auf die Erwähnung der Originalbeispiele, an denen ihre jedesmalige Fassung zuerst erprobt worden ist."

Der erste Preis des Göttinger Wettbewerbes ging an E. DÜHRING für seine Schrift „Kritische Geschichte der allgemeinen Principien der Mechanik" (Berlin 1873), die nachher noch in zwei ergänzten Auflagen erschien (Leipzig 1877 und 1887). Die zehn Jahre später erschienene berühmte „Mechanik" von E. MACH („Die Mechanik in ihrer Entwickelung historisch-kritisch dargestellt", Leipzig 1883ff.) erhob Anspruch mehr auf eine philosophische als auf eine historische Beleuchtung des Themas. Beide Bücher — das von DÜHRING und das von MACH — waren lediglich den Prinzipien der allgemeinen Mechanik gewidmet und berührten eigentlich nicht die Methoden und Aufgaben der Mechanik; deswegen dürfen sie nicht als Schriften über die allgemeine Geschichte der Mechanik angesehen werden. Dieselbe Bemerkung bezieht sich auch auf die Skizzen über die Prinzipien der Statik und Dynamik in der „Mécanique analytique" von J.-L. LAGRANGE (Paris 1788 und 1811), die auch heutzutage unkritisch genutzt werden. Natürlich enthielten die größeren Abhandlungen über die allgemeine Geschichte der Physik (wie z. B. die von N. LJUBIMOW und F. ROSENBERGER) auch einige Übersichten der Entwicklung der Mechanik, die aber auch meistenteils nur den Prinzipien der Mechanik des Massenpunktsystems gewidmet waren.

3. P. DUHAM hat eine Reihe fundamentaler Werke über die Geschichte der Wissenschaften geschrieben, darunter: „Les origines de la Statique" (2 Bände, Paris 1905—1906), „Études sur Léonard de Vinci" (3 Bände, Paris 1906—1913), „Le système du Monde: Histoire des doctrines cosmologiques de Platon à Copnernic" (10 Bände, Paris 1913—1959). Von ihm stammt auch ein Essay über die Entwicklung der allgemeinen Ideen der Mechanik („L'évolution de la Mécanique", Paris 1903).

4. Die wesentlichen Ergebnisse der von C. TRUESDELL durchgeführten Untersuchungen der Eulerschen Werke über die Mechanik sind veröffentlicht als ausführliche Leitartikel zu den Bänden 11 bis 13 der zweiten Serie der „Opera omnia" (1954—1960), die insgesamt 660 Seiten zählen. Zum Teil wurden sie in einer Reihe seiner einzelnen Artikel sowie in „Essays in the History of Mechanics" (Springer-Verlag, Berlin e. a. 1968) resümiert. Der von mir erwähnte Programmartikel TRUESDELLS eröffnet die unter seiner Redaktion erscheinende Zeitschrift „Archives for History of Exact Sciences" (1960, vol. 1, nº 1, p. 3—36).

5. „Opera omnia" von L. EULER erscheinen seit 1911 unter der Fürsorge der Schweizerischen Naturforschenden Gesellschaft. Die ersten drei Serien werden 72 Bände enthalten, von denen bisher schon 67 Bände erschienen sind. Von den 31 Bänden der zweiten Serie (Opera mechanica et astronomica) sind 27 Bände herausgegeben worden. An der Vorbereitung dieser Bände beteiligten sich P. STÄCKEL, CH. BLANC, C. TRUESDELL, J. O. FLECKENSTEIN, L. COURVOISIER, W. HABICHT

sowie F. R. SCHERRER, F. STÜSSI, H. FAVRE, J. ACKERET, E. TROST, M. SCHÜRER und P. DE HALLER. In der zweiten Serie erschienen noch nicht die Bände 24, 26, 27 und 31, die einen Teil der Arbeiten EULERS über die Himmelsmechanik und die physikalischen Aspekte der Astronomie enthalten. 1975 begann die Schweizerische Naturforschende Gesellschaft in Zusammenarbeit mit der Akademie der Wissenschaften der UdSSR die vierte Serie der „Opera omnia" herauszugeben, welche die Korrespondenz EULERS und eine Auswahl seiner nicht veröffentlichten Handschriften enthält. In dieser neuen Serie erschienen vorläufig nur zwei Bände: das annotierte Gesamtverzeichnis der erhalten gebliebenen Briefe EULERS und seine Korrespondenz mit A. C. CLAIRAUT, J. d'ALEMBERT und J. L. LAGRANGE. Die Korrespondenz zwischen den Gelehrten spielte im 18. Jahrhundert eine recht große Rolle, weil die Veröffentlichung von Abhandlungen sich gewöhnlich über Jahre hinzog. Deswegen hat der Briefwechsel EULERS, in dem er fast mit allen großen Gelehrten seiner Zeit stand, einen unschätzbaren Wert für die Geschichte der Wissenschaft und insbesondere die der Mechanik.

6. Bei der Vorbereitung der vorliegenden Übersicht habe ich neben den Urschriften L. EULERS auch die entsprechende historisch-kritische Literatur genutzt; dabei sind vor allem die Abhandlungen von C. TRUESDELL zu nennen (s. Anmerkung 4). Außer den Leitartikeln zu den einzelnen Bänden der Eulerschen „Opera omnia" ist es zweckmäßig, auch folgende, die Analyse der Werke EULERS über die Mechanik enthaltende Untersuchungen zu nennen:

[1] CANNON, J. T., and S. DOSTROVSKY, The evolution of dynamics: vibration theory from 1687 to 1742. Springer-Verlag, New York e. a.: 1981. 184 p.

[2] SZABÓ, I., Geschichte der mechanischen Prinzipien und ihrer wichtigsten Anwendungen. 2. Aufl. Birkhäuser Verlag, Basel e. a.: 1979. xix + 491 S.

[3] ГОРР, Г. В., Л. В. КУДРЯШОВА и Л. А. СТЕПАНОВА, Классические задачи динамики твердого тела. Наукова думка, Киев 1978. 295 с.

[4] МАНДРЫКА, А. П., Баллистические исследования Леонарда Эйлера. Изд-во АН СССР, Москва—Ленинград 1958. 187 с.

[5] ВЕСЕЛОВСКИЙ, И. Н., Некоторые вопросы механики Л. Эйлера. Тр. Ин-та истории естествозн. и техн. АН СССР **19** (1957), 271—281.

[6] НИКОЛАИ, Е. Л., О работах Эйлера по теории продольного изгиба. *В кн.:* Е. Л. Николаи. Труды по механике. Физматгиз, Москва 1955, с. 436—453.

[7] ПОГРЕБЫССКИЙ, И. Б., К истории механики XVIII столетия. *В сб.:* Механика и физика XVIII века. Наука, Москва 1976, с. 9—57.

[8] ПОЛАК, Л. С., Некоторые вопросы механики Л. Эйлера. *В сб.:* Леонард Эйлер. Изд-во АН СССР, Москва 1958, с. 231—267.

[9] СРЕТЕНСКИЙ, Л. Н., Динамика твердого тела в работах Эйлера. Там же, с. 210—230.

[10] СУББОТИН, М. Ф., Астрономические работы Л. Эйлера. Там же, с. 268—376.

Ein Verzeichnis des Schrifttums über L. EULER und seiner Werke ist von J. J. BURCKHARDT zusammengestellt worden (Gedenkband „Leonhard Euler", Birkhäuser Verlag, Basel: 1983, S. 511—552).

7. Elemente eines analytischen Ansatzes zu den einfachsten Aufgaben der Mechanik findet man bei französischen Gelehrten am Anfang des 18. Jahrhunderts (vgl. mehrere Aufsätze von P. VARIGNON in den Mémoires der Pariser Akademie, 1700—1710). In der „Phoronomia" von J. HERRMANN (Amsterdam 1716) wird die mathematische Analysis bereits bei der Betrachtung einiger schwieriger Aufgaben genutzt. Doch im großen und ganzen liegt dem Buch von HERRMANN eine geometrische Methode der Darstellung zugrunde. Es stellt nebenbei ein interessantes und leider noch zu wenig studiertes Zwischenglied zwischen den „Principia" von NEWTON und der „Mechanik" von EULER dar.

8. Hier und im folgenden sind die Zitate aus der „Mechanik" von L. EULER nach der Übersetzung von J. PH. WOLFERS angegeben: „Leonhard Euler's Mechanik oder analytische Darstellung der Wissenschaft von der Bewegung", 1. Teil, Greifswald 1848.

9. Von den anderen Zeitgenossen L. EULERS, die einen sehr großen Beitrag zur Entwicklung der Mechanik geleistet haben, sind J. BERNOULLI (1667–1748), D. BERNOULLI (1700–1782) und A. C. CLAIRAUT (1713–1756) zu erwähnen.

10. Meiner Meinung nach ist gerade dadurch diese merkwürdige Tatsache zu erklären, daß das hervorragende wissenschaftliche Erbe D'ALEMBERTS bis jetzt nicht sorgfältig erforscht und die Herausgabe seiner gesammelten Werke noch nicht vorbereitet ist.

11. Die zuerst angeführten Worte von P.-S. LAPLACE stammen aus seinem „Traité de Mécanique Céleste" (Bd. 5 – Paris 1825, S. 152). Der oft zitierte zweite Ausspruch von LAPLACE ist uns aus den Erinnerungen von G. LIBRI bekannt (Journal des savants, janvier 1846, p. 51). Eine hohe Schätzung Eulerscher Sprache und seines wissenschaftlichen Stils wurde von M. W. OSTROGRADSKI 1844 gegeben. Seine Worte sind von Herrn Professor R. KLÖTZLER am Schluß seines Vortrages zitiert worden (s. S. 47 in diesem Band).

12. J.-L. LAGRANGE schreibt darüber in der zweiten Ausgabe seiner „Mécanique analytique" (Bd. 1, Paris 1811). Es sei hier noch eine wie immer recht emotionelle Äußerung C. TRUESDELLS in bezug auf den d'Alembertschen „Traité de Dynamique" angeführt: „Contrary to the usual claims, neither did d'Alembert reduce dynamics to statics, nor did he, here or anywhere, propose either of the two forms of the laws of dynamics now usually called ‚D'Alembert's principle', these being due to Euler and to Lagrange, respectively, at a later period" („Essays", p. 113).

13. Die der Bewegung von Körpern in beweglichen Rohren gewidmeten Arbeiten von D. BERNOULLI und A.-C. CLAIRAUT wurden 1745 und 1746 veröffentlicht. Beiden gelang die Lösung einzelner Aufgaben, jedoch unterlief CLAIRAUT bei der allgemeinen Darlegung seiner Methode zur Lösung von Aufgaben dieser Art ein Fehler, der durch die Nichtberücksichtigung der Komponente der Coriolisschen Beschleunigung entstanden ist. Darauf wies bereits J. BERTRAND hin („Note sur la théorie des mouvements relatifs". J. École polytechn. **19** (1848) 32, p. 149–154).

14. Der Entwicklung der Schwingungstheorie im allgemeinen Rahmen der Dynamik im Zeitraum bis 1742 ist eine in der Anmerkung 6 erwähnte Untersuchung von J. T. CANNON und S. DOSTROVSKY gewidmet.

15. Das 1749 in Paris veröffentlichte Traktat von J. D'ALEMBERT erschien unter dem Titel „Recherches sur la précession des equinoxes, et sur la nutation de l'axe de la Terre, dans le système newtonien". D'ALEMBERT selbst hielt die in dieser Schrift durchgeführte Untersuchung für eine der wichtigsten Anwendungen seines allgemeinen Prinzips neben dessen Anwendungen in der Hydrodynamik und in der Windtheorie. Im Vorwort zur zweiten Ausgabe des „Traité de Dynamique" (1758) schrieb d'ALEMBERT, daß er darin eine Reihe von wichtigen, zum größten Teil von ihm wesentlich früher zusammengestellten Schriften nicht hineinnehmen konnte. Er erwähnte u. a. die Untersuchungen der Bewegung eines um die bewegliche Achse rotierenden Körpers und betonte, daß „tous les principes nécessaires pour résoudre le Problème général dont il s'agit" bereits in seinem 1749 erschienenen Traktat enthalten waren. Eine sehr hohe Einschätzung dieses d'Alembertschen Traktats als Vorbote der allgemeinen Theorie der Bewegung starrer Körper gab 1858 J. LIOUVILLE (J. math. pures et appl. **3**, p. 2).

16. In der Mitte des 18. Jahrnunderts gab es noch keine Vorstellungen über Maßeinheitensysteme und um so weniger über eine Dimensionstheorie. Im betrachteten Memoire von L. EULER wurden für Hauptmaßeinheiten im Grunde genommen nur zwei gehalten: die Länge L und die Kraft F. Die Masse wurde in Gewichtseinheiten (Kraftseinheiten) gemessen, d. h. $[M] = F$. Dabei sind die Beschleunigungen zufolge des Grundgesetzes der Dynamik dimensionslos. Daraus folgt sofort, daß die Zeitdimension $[T] = L^{1/2}$ ist. Dies jedoch ergab sich bei EULER aus einer unabhängigen Bestimmung von Geschwindigkeit und Zeit. Die Geschwindigkeit wurde mit der Quadratwurzel der Höhe gemessen, von der ein ruhender Körper beim freien Fall diese Ge-

schwindigkeit erreicht; die Zeit wurde dann als Verhältnis des durchlaufenen Weges zur so bestimmten Geschwindigkeit gemessen. Daraus folgt, daß die beiden Größen — Zeit und Geschwindigkeit — dieselbe Dimension $L^{1/2}$ haben. Um die Eulersche Formel aus jener Zeit in die moderne Form zu bringen, muß man die Kräfte und Längen in ihnen unverändert lassen, jedoch die übrigen Größen nach dem folgenden Schema ersetzen: Masse $\to mg$, Zeit $\to t\sqrt{2g}$, Geschwindigkeit $\to v/\sqrt{2g}$.

17. J. A. SEGNER veröffentlichte 1755 in Halle eine kleine Abhandlung „Specimen theoriae turbinum". Hier untersuchte er die freien Rotationsachsen eines beliebigen starren Körpers (die Abhandlung hat nichts mit der Turbinentheorie zu tun!). Selbst der Begriff der freien Rotationsachsen wurde von L. EULER schon in seiner „Scientia navalis" (1749) eingeführt, doch damals behauptete er noch nicht, daß jeder Körper drei senkrecht zueinander liegende Rotationsachsen besitzt. Bereits nach der Übergabe der Handschrift seiner „Theoria motus corporum solidorum seu rigidorum" für die Veröffentlichung schrieb EULER am 20. März 1761 deswegen an W. J. G. KARSTEN, der die Verhandlungen über den Druck dieses Werkes führte:

„... bitte auch noch einen geringen Zusatz beizufügen welchen ich bey der schleunigen Versendung vergessen hatte. Derselbe betrifft das Capitel, worinn von den tribus axibus principalibus eines jeglichen Körpers gehandelt wird, und ich ersuche E. H. in einem Scholio wo es sich am besten schickt, beyzufügen, dass man diese wichtige Entdeckung von der Wirklichkeit dieser drey Axen dem Hrn. Geh. Rath von Segner zu verdanken hat, welche Er in seiner Abhandlung de motu turbinum bekannt gemacht hat. Diese Lehre ist der Grund meines gantzen Werks, und ehe ich dieselbe auseinander gesetzet hatte, so traf ich allenthalben unüberwindliche Schwierigkeiten" (Allgemeine Monatsschrift für Wissenschaft und Literatur (Braunschweig), Mai 1854, S. 335).

KARSTEN hat entsprechende Anmerkungen darüber nicht in den Eulerschen Text, sondern in sein Vorwort zum Werke EULERS eingesetzt.

18. Vgl. den Aufsatz vom Verfasser „Leonhard Euler und die Entwicklung der theoretischen Hydraulik im zweiten Viertel des 18. Jahrhunderts" in dem in Anmerkung 6 erwähnten Baseler Euler-Band (1983).

19. J. D'ALEMBERT hat seine Untersuchungen über die allgemeine Strömungslehre als einen Teil in seine Abhandlung über die Resistenz der Flüssigkeiten eingeschlossen. Diese Abhandlung wurde von ihm zum Preiswettbewerb der Berliner Akademie Ende 1749 vorgelegt. Aber den Mitbewerbern wurde damals kein Preis zuerkannt. Die Akademie forderte von ihnen, einen Vergleich ihrer Theorien mit dem Experiment durchzuführen. L. EULER als Mitglied der Berliner Akademie konnte nicht am Wettbewerb teilnehmen. Sein Einfluß auf die Entscheidung der Akademie war jedoch unbestreitbar. Der verärgerte D'ALEMBERT hat seine Preisschrift nach der Ablehnung der Akademie selbst zum Druck vorbereitet und unter dem Titel „Essai d'une nouvelle théorie de la résistance des fluides" 1752 in Paris veröffentlicht. Diese Abhandlung enthielt — neben vielem anderen — den ersten Versuch, die partiellen Differentialgleichungen der Hydrodynamik abzuleiten. Obgleich D'ALEMBERT hier einzelne wichtige Ergebnisse bekommen hat, wurde das allgemeine Endziel damit noch bei weitem nicht erreicht. Man sollte auch bemerken, daß die ganze Abhandlung typisch für D'ALEMBERT, d. h. verwirrt, kompliziert und unvollkommen, dargelegt wurde. C. TRUESDELL, der sie sorgfältig studierte, schrieb darüber:

„The clarity and directness which the introduction has led us to expect are nowhere to be found, and I confess it has cost me great effort to follow as much as I have of the actual contents, effort which the frequent misprints in major results have not served to mitigate" (L. Euleri Opera omnia, ser. 2, v. 12, p. LI).

20. Der 11. Band der „Mémoires" der Berliner Akademie enthält offiziell die Abhandlungen für das Jahr 1755 und wurde 1757 veröffentlicht. Hier sind drei Memoiren von L. EULER gedruckt (S. 217—361): „Principes généraux de l'état d'équilibre des fluides", „Principes généraux du

mouvement des fluides" und „Continuation des recherches sur la théorie du mouvement des fluides". Der vorangehende Aufsatz EULERS über die Grundlagen der Hydrodynamik „Principia motus fluidorum", der wahrscheinlich schon 1752 geschrieben worden war, wurde im 6. Band der Petersburger „Novi Commentarii" erst 1761 veröffentlicht (die Verzögerung der Publikation hing mit den Umständen des Siebenjährigen Krieges zusammen). Einen frühen, noch unvollkommenen Versuch, eine allgemeine Strömungslehre aufzubauen, findet man in EULERS Untersuchung „Recherches sur le mouvement des rivières", die erst im 16. Band der Berliner „Mémoires" 1767, nach EULERS Abfahrt von Berlin, veröffentlicht wurde (ursprünglich beabsichtigte EULER, sie nicht zu publizieren).

21. Die Größe p wurde von L. EULER manchmal als Druck (pression), aber meistenteils als Elastizität (l'élasticité) bezeichnet. In der angeführten Gleichung versteht EULER unter p im Grunde genommen einen beliebigen Druck, d. h. das Verhältnis des Drucks zu einem konstanten Wert von $\varrho_0 g$ (beliebige Dichte ϱ_0 = const), und unter q das dimensionslose Verhältnis der wahren Dichte ϱ zu ϱ_0. Die Komponenten der Massenkräfte P, Q und R sind dabei auch im Verhältnis zu g gemessen. Somit benützt EULER hier schon ein Maßeinheitssystem, das sich von dem, das er bei der Darstellung seines Prinzips der Mechanik 1750 benutzte (vgl. Anmerkung 16), unterscheidet.

Prof. Dr. Jan Hult

Generalsekretär der International Union of Theoretical and Applied Mechanics, Chalmers University of Technology, Göteborg

Eulers Briefe an eine deutsche Prinzessin — Populärwissenschaft höchster Vollendung

Der Name Leonhard Euler ist heute nur in einer der beiden Kulturen von Charles Percy Snow [7] wohlbekannt. Vor zweihundert Jahren, am Ende des achtzehnten Jahrhunderts, hatte die Trennung noch nicht stattgefunden. Aber während andere Mathematiker, wie Lagrange und Laplace, hauptsächlich bei Mathematikern bekannt waren, so kannte man Euler in allen gebildeten Kreisen Europas. Ja, man könnte sogar behaupten, daß weit mehr Leute damals mit seinem Namen vertraut waren, die sich nicht mit Mathematik beschäftigten. Durch seine „Briefe an eine deutsche Prinzessin" wurde Euler unter Laien in vielen Ländern mehr bekannt als irgendein anderer Mathematiker seiner Zeit und auch später.

Frühe Populärwissenschaft

Populärwissenschaft steht nicht selten in einem schlechten Ruf bei aktiven Wissenschaftlern. In manchen Fällen wird diese Art schriftstellerischer Tätigkeit bei der Auswahl unter Bewerbern um einen Lehrstuhl in einem naturwissenschaftlichen Fach niedrig eingeschätzt. Ja, auch unter Forschern auf dem Gebiete der Wissenschaftsgeschichte hat die Populärwissenschaft nur wenig Interesse erregt.[1]) Es mag hier genannt werden, daß bei der Feier des 250. Geburtstages Leonhard Eulers im Jahre 1957 seine „Briefe "nicht behandelt wurden.

Unter Populärwissenschaft verstehen wir hier wissenschaftliche Information, die sich an Laien wendet, Personen, die auf dem behandelten Gebiete keine Spezialkenntnis besitzen (vgl. [3], S. 1). Begreiflichkeit steht im Vordergrund; Didaktik bedeutet mehr als Vollständigkeit und Akribie.

Einige von Platons Dialogen können als populärwissenschaftliche Arbeiten gekennzeichnet werden, doch Populärwissenschaft in unserem Sinne entstand erst mit der modernen Naturwissenschaft im siebzehnten Jahrhundert.

Das Mittelalter hatte die Entstehung von Universitäten gesehen, was eine Professionalisierung der Wissenschaft bedeutete. Wissenschaftliche Arbeit wurde zum Beruf; die Professoren waren geradeso berufsbewußt wie die Handwerkermeister. Es entstand ein Zunftgeist unter den Gelehrten, was auch dadurch verstärkt wurde, daß sie in Latein schrieben.

Einen Bruch mit dieser Tradition machte Galilei in seinen Dialogen von 1632 und 1638; beide Werke sind in Italienisch geschrieben. Er könnte als der erste moderne populärwissenschaftliche Verfasser bezeichnet werden.

[1]) Eine wichtige Ausnahme stellt die Arbeit von Drachman (1930) dar, vgl. auch [3], S. 1–2.

In der zweiten Hälfte des siebzehnten Jahrhunderts wächst eine reiche populärwissenschaftliche Literatur heran mit dem Zweck, alle die neuen naturwissenschaftlichen Ergebnisse zu erklären. Wichtige frühe Beispiele sind „The sceptical chymist" (1661) von ROBERT BOYLE und „Cours de chymie" (1675) von NICHOLAS DE LEMERY.

Das Zeitalter der Aufklärung bedeutet den Durchbruch für die Populärwissenschaft. Aus Frankreich kommen viele hervorragende Arbeiten, z. B. VOLTAIRES „Éléments de la Philosophie de Newton" (1741), BUFFONS „Histoire naturelle" in 44 Bänden (1749 bis 1800) und die große Enzyklopädie in 28 Bänden nebst Supplementen und Registern (1751—1772). Die „Éléments" macht NEWTONS Theorien in weiten Kreisen der Gebildeten Europas bekannt. Die ersten Bände der Enzyklopädie wurden in zweitausendfünfzig Exemplaren gedruckt; die folgenden in viertausend. Ihr Durchschlag wurde daher ganz bemerkenswert. Als bedeutender Vorläufer nennt man CHAMBERS' „Cyclopedia or An Universal Dictionary of Arts and Sciences" (1728) mit mehreren Auflagen und Übersetzungen.

Andere Äußerungen populärwissenschaftlicher Tätigkeit waren Vorlesungen für die Gebildeten. Solche fanden in mehreren Ländern statt, besonders in England, wo später (1799) die Royal Institution gerade zu diesem Zweck gegründet wurde.

Die Zeit der Aufklärung ist auch die Zeit von LEONHARD EULER. Seine berühmte populärwissenschaftliche Arbeit folgt also einer starken Strömung, einer Bewegung des damaligen Europas, die eine große Zahl von Gelehrten erfaßte.

EULERS „Briefe" können auch in eine bestimmte literarische Tradition eingeordnet werden. Das klassische Vorbild ist BERNARD LE BOVIER DE FONTENELLES „Entretiens sur la pluralité des mondes" (1686). Hier wird die kartesische Kosmologie und Physik in Konversationen zwischen einem jungen Kartesianer aus Paris und einer entzückenden Marquise dargelegt. Wahrscheinlich war FONTENELLE von ALLESANDRO PICCOLOMINIS Arbeit „Della Sfera" (1540) beeinflußt (vgl. [3], S. 17, und [5]). Hier wird der Aufbau der Welt, in aristotelischer Fassung, einer schönen Dame in italienischer Sprache dargestellt.

Nach FONTENELLES „Entretiens" kommen FRANCESCO ALGAROTTIS „Newtonianosmo per le dame" (1737) und, in Schweden, ANDERS CELSIUS' „Bref om cometen" (1744), die einer „lernbegierigen Frau" gewidmet waren. EULERS „Briefe" erschienen erstmals in Französisch 1768. Nach diesen folgten z. B. AUGUST BATSCHS „Botanik für Frauenzimmer und Blumenliebhaber" (1795) und MARY FAIRFAX SOMERVILLES „Mechanism of the Heavens" (1831). Das letztgenannte Werk scheint das späteste Beispiel zu sein, in dem sich eine populärwissenschaftliche Arbeit ausdrücklich an Damen wendet. Ausnahmsweise wurde der Platz der Damen von jungen Herren eingenommen, so z. B. in MICHAEL HUBES „Vollständiger und fasslicher Unterricht in der Naturlehre. In einer Reihe von Briefen an einen jungen Herrn von Stande" (1801).

Es handelte sich in allen diesen Fällen um junge, schöne Leute von hoher Geburt. Sie sollten gebildete Leser ohne Kenntnis in den Naturwissenschaften symbolisieren. In den meisten Fällen waren diese junge Leute fiktive Personen, aber bei EULER handelt es sich um eine wirkliche Person.

Die Prinzessin und die Briefe

In den Jahren 1760—1762, während des Siebenjährigen Krieges, schrieb EULER seine Briefe an die Prinzessin. Er war als Hauslehrer der sechzehnjährigen Tochter des Markgrafen FRIEDRICH HEINRICH von Brandenburg-Schwedt angestellt. Sie ist als Prinzessin von Anhalt-Dessau bekannt. Der Unterricht fing in Berlin an, wurde aber dadurch unterbrochen, daß der Hof wegen des Krieges nach Magdeburg übersiedelte. Der Lehrer ließ aber nicht den Mut sinken, sondern setzte den Unterricht schriftlich fort. So entstanden die 234 Briefe, die später in den Jahren 1768—1772, als EULER wieder nach St. Petersburg zurückgekehrt war, publiziert wurden.

Die streng wissenschaftliche Sprache war noch immer Latein, während sich Französisch besser für Populärwissenschaft eignete. Die drei Bände Briefe hatten bald großen Erfolg, eine Reihe von Übersetzungen folgte in kurzer Zeit. Schon um die Jahrhundertwende 1800 waren die „Briefe" in acht andere Sprachen übersetzt worden: russisch, deutsch, englisch, holländisch, schwedisch, italienisch, spanisch und dänisch. Um 1810 war die Anzahl von verschiedenen Editionen über 40. Andere populärwissenschaftliche Bücher referierten die „Briefe" bis weit in das neunzehnte Jahrhundert.

Der ursprüngliche Titel des Werkes war „Lettres à une princesse d'Allemagne sur divers sujets de physique et de philosophie".[1]) Bei der zweiten Ausgabe in deutscher Sprache von 1792 ist der Titel geändert worden: „Leonhard Eulers Briefe über verschiedene Gegenstände aus der Naturlehre". Nicht nur der Titel ist hier geändert worden; auch viele Briefe, z. B. No. 76—132, die die Philosophie behandeln, sind entfernt, andere sind dazugekommen, und schließlich ist die Ordnungsfolge verändert worden. Dies zeigt alles, daß die „Briefe" dreißig Jahre nach dem Niederschreiben nicht als historisch interessante Dokumente betrachtet wurden, sondern als brauchbare Lehrbücher der grundlegenden Naturlehre. Der Herausgeber FRIEDRICH KRIES, Lehrer am Gothaischen Gymnasium, erklärt in der Vorrede u. a.:

„Zuerst werden diejenigen Briefe, welche die Logik und Metaphysik betreffen, und die grösste Hälfte des zweyten Bandes einnehmen, ganz wegbleiben, nicht nur weil dieser Theil der Philosophie kein so allgemeines Interesse für diejenigen hat, für welche diese Briefe vorzüglich geschrieben sind, sondern weil er auch seit jener Zeit eine so gänzliche Umänderung erlitten hat, dass es ein eben so undankbares als schwer auszuführendes Unternehmen seyn würde, die Resultate der Untersuchungen unserer Philosophen über diesen Gegenstand in Anmerkungen und Zusätzen einzuschalten. Aus diesem Grunde ist auch die Philosophie von dem Titel weggelassen worden. Da überdiess der Raum, der dadurch gewonnen wird, Gegenständen der Naturlehre, vorzüglich den neuen Entdeckungen über die Luftarten gewidmet werden soll, so werden die Leser mit dieser Veränderung hoffentlich nicht unzufrieden seyn."

Das Wegnehmen des Philosophieteiles hatte das Verschwinden einiger Bilder zur Folge, die wir alle wiedererkennen.

Eine Inventur im Jahre 1983 in zwölf schwedischen wissenschaftlichen Bibliotheken zeigt den Bestand von EULERS „Briefen", jeweils in drei Bänden, wie folgt:

französische Auflagen	7 Exemplare
deutsche Auflagen	4 Exemplare
erste schwedische Auflage 1786	6 Exemplare
zweite schwedische Auflage 1793	9 Exemplare
Total	26 Exemplare

In einer Untersuchung von 1950 [4] über den Besitz von Büchern bei Einwohnern in Göteborg 1720—1809, die sich auf Nachlaßverzeichnisse stützt, findet man die „Briefe" nicht. Die Einwohnerzahl in Göteborg betrug am Ende des achtzehnten Jahrhunderts

[1]) Den Titel „Princesse d'Allemagne" gab es nie, vgl. [8], S. 125.

nur ungefähr 12000 Personen, und das Fehlen dieser Bücher ist daher nicht sehr bedeutungsvoll. Leider fehlen ähnliche Untersuchungen über den Bestand von Büchern zu derselben Zeit in Städten wie Stockholm und Uppsala.

Es kommt noch in unserer Zeit vor, daß die „Briefe" antiquarisch angeboten werden, und zu einem mäßigen Preis. Man kann vielleicht daraus und aus dem Bibliotheksbestand schließen, daß die „Briefe" am Anfang des neunzehnten Jahrhunderts in Schweden relativ weit verbreitet waren. Der Verkauf der „Briefe" geschah in Schweden anfänglich durch Subskription. Die drei Bände wurden einzeln geliefert, ein nicht ungewöhnliches Verfahren beim Verkauf von größeren Werken.

Vergleiche zwischen verschiedenen Editionen der „Briefe" zeigen gewisse Unterschiede. So sind z. B. die Tafeln immer neu gezeichnet, immer aber unter Beibehaltung der ursprünglichen Form.

Euler, der Meister-Lehrer

Die große Bedeutung von Eulers „Briefen" für die Verbreitung naturwissenschaftlicher Kenntnisse ist oft erwähnt worden. Es ist daher erstaunlich, daß so wenige wissenschaftsgeschichtliche Arbeiten den „Briefen" gewidmet worden sind. In einer bedeutenden Untersuchung hat Ronald Calinger [1] Eulers wissenschaftliche und philosophische Standpunkte klargelegt und gezeigt, wie diese in den „Briefen" zum Ausdruck kommen. Weitere Bemerkungen darüber finden sich in der Euler-Biographie von Rüdiger Thiele [8].

Das einmütige Lob der „Briefe" ist jedem, der sie liest, sehr verständlich. Im Vergleich mit andern Schriften über Naturlehre aus derselben Zeit sind sie bemerkenswert zugänglich. Die schwedischen Übersetzungen aus den Jahren 1776–1787 und 1793 bis 1797 sind in mehreren Beziehungen heutzutage viel verständlicher als manche populärwissenschaftliche Schriften aus der letzten Hälfte des neunzehnten Jahrhunderts.

Am besten kann natürlich die Meisterschaft Eulers als Lehrer dadurch gezeigt werden, daß er selbst mittels der Briefe zur Sprache kommt.

Im dritten Brief behandelt Euler den Schall. Es spricht der Meisterpädagoge:[1])

„Diese besondere Eigenschaft leitet uns auf die Frage, worin denn der Schall eigentlich bestehe? ob seine Natur etwa der Natur des Geruchs ähnlich ist? d. h. ob sich der Schall von einem schallenden Körper auf die nehmliche Art verbreitet, wie der Duft von einer Blume, welche die Luft mit ihren feinen Ausdünstungen erfüllt, die dic Eigenschaft haben unsre Geruchsnerven zu reizen? Vor Zeiten kann man wohl eine solche Vorstellung vom Schall gehabt haben, aber heutigentages sind wir vollkommen überzeugt, dass aus einer angeschlagenen Glocke nichts ausströmt, was bis zu unsern Ohren fortgeführt wird, und dass ein wirklich schallender Körper nichts von seiner Masse verliert. Man braucht nur eine angeschlagene Glocke, oder eine tönende Saite zu betrachten, so wird man gewahr werden, dass sich der Körper alsdenn in einem Zittern oder in einer Erschütterung befindet, wovon alle seine Theile bewegt werden. Ein jeder Körper, der einer solchen Erschütterung in seinen Theilen fähig ist, giebt auch einen Ton von sich. Bey einer Saite, die nicht gar zu dünn ist, kann man diese Erschütterungen oder Schwingungen leicht bemerken. Wenn die Linie ACB eine gespannte Saite vorstellt, so wird diese während des Schalles wechselseitig in die Lage von

[1]) Alle folgenden Zitate sind aus der 2. deutschen Auflage „Leonhard Eulers Briefe über verschiedene Gegenstände aus der Naturlehre. Nach der Ausgabe der Herren Condorcet und de la Croix, aufs neue aus dem Französischen übersetzt und mit Anmerkungen, Zusätzen und neuen Briefen vermehrt von Friedrich Kries, Leipzig 1792".

AMB oder *ANB* kommen. (Man vergleiche die erste Figur auf der ersten Tafel, wo freylich die Weite der Schwingungen, der Deutlichkeit wegen, grösser vorgestellt ist, als sie in der That beträgt). Ferner muss man bemerken, dass diese Schwingungen die zunächst liegenden Luftteilchen in ähnliche Schwingungen versetzen, die sich alsdenn immer weiter und weiter durch die Luft fortpflanzen, bis sie endlich unsre Gehörswerkzeuge erreichen und rühren. Die Luft ist es also, die solche Schwingungen von dem schallenden Körper empfängt, und so den Schall bis zu unsern Ohren bringt; woraus man sieht, dass der Schall nichts anders als die Empfindung der Schwingungen ist, die die Luft den Werkzeugen unsers Gehörs mitgetheilt hat, und wenn wir denn den Schall einer tönenden Saite hören, so empfangen unsre Ohren so viel Stösse, als die Saite in der nehmlichen Zeit Schwingungen macht. Wenn also eine Saite hundert Schwingungen in einer Sekunde macht, so empfängt das Ohr auch hundert Stösse in derselben Zeit, und die Empfindung dieser Stösse ist es eigentlich was man einen Ton nennt."

Diese kurze Einführung in die Akustik braucht nach 220 Jahren in keiner Weise verbessert werden.

Der 17. Brief behandelt eine der grundlegenden Fragen der Physik, nämlich die Natur des Lichts. Die Korpuskulartheorie NEWTONS stand zu dieser Zeit im Gegensatz zu älteren kartesischen Vorstellungen (vgl. [6]). Die lebendige Anschaulichkeit des 17. Briefes begründet hier eine Wiedergabe *in extenso*:[1])

„Da ich so viel von den Strahlen der Sonne, als dem Quell aller Wärme und alles Lichts gesprochen habe, so werden Ew. H. ohne Zweifel fragen: Was sind denn die Sonnenstrahlen? Dies ist unstreitig eine der wichstigsten Fragen in der Physik, von deren Beantwortung die Erklärung einer unendlichen Menge von Erscheinungen abhängt. Alles, was auf das Licht, und die Art und Weise, wie uns die Gegenstände sichtbar werden, Bezug hat, ist genau mit dieser Frage verbunden.

Die alten Philosophen scheinen sich sehr wenig um die Auflösung derselben bekümmert zu haben. Die meisten haben sich damit begnügt, dass sie sagten, die Sonne habe eine Kraft zu erwärmen und zu erleuchten, oder zu leuchten. Aber man kann wohl fragen, worin besteht denn diese Kraft? Ist es etwas von der Sonne selbst, von ihrer Substanz, was zu uns kommt? oder geschieht hier etwas ähnliches wie bey einer Glocke, deren Schall wir hören, ohne dass der geringste Theil der Glocke selbst unsre Ohren berührt? wie ich die Ehre gehabt habe, Ew. H. bey der Erklärung von der Entstehung und Fortpflanzung des Schalls zu zeigen. Descartes, einer der vorzüglichsten neuern Philosophen, behauptete diese letztere Meinung. Er nahm an, dass das ganze Universum mit einer feinen, aus lauter kleinen elastischen Kügelchen bestehenden Materie, die er das zweyte Element nannte, angefüllt wäre, und dass die Sonne sich in einer beständigen Bewegung befände, die sich ohne Unterlass den angrenzenden Kügelchen mittheilte, und durch diese in einem Augenblick durch das ganze Universum fortgepflanzt würde. Aber seitdem man entdeckt hat, dass die Sonnenstrahlen nicht in einem Augenblick zu uns gelangen, sondern ohngefähr eine Zeit von 8 Minuten dazu gebrauchen, hat man die Meinung des Descartes, der auch noch andere Gründe entgegen standen, verworfen. Hierauf erklärte sich Newton für die erstere Meinung, und behauptete, dass die Sonnenstrahlen wirklich von dem Körper der Sonne ausströmten, dass sie äusserst feine Teilchen wären, die von der Sonne mit einer so unbeschreiblichen Geschwindigkeit ausgestossen würden, dass sie unsern Erdkreis in 8 Minuten erreichten. Diese Meinung, welche die meisten neuern Philosophen, besonders unter den Engländern, beygetreten sind, wird gewöhnlich das System der Emanation oder Ausströmung genannt, weil nach ihm die Strahlen von der Sonne, und andern leuchtenden Körpern, gleichsam ausströmen, wie das Wasser aus einer Fontäne. Schon auf den ersten Blick muss diese Meinung nicht wenig kühn und seltsam scheinen; denn wenn die Sonne unaufhörlich und nach allen Seiten Ströme von Lichtmaterie, und das mit einer so ungeheuren Geschwindigkeit, ausgiesst: so sollte man meinen, dass sie in kurzer Zeit erschöpft

[1]) aus dem 18. Brief, Ausgabe 1792

seyn, oder seit so viel Jahrhunderten wenigstens eine merkliche Veränderung erlitten haben müsste; wovon aber die Beobachtungen gerade das Gegentheil lehren. Gewiss würde eine Fontäne, die nach allen Seiten Wasserstrahlen ausströmt, desto eher erschöpft seyn, je größer die Geschwindigkeit des Wassers wäre; wie vielmehr also die Sonne, die ihre Strahlen mit einer so unbegreiflichen Schnelligkeit fortschleudert! Und es ist umsonst, die Lichtmaterie so fein anzunehmen, als man will; man gewinnt dadurch nichts: das System bleibt immer gleich unbegreiflich. Auch kann man nicht sagen, dass nicht aus allen Theilen und nach allen Seiten Strahlen ausströmten; denn man mag sich hinstellen, wo man will, so sieht man überall die Sonne ganz, welches ein unwidersprechlicher Beweis ist, dass aus allen Punkten der Sonne Strahlen gegen diesen Ort gehen. Hier zeigt sich also noch ein grosser Unterschied zwischen der Sonne und einer Fontäne, aus welcher nach allen Seiten Wasserstrahlen gehen; denn bey dieser geht der Strahl nur aus einem einzigen Punkt nach einer gewissen Gegend, und ein jeder Punkt giebt nur einen einzigen Strahl; aber bey der Sonne strömt ein jeder Punkt der Oberfläche eine unendliche Menge von Strahlen aus, die sich nach allen Seiten verbreitern. Dieser einzige Umstand vermehrt den Aufwand von Lichtmaterie, den die Sonne zu machen hätte, unendlich. Aber es kommt noch ein anderer schlimmer Umstand hinzu, der nicht geringer ist, und darin besteht, dass nicht nur die Sonne, sondern auch alle übrigen Sterne Lichtstrahlen verbreiten, die also einander nothwendiger Weise begegnen würden; mit welcher Heftigkeit müssten sie alsdenn nicht gegen einander stossen? und wie sehr müsste nicht dadurch ihre Richtung verändert werden? Eine ähnliche Durchkreuzung würde bey allen leuchtenden Körpern geschehen, die wir zu gleicher Zeit sehen; und doch bemerken wir so etwas nicht, ein jeder erscheint uns deutlich, ohne die geringste Störung von andern zu leiden; eben dies ist ein sicherer Beweis, dass mehrere Strahlen durch denselben Punkt gehen können, ohne einander zu verwirren, eine Sache, die mit dem Emanationssystem unvereinbar zu seyn scheint. In der That man braucht ja nur zwey Wasserstrahlen auf einander treffen zu lassen, und man wird gleich sehen, wie sehr dadurch ihre Bewegung gestört wird; woraus man sieht, dass die Bewegung der Lichtstrahlen von der Bewegung des Wassers, und überhaupt aller ausströmenden Materien, wesentlich verschieden ist. Ferner, wenn man die durchsichtigen Körper betrachtet, durch welche die Sonnenstrahlen ungehindert nach allen Seiten durchgehen; so sehen sich die Anhänger dieses Systems genöthigt zu sagen, dass die Poren dieser Körper in geraden Linien, und zwar von einem jeden Punkt der Oberfläche nach allen Seiten zu gehen, weil man sich keine Linie gedenken kann, in der ein Lichtstrahl nicht durchgehen könnte, und das mit einer so unbegreiflichen Geschwindigkeit, und ohne anzustossen. Wie sehr müssten also diese Körper durchlöchert seyn, die doch dem Ansehen nach so fest und dicht sind. Endlich müssen auch beym Sehen die Lichtstrahlen in unsere Augen kommen, und durch die Substanz derselben mit der nehmlichen Geschwindigkeit dringen. Ich glaube, dass diese Schwierigkeiten zusammengenommen Ew. H. hinlänglich überzeugen werden, dass das Emanationssystem auf keine Weise in der Natur gegründet seyn kann, und Ew. H. werden sich gewiss verwundern, wie ein solches System von einem so grossen Manne erdacht, und von so vielen aufgeklärten Philosophen angenommen werden konnte. Aber schon Cicero hat die Bemerkung gemacht, dass man nichts so abentheuerliches vorstellen könnte, was die Philosophen nicht zu behaupten im Stande wären. Ich für meine Person bin zu wenig Philosoph, um dieser Meinung beyzutreten."

Weitere Kritik der Newtonschen Theorie findet sich im 18. Brief. Die darauffolgenden Briefe behandeln das Licht als Schwingungen des Aethers, alles ganz überzeugend dargestellt.

EULERS Beschreibung im 51. Brief, wie ein künstlicher Satellit entstehen kann, ist in seiner Einfachheit einleuchtend:[1])

„Eine Kanonenkugel, die in einer horizontalen Richtung abgeschossen wird, kommt erst in einer grossen Entfernung auf die Erde; und wenn man sie von einem sehr hohen Berge abfeuerte,

[1]) aus dem 104. Brief, Ausgabe 1792

so würde sie vielleicht einige Meilen fortfliegen; ehe sie zu Boden fiele. Bringt man die Kanone noch höher, und verstärkt die Ladung, so wird die Kugel noch weiter fliegen. Dies könnte man so weit fortsetzen, dass die Kugel erst bey unsern Antipoden niederfiele, und wenn man noch weiter ginge, so könnte es geschehen, dass sie gar nicht niederfiele, sondern bis zu dem Ort, von wo sie abgeschossen wurde, zurückkehrte, und sie eine Reise um die Welt machte; alsdenn wäre sie ein kleiner Mond, der, wie der wahre, seinen Umlauf um die Erde machte. Wenn nun Ew. H. die Höhe des Mondes und seine ungeheure Geschwindigkeit erwägen, so wird es Sie nicht mehr befremden, dass er nicht auf die Erde fällt, ohnerachtet er durch die Schwere gegen den Mittelpunkt derselben getrieben wird."

Vielleicht unterschätzt EULER das Fassungsvermögen seiner Schülerin, wenn er, im 48. Brief, über das Leben der Antipoden spricht:[1])

„Wenn der Kreis *AB* (I. Taf. I. Fig.) die Erde vorstellt, und wir uns in *A* befinden, so werden unsre Antipoden uns gerade gegenüber in *B* seyn; da wir nun den Kopf oben, und die Füsse unten haben, so müssen bey den Antipoden die Füsse oben und der Kopf unten liegen, wenn wir nehmlich unter diesen Worten dieselbe Richtung verstehen, die wir bey uns dadurch bezeichnen. Denn diejenigen, welche um die Welt gereist sind, haben überall gefunden, dass ihr Kopf und ihre Füsse dieselbe Lage gegen die Oberfläche der Erde hatten, wie bey uns, und dass ihre Füsse jederzeit gegen die Erde gekehrt waren. Es entstand also die Frage: wie es zugänge, dass die Leute in *B* nicht von der Erde weg fielen, da doch ihre Füsse, wie man aus der Figur sieht, nach oben und ihr Kopf nach unten gerichtet ist? Einige glaubten die Sache dadurch zu erklären, dass sie die Erde mit einer Kugel verglichen, auf welcher von allen Seiten Fliegen oder andere Insekten herumkröchen; so wenig man diese, sagten sie, herunterfallen sähe, eben so wenig fielen auch die Menschen von der Erde herunter. Aber sie bedachten nicht, dass die Insekten, die an dem unteren Theil der Kugel sitzen, sich nur vermittelst ihrer Krallen festhalten, ohne welche sie bald herunterfallen würden. Nach dieser Erklärung müsste also der Antipode grosse Haken an seinen Sohlen haben, um sich in die Erde einzuhaken; aber er hat keine, und fällt doch ebensowenig als wir. Ja, so wie wir uns einbilden, oben auf der Erde zu seyn, so glaubt es der Antipode auch, und bildet sich ein, dass wir unten wären.

Die ganze Sache erklärt sich sehr leicht, wenn man annimmt, was durch Thatsachen erwiesen ist, dass die Richtung der Schwere in allen Punkten der Erde auf die Oberfläche derselben senkrecht geht, dass sie also nicht überall einerley, sondern in den verschiedenen Punkten der Erde verschieden, und an zwei einander entgegengesetzten Orten gerade entgegengesetzt ist. Die Wörter oben und unten sollen also nicht immer eine und eben dieselbe Richtung bezeichnen, sondern nur die Richtung der Schwere andeuten, sie mag gehen wie sie will. Unsere Antipoden haben den Kopf nur in Beziehung auf uns unten, aber nicht in Beizehung auf sich selbst; sie befinden sich, eben so wie wir, in derjenigen Lage, welche die Kraft der Schwere ihnen einzig verstattet, und in welcher sie sie hält; und diese Lagen sind in Rücksicht auf die Oberfläche der Erde alle einander ähnlich. Doch für Ew. H. wird diese ganze Erklärung ganz überflüssig seyn; aber es gab eine Zeit, und diese ist noch nicht so gar lange vorüber, wo sie selbst für solche Leute nöthig gewesen wäre, denen man damals den Namen der Gelehrten gab."

Im 137. Brief kehrt EULER zu der Akustik zurück. Am Ende sagt er, daß niemand eine Maschine erfunden hat, die menschliches Sprechen herstellen kann, aber[2])

„Es wäre ohne Zweifel eine der wichtigsten Entdeckungen, wenn man eine Maschine erfände, wodurch man alle Töne unserer Sprache mit den gehörigen Artikulationen hervorbringen könnte. Wenn man glücklich genug wäre, eine solche Maschine zu Stande zu bringen, und man sie so einrichten könnte, dass sie, wie eine Orgel oder ein Klavier, vermittelst eine Reihe von Tasten gespielt würde: so würde jedermann mit Recht erstaunen, wenn er hörte, dass eine Maschine ganze

[1]) aus dem 101. Brief, Ausgabe 1792

[2]) aus dem 9. Brief, Ausgabe 1792

Gespräche führte, oder Reden mit der grössten Anmuth von der Welt hielte. Diejenigen Prediger und Redner, deren Stimme nicht stark oder angenehm genug ist, könnten alsdann ihre Predigten und Reden auf einer solchen Maschine spielen, wie jetzt die Organisten musikalische Stücke spielen. Es ist eine Sache, die mir wenigstens nicht unmöglich zu seyn scheint."

Mit diesem Blick EULERS in die Zukunft verlassen wir hier seine Briefe. In diesen wenigen Beispielen sind wir einem gottbegnadeten Pädagogen begegnet, der offenbar sehr viel Vergnügen an seiner Lehrertätigkeit fand. Vielleicht haben wir hier die Antwort auf die immer aktuelle Frage: Was konstituiert einen guten Lehrer? Er muß natürlich den Lehrstoff sehr gut beherrschen, aber außerdem ist es wichtig, ja notwendig, es muß ihm wirklich Vergnügen machen.

Wir begegnen in EULER als Verfasser der Briefe einem Mann mit vollendeter Formulierungsgewandtheit; der gerne ironische Bemerkungen macht, einem Wissenschaftler mit Distanz zu seinem Thema, aber vor allem einem Menschen, der sich freut, mit einem anderen Menschen zu verkehren.

Literatur

[1] CALINGER, R., Euler's "Letters to a Princess of Germany" As an Expression of his Mature Scientific Outlook. Arch. Hist. Ex. Sci. **15** (1976), 211–233.

[2] DRACHMAN, J. M., Studies in the literature of natural science. New York 1930.

[3] ERIKSSON, G., Från Galilei till Gamow. Studier i populärvetenskapens historia, (Von Galilei bis Gamow. Studien in der Geschichte der Populärwissenschaft). Umeå Universitet, Inst. für idéhistoria 1981.

[4] LEXT, G., Bok och samhälle i Göteborg 1720–1809, (Buch und Gesellschaft in Göteborg 1720–1809). Diss., Göteborg 1950.

[5] OLSCHIKI, L., Geschichte der Neusprachlichen wissenschaftlichen Literatur. 2: Bildung und Wissenschaft im Zeitalter der Renaissance in Italien. Leipzig 1922.

[6] SABRA, A. I., Theories of Light from Descartes to Newton. London 1967.

[7] SNOW, C. P., The Two Cultures. Cambridge 1959.

[8] THIELE, R., Leonhard Euler. Leipzig 1982.

Prof. Dr. rer. nat. habil. Kurt-R. Biermann
Membre effectif de l'Académie Internationale d'Histoire des Sciences,
Mitglied der Deutschen Akademie der Naturforscher Leopoldina,
Alexander-von-Humboldt-Forschungsstelle der AdW der DDR, Berlin

Wurde Leonhard Euler durch J. H. Lambert aus Berlin vertrieben?

Am 9. November 1764 speisten Leonhard Euler und der seit Januar des Jahres in der preußischen Hauptstadt befindliche Johann Heinrich Lambert bei dem in Berlin weilenden russischen Großkanzler Graf Michail Illarionovič Voroncov. Gesprächsthemen waren, wie schon zuvor bei einer Unterredung mit dem russischen Gesandten in Berlin, dem Fürsten Vladimir Sergeevič Dolgorukij, im Hinblick auf die beabsichtigte Reorganisation der Petersburger Akademie die „Vortheile, welche ein Staat von einer wohleingerichteten Academie erwarten kann und welchergestalt die Glieder ihre Kräfte zum allgemeinen Nutzen vereinigen können". Indem Euler hiervon am 10. November nach Petersburg und darüber berichtete, daß Lambert, der ja „den Plan zur Bayerischen Academie gemachet hatte", Dolgorukij „ein vollständiges Genügen geleistet" und Voroncov ein „großes Verlangen bezeuget" habe, Lambert in russische Dienste treten zu sehen, setzte er hinzu: „Eine solche Gemeinschaft", deren Glieder also ihre Kräfte zum allgemeinen Nutzen vereinigen, „fehlt fast bey allen Academien, da gemeiniglich nicht mehr geleistet wird als soviel ein jeder für sich allein thun würde." ([6], T. 1, S. 251.) Was Euler hier als seine und Lamberts gemeinsame Überzeugung proklamierte, war nichts anderes als die These, daß Teamwork effektiver als isoliertes Forschen sei. Nichts läge näher als die Vermutung, daß zwei Kapazitäten wie Euler und Lambert, die ja wußten, wovon sie sprachen, unverzüglich daran gingen, die Einsicht, zu der sie gelangt waren, in die Tat umzusetzen, will sagen, die Theorie in der Praxis zu erproben, schlicht ausgedrückt: zusammenzuarbeiten. Die Vereinigung der geistigen Potenzen wenigstens von Euler, dem bedeutendsten Mathematiker des 18. Jahrhunderts, und dem ebenso tiefen wie vielseitigen Denker auf mathematischem, naturwissenschaftlichem und philosophischem Gebiet Lambert auf ein gemeinsames, dem allgemeinen Nutzen dienendes Ziel, ließ Großes für Wissenschaften und für die Preußische Akademie erwarten. Es kam aber ganz anders. Ein Zusammenwirken fand nicht statt, im Gegenteil, es gab arge Differenzen. Warum das so war, warum die beiden gerade dann eigene Wege gingen, als sie durch königlichen Befehl auf Kooperation angewiesen waren, und warum sich schließlich ihre Wege trennten, das will ich hier zu zeigen versuchen und dabei die schon von Zeitgenossen geäußerte Vermutung untersuchen, es sei Lambert die Ursache dafür gewesen, daß Euler 1766 aus Berlin fortging [16] S. 344–345).

Wenn Lambert, damals noch in Augsburg, bereits am 9. April 1761 einstimmig zum Mitglied der Berliner Akademie gewählt worden war ([7] S. 214, [15] S. 266–267], so war dies ohne Zweifel auf Eulers Initiative zurückzuführen. Daß der Preußenkönig Friedrich II. seine Zustimmung zu dieser Wahl versagte, war nicht Eulers Verschulden. Zwar leitete er seit dem Tode von MAUPERTUIS 1759 als Direktor der Mathematischen Klasse praktisch die ganze Akademie, aber der Präsidententitel wurde ihm zu seinem Leidwesen vorenthalten, und seine Befugnisse waren begrenzte. So fällte alle Personalentscheidungen FRIEDRICH II. selbst. LAMBERT scheint übrigens die Machtverhältnisse in Berlin nicht recht begriffen zu haben, anders ist seine briefliche Äußerung vom 27. November 1764 nicht zuverstehen: „L'académie m'avait élu membre depuis trois ans, sans qu'il y ait moyen de m'en expédier le diplôme.“ ([10] S. 225—234; Zit. S. 228.)

Auf jeden Fall steht fest, daß EULER eine sehr hohe Meinung von LAMBERT hatte — dies war von ihm sowohl LAMBERT als Dritten gegenüber mehrfach auch brieflich bezeugt worden, und wir wissen andererseits, daß LAMBERT in EULER neben D'ALEMBERT den ersten Mathematiker seiner Zeit erblickte ([14] S. 31—32) und daß diese Überzeugung auf einem gründlichen Studium der Eulerschen Schriften beruhte ([7] S. 212—214).

Als LAMBERT im Januar 1764, ein Jahr nach Beendigung des Siebenjährigen Krieges, in Berlin eintraf, um das zu erreichen, was ihm in der Bayerischen Akademie nicht geglückt war, nämlich eine seinen Fähigkeiten und Neigungen entsprechende und ihn ernährende Stellung zu erhalten, hat ihn daher EULER gern kommen sehen. Man könnte geradezu sagen, daß er in dem 21 Jahre jüngeren einen ebenso originellen wie vielseitigen Gelehrten erblickte, der seiner Protektion würdig war. Alles ließ sich zum Schönsten an. Vier Monate nach LAMBERTS Ankunft berichtete EULER:

> „Wir haben nun auch einen solchen Mann[1]) hier, dessen erhabene Wissenschaft ich schon lange bewundert habe. Er ist der H. Lambert, der sich durch seine Photometrie[2]) und andere Schriften schon berühmt gemacht hat und zu Errichtung der Bayerischen Academie das meiste beygetragen hat.[3]) Weil er aber ein protestantischer Schweizer aus Mülhausen ist, so konnte er mit den Jesuiten nicht zurechtkommen und hat darüber seine ansehnliche bayerische Pension eingebüßet. Er ist aus eigenem Trieb hierher gekommen und Se. K. M. haben einige Zeit mit ihm gesprochen, noch aber äußert sich kein Anschein, daß er hier werde emploirt werden. Vielleicht wird aber bald für ihn eine ansehnliche Stelle erledigt. Er ist in aller Absicht ein Mann, der eine gantze Academie in Aufnahme zu bringen die Gaben besitzt.“ ([6] T. 1, S. 245.)

Ein größeres Lob ist wohl kaum vorstellbar. Ganz offensichtlich war EULER mit LAMBERT höchst zufrieden. Das war nicht nur durch die Achtung vor der Tiefe und der Vielseitigkeit der Lambertschen Arbeiten bedingt — es kam mehr hinzu, um eine solche Wertschätzung zu verursachen.

Zunächst einmal betrachtete er, der gebürtige Baseler, den aus Mülhausen im Elsaß stammenden LAMBERT, wie wir eben vernommen haben, als einen Schweizer Landsmann, und das aus gutem Grund: Mühlhausen gehörte damals als „zugewandter Ort“ zur Konföderation der helvetischen Kantone. EULER durfte also durch LAMBERTS Aufnahme eine weitere Verstärkung der ohnehin ansehnlichen schweizerischen akademischen Fraktion in Berlin erwarten. Aber nicht nur das — es ist anzunehmen, daß er sich darüber hinaus durch einen von ihm geförderten LAMBERT auch eine Stärkung seiner eigenen Position innerhalb der Gruppe der Schweizer Akademiker versprochen hat. Diese stellte

[1]) das heißt, wie JOHANN III. BERNOULLI, den EULER zuvor, gewissermaßen im gleichen Atemzug, als „sehr geschickten Kopf, welcher der Academie Ehre machen wird“, bezeichnet hatte

[2]) vgl. [9]

[3]) vgl. [8], [12]

nämlich keineswegs einen monolithischen Block dar, sondern war in Teilen durchaus nicht auf EULER als Direktor der Mathematischen Klasse mit dem Anspruch auf Leitung der Gesamtakademie eingeschworen. Insbesondere der Winterthurer JOHANN GEORG SULZER, ein Wolffianer, aber auch das neben diesem einflußreichste Schweizer Akademiemitglied, JOHANN BERNHARD MERIAN aus Liestal bei Basel, standen EULER nicht unkritisch gegenüber und waren nicht gewillt, ihm auf allen Wegen zu folgen. Und damit kommen wir zu einem weiteren Grund, der LAMBERT für EULER willkommen werden ließ: Der offenbarungsgläubige EULER mit seiner tiefen Abneigung gegen die Leibnizsche Philosophie, der die „Rettung der Offenbahrung gegen die Einwürfe der Freygeister" [2] zu seiner Sache gemacht hatte, spielte eine hervorragende Rolle im Französischen Consistorium, das heißt in der französisch-reformierten Kirche und damit in der hugenottischen „Kolonie" in Berlin [5]. Er arbeitete in verschiedenen Kommissionen aktiv mit, so etwa in den mit Grundstücks- oder mit Katechisierungsfragen befaßten Gremien. Auf die Vergabe von Kirchenplätzen, in Waisenhaus- und anderen caritativen Angelegenheiten, auf die Durchsetzung von Maßnahmen zur Steigerung des Kirchenbesuchs, zur Unterweisung der Kinder, nahm EULER, seit 1763 Ältester der Friedrichstadt-Gemeinde, wesentlichen Einfluß. Wir werden in der Vermutung nicht fehlgehen, daß er in dem von ihm geförderten LAMBERT einen potentiellen Bundesgenossen in seinem Kampf gegen den „Geist der Lauheit" erblickte. Und in der Tat hat sich LAMBERT der Hugenottenkirche in Berlin angeschlossen und damit EULERS Erwartungen entsprochen; wie erst vor wenigen Jahren ermittelt wurde, hat LAMBERT 1777 seine letzte Ruhestätte auf dem Friedhof der französisch-reformierten Gemeinde in der Dorotheenstadt gefunden ([1] S. 123). Ob sein Beitritt unter EULERS Einwirkung erfolgte, ob er eigener Überzeugung entsprang, ob andere Umstände mitgespielt haben (Vorfahren ERMATINGER oder ERMENDINGER des damaligen Predigers in der „Kolonie", JEAN PIERRE ERMAN[1]), waren in Mülhausen ansässig gewesen), muß dahingestellt bleiben. Aber ohne Zweifel dürfte der Entschluß LAMBERTS, in die Hugenottenkirche einzutreten, die gute Meinung EULERS noch verstärkt haben — wie aus dem eingangs zitierten Eulerschen Bericht vom 10. November 1764 hervorgeht, herrschte volles Einvernehmen zwischen ihnen. Und mit Genugtuung hat EULER kurz danach, am 10. Januar 1765, der Akademie den Befehl des Königs bekanntgegeben, LAMBERT in die gelehrte Sozietät aufzunehmen ([15] S. 306). Der Sinneswandel FRIEDRICHS, der höchst indigniert auf die persönliche Vorstellung LAMBERTS reagiert hatte, ist darauf zurückzuführen, daß Gefahr zu drohen schien, LAMBERT — auf Empfehlung EULERS — an die Petersburger Akademie zu verlieren ([6] T. 1, S. 248 u. S. 249). EULER konnte nicht ahnen, daß das Ende der harmonischen Übereinstimmung unmittelbar bevorstand.

Um die kommenden Spannungen zu verstehen, müssen wir einiges über die Finanzierung der Berliner Akademie rekapitulieren.

Die Haupteinnahmequelle der Berliner Akademie war im 18. Jahrhundert ihr Kalendermonopol für den preußischen Staat; hinter den aus ihm geschöpften Einnahmen blieben die aus anderen Privilegien weit zurück, wie etwa aus dem der Herausgabe einer laufenden Verordnungssammlung oder dem der Aufsicht über die Landkarten.

1) J. P. ERMAN, späterer Historiograph und Direktor des Französischen Gymnasiums in Berlin, war der Ahnherr einer ganzen Gelehrtendynastie, von denen hier nur sein Sohn, der Physiker PAUL ERMAN, sein Enkel, der Geophysiker und Weltumsegler GEORG ERMAN, und sein Urenkel, der Ägyptologe ADOLPH ERMAN, genannt seien.

Die Idee dazu stammte noch von LEIBNIZ.[1]) In dem Kalenderpatent vom 10. Mai 1700 des Kurfürsten FRIEDRICH III. von Brandenburg[2]) hieß es u. a.:

„Alldieweilen Wir nun [...] der gantzen Societät den Verlag derer verbesserten oder sonst üblichen Calender in allen Unsern Chur- und übrigen Landen aus eigener hoher Bewegniß um so viel mehr in Gnaden auftragen und sie damit alleinig und privative privelegiret haben, damit die bißhero so häufig im Schwang gewesene, theils unrichtige, theils ärgerliche und mit ungeziemenden Lügen-Historien, nichtigen Weissagungen, auch schandbahren Gesprächen mehrentheils angefüllete, sonsten aber von einigen der schweren und mühsamen Stern-Rechnung zumahlen unerfahrenen Leuten nur ausgeschriebene Calender [-Herstellung verhindert werde], daneben auch das für jene ausgegangene Geld künfftig im Lande behalten werden möge, so haben Wir nöthig erachtet, solche Unsere gnädigste Willens-Meynung [...] bekand zu machen."[1] ([4] Bd. II, S. 88.)

Die Realisierung der Einnahmen aus dem Kalenderprivileg, auf denen die Existenz der Sozietät bzw. (ab 1744) der Akademie beruhte, machte von Anfang an Schwierigkeiten verschiedener Art ([4] Bd. I/1, S. 123—125). Zuerst stießen die akademischen Kalender auf die Ablehnung der Leser, die sich ungern von ihren zuvor aus dem Ausland bezogenen Kalendern mit ihren Wetter- und anderen Vorhersagen trennten, dann gab es Veruntreuungen, die, bei deutlich gesteigertem Absatz, den Gewinn der Akademie in Grenzen hielten. Seit 1738 war der eigentliche Manager des Kalendervertriebs der Rendant DAVID KOEHLER, der den Absatz der Kalender erheblich erhöhte, zugleich aber auch sich selbst nicht vergaß. Zeitweilig hatte er vier der neun von der Akademie herausgegebenen Kalenderarten für ein Fixum gepachtet ([4] Bd. I/1, S. 275). Wie gut der Verkauf ging, kann man daran ersehen, daß ein einziger Buchhändler in Frankfurt (Oder) allein im Dezember 1740/Januar 1741 6750 Kalender abnahm ([4] Bd. I/1, S. 261). Daß unter KOEHLERS Regie die Akademie nur einen Teil des ihr zustehenden Geldes zur Bestreitung ihrer Personal- und Sachkosten erhielt, war ein offenes Geheimnis, und es hat nicht an Versuchen gefehlt, diesen allzu geschickten Mann loszuwerden, von dem man vermutet, er habe der Akademie zwischen 25 und 50 Prozent der Einnahmen vorenthalten ([4] Bd. I/1, S. 265, [11] S. 176). Aber KOEHLER hatte sich so unentbehrlich gemacht, daß er sich Jahrzehnte hindurch behaupten konnte. Die hohen Herren „von Stande", die Protektoren, Kuratoren, Präsidenten, schauten ohnehin nicht durch, und KOEHLER glückte es dergestalt, seinen Kopf immer erneut aus der Schlinge zu ziehen. EULER, der den Rendanten schon vorfand, als er 1741 von Petersburg nach Berlin übersiedelte, hat wohl nie die Größe des Schadens erkannt, den KOEHLER der Akademie zugefügt hat. KOEHLER war klug genug zu erkennen, daß EULER ihm hätte gefährlich werden können. So verhielt er sich ihm gegenüber stets dienstbeflissen und sorgte dafür, daß EULERS Gehalt pünktlich gezahlt wurde. EULER seinerseits revanchierte sich durch loyale Anerkennung der zweifellos auch vorhandenen Verdienste des KOEHLER.

Obwohl die Einnahmen der Akademie während des Siebenjährigen Krieges (1756 bis 1763) erklärlicherweise erheblich zurückgegangen waren, hatte sie andererseits Einsparungen gemacht, oder besser gesagt, machen müssen, denn der König hatte die Wiederverwendung freiwerdender Gehälter und jede Neuerung für die Dauer des Krieges untersagt ([4] Bd. I/1, S. 350). Nun, nach Friedensschluß, sollten die Finanzen der Akademie geordnet, sollte über die eingesparten und angelegten Beträge verfügt,

[1]) Anspruch auf die Priorität dieses Gedankens hat E. WEIGEL in Jena; vgl. [4] Bd. I/1, S. 64—66.

[2]) 1701 als FRIEDRICH I. König in Preußen

sollte die Administration reformiert werden. Aus den Reihen der Mitglieder kamen wieder Klagen über KOEHLER. Er habe, so hieß es, zwar dafür gesorgt, daß der Kalendervertrieb nicht zum Erliegen kam, ihn aber doch nicht so organisiert, wie es hätte möglich sein können, zudem habe er weiter in die eigene Tasche gewirtschaftet. Es war jedoch wieder EULER, der sich einer grundlegenden Reform personeller und sachlicher Art widersetzte und weiter glaubte, auf den Rendanten nicht verzichten zu können ([4] Bd. I/1, S. 363). Da setzte FRIEDRICH II. am 21. Februar 1765 eine akademische Kommission ein, die die Verwaltung und Finanzierung der Akademie prüfen, neuordnen und kontrollieren sollte. In dies, meist „königliche Kommission" genannte (um schon durch die Bezeichnung zu dokumentieren, daß sie ihre Befugnisse vom Monarchen, nicht von der Akademie erhalten hatte) ökonomische Gremium wurden neben EULER der oben bereits erwähnte SULZER, Gegner EULERS und eigentlicher Initiator der Bildung der Kommission, der gleichfalls schon erwähnte MERIAN, ferner die recht unbedeutenden LOUIS-ISAAC DE BEAUSOBRE und JEAN DE CASTILLON sowie schließlich der nach Dauer der Mitgliedschaft jüngste Akademiker, LAMBERT, berufen. Schon die Einsetzung der Kommission empfand EULER als eine Kränkung. Sie war gegen seinen Willen gebildet worden; ihre Konstituierung war also eine Niederlage. Aber nicht nur das. Er witterte, und, wie sich sehr rasch zeigen würde, mit Recht die Gefahr einer Beschneidung der ohnehin begrenzten Befugnisse der Direktoren der Klassen und damit vor allem seiner eigenen, der er, wie gesagt, in Ermangelung eines Präsidenten die Geschäfte der Akademie seit Jahren praktisch leitete, innerhalb des bescheidenen, vom König zugelassenen Freiraums, versteht sich.

Die Vorahnungen EULERS mögen recht düster gewesen sein, aber sicher hat er nicht das ganze Ausmaß dessen, was nun auf ihn zukam, ahnen können. Jetzt lernte er nämlich LAMBERT von einer ganz anderen Seite kennen. Während EULER die Autorität des Direktoriums der Akademie erhalten und somit die Tätigkeit der Ökonomischen Kommission möglichst eingrenzen, ihre Vollmachten so eng wie möglich auslegen wollte, entwickelte LAMBERT in der Kommission eine unglaubliche Aktivität. Es zeigte sich, daß er große organisatorische Fähigkeiten besaß, die er in diesem Gremium zum Nutzen der Akademie endlich frei entfalten konnte. So ist es nur zu natürlich, daß sich in kürzester Zeit eine Gegensätzlichkeit in der Kommission zwischen EULER und LAMBERT herausbildete: Der eine wollte bremsen, der andere beschleunigen. Und daher ist es mit Sicherheit kein Zufall, daß in den Briefen EULERS nach Bildung jener Kommission zunächst alle Elogen auf LAMBERT ganz ausblieben und dann von EULER der Versuch gemacht wurde, LAMBERT „fortzuloben", und zwar bezeichnenderweise mit dem Argument: „Wann es darauf ankommt, die Künstler zu dirigieren und selbst nur die Erfindung zu machen, so wäre wohl dazu niemand geschickter als unser H. Lambert." ([6] T. 3, S. 235). Das Talent LAMBERTS zu dirigieren, hatte EULER in der Tat in der „königlichen Kommission" bereits zur Genüge zu spüren bekommen. Es nimmt daher nicht wunder, daß nunmehr sehr schnell die Unterschiede in EULERS und LAMBERTS Anlagen und Neigungen, in ihrem Charakter und ihrem Lebensstil, ihrer sozialen Herkunft und ihrem Alter die Oberhand über die geschilderten Gemeinsamkeiten der Landsmannschaft und der Konfession sowie der fachwissenschaftlichen gegenseitigen Achtung zu gewinnen begannen. Der Baseler Pfarrerssohn EULER kam aus einem gewiß nicht wohlhabenden Elternhaus, aber doch aus Verhältnissen, die golden im Vergleich mit der Armut im Hause des Schneiders LAMBERT genannt werden müssen. Da war ferner der Generationsunterschied. Als LAMBERT 1728 geboren wurde, befand sich EULER bereits als Adjunkt der Akademie in Petersburg und machte die ersten Erfahrungen im Umgang mit dem Leiter einer Akademieverwaltung. (Die Lehren, die er aus dem Verkehr mit dem gebürtigen Elsässer J. D. SCHUMACHER in Petersburg zog, einem ebenso gewandten wie rücksichtslosen Bürokraten, dürften übrigens nicht ohne Auswirkung auf EULERS späteres Verhalten gegenüber KOEHLER geblieben sein — SCHUMACHER lehrte ihn, wie gefährlich es für einen Gelehrten werden konnte, wenn er sich gegen den Verwaltungsleiter stellte.) Da war weiter der Lebenszuschnitt. Hier der in Berlin auf, man muß wohl sagen, relativ großem Fuß lebende EULER, dort der zunächst noch am Rande des Existenzminimums vegetierende LAMBERT. In EULERS patriarchalisch geführtem Haushalt lebten etwa anderthalb Dutzend Menschen, Familienmitglieder und Gäste, er besaß Häuser, Gärten, Äcker, Wiesen, er hatte es zu Vermögen gebracht und viel zu verlieren. Auf der anderen Seite sehen wir den unverheirateten Habenichts LAMBERT, dem eine Schwester die kargen Mahlzeiten bereitete. Er hatte nichts zu verlieren, konnte höchstens gewinnen.

Der Algorithmiker EULER war in ganz Europa als Großmeister seines Faches anerkannt; LAMBERT mit den Erkenntnisquellen geometrischer Anschauung und logischer Kunst war zwar kein Unbekannter mehr, stand aber doch auf einer wesentlich niedrigeren Sprosse der Stufenleiter des Ruhms. Dem befehlsgewohnten Direktor EULER stand der zum Gehorchen nicht geneigte, bisher als Hauslehrer und Privatgelehrter tätig gewesene LAMBERT gegenüber. War es verwunderlich, daß der Protektor EULER begründeten Anspruch auf respektvolle Rücksichtnahme seines Protegés LAMBERT zu haben glaubte? Darin aber täuschte sich EULER eben. Dieser Anspruch wurde nicht anerkannt. Auch das bei EULER wie bei LAMBERT stark ausgeprägte Selbstbewußtsein war von sehr unterschiedlicher Qualität. Beide waren vom Wert ihrer Leistungen mit vollem Recht durchdrungen, ohne dabei eitel zu sein. Aber während EULERS Überzeugung von der eigenen Bedeutung mit einem wohltuenden Schuß Bescheidenheit durchsetzt war, äußerte sich LAMBERTS Meinung über die eigene Größe in überwältigender Naivität. Das belegen zum Beispiel der Aussprüche der beiden Gegenspieler — und als solche müssen wir sie nach der Gründung der Ökonomischen Kommission bezeichnen — auf die Frage FRIEDRICHS II., wo sie das, was sie wußten, gelernt hätten. EULER antwortete 1749, er habe alles seinem Aufenthalt bei der Petersburger Akademie zu verdanken ([6] T. 2, S. 182), während LAMBERT 15 Jahre danach die Auskunft gab, er sei sein eigener Lehrer in Mathematik gewesen ([3] S. 15).

Wie gesagt, all diese Gegensätze brachen nun auf, als in der Kommission die Meinungen aufeinander prallten. Das begann bereits bei der Frage nach den Befugnissen der Kommission. EULER wollte die Direktoren der Akademie nicht kampflos entmachten lassen. Also stellte er fest, die Zahlungsanweisungen der Kommission bedürften der Zustimmung des Direktoriums. Die übrigen „königlichen Kommissare“ teilten LAMBERTS Überzeugung, sie seien durch den Monarchen zur selbständigen Haushaltführung ermächtigt ([1] S. 119 u. 120).

Die Spannungen verstärkten sich bei der Beratung, wie der Kalendervertrieb künftig organisiert werden solle, um die Einnahmen zu steigern. Drei Fraktionen bildeten sich in der Kommission. Die eine empfahl die Verpachtung des Kalendervertriebs, EULER wollte KOEHLER unter veränderten Bedingungen halten, und LAMBERT sprach sich für eine Verwaltung durch die Kommission, und zwar unabhängig vom Direktorium, aus. EULER suchte nun mittels zweier Immediateingaben an FRIEDRICH II. seinen Standpunkt durchzusetzen, erhielt aber die bekannte schwere Abfuhr: „Ich verstehe zwar keine

Curven zu berechnen, aber das weiß ich, daß 16000 Taler mehr sind als 13000." ([4] Bd. I/1, S. 364.) Die Verpachtung wurde befohlen und die Einnahmen der Akademie stiegen Eulers düsteren Prophezeiungen zum Trotz deutlich an. Aber damit hörte der Ärger nicht auf, vielmehr ergab sich aus den Sitzungen der Kommission immer neuer Zündstoff. Als Anfang 1766 etwa über einen Antrag des Akademiemitglieds Castillon an die Mathematische und physikalische Klasse der Akademie auf Bewilligung von Mitteln für Versuche und die Anschaffung von Instrumenten zu beschließen war, bemerkte Euler recht frostig, die Mathematische Klasse täte Unrecht, sich damit zu befassen, denn nach Castillons Meinung sei die Ökonomische Kommission allein für die Mittelbewilligung zuständig, und zu dieser Kommission gehöre ja, wie Eulers Sohn spitz hinzusetzte, der Antragsteller Castillon selbst. Dieser täte ihnen also zuviel Ehre an, wenn er von ihnen eine Zustimmung verlange, die doch ganz bedeutungslos wäre. Lambert hingegen gab auf dem Zirkular ruhig und sachlich der Gewißheit Ausdruck, daß die Ökonomische Kommission nach Vorlage eines Berichts über die Versuche und nach erfolgter Rechnungslegung die Auslagen erstatten werde. So sind den Akten mehrfach Beweise für die Reibungen zwischen Euler und Lambert 1765/66 zu entnehmen. Oft klingt der Unmut nur zwischen den Zeilen an, gelegentlich brach er aber auch offen aus. Eine den botanischen Garten betreffende Akte enthält ein solches Beispiel. Bestimmte Ausgaben waren als unumgänglich befunden worden. Euler hatte zugestimmt, was ihn aber nicht hinderte, sich wenige Tage danach der Zahlung zu widersetzen. Gewissermaßen verweigerte er als Direktor das, was er als Kommissar bewilligt hatte, und nahm mit der einen Hand das zurück, was er mit der anderen gerade erst gegeben hatte. Zu dieser Handlungsweise bemerkte Lambert am 19. Oktober 1765 sehr trocken:

„Il seroit un ouvrage trop long, si on vouloit rendre raison de toutes les anomalies de l'esprit humain. Il s'embrouille d'avantage à mésure qu'on se met à le débrouiller. Les phénomènes, qui s'y offrent, pourroient servir d'amusement à ceux, qui les voient de près, s'il ne s'agissoit pas des choses, dont il faut pouvoir ensuite rendre compte. Mr. Euler se fait du tort, en se repentant le lendemain des resolutions qu'il avait prises, approuvées, signées le jour précedent, comme p. ex. lorsqu'il s'agissoit des archives et à l'heure qu'il est, où il s'agit du rétablissement du jardin. Sur ce dernier Sujet nous avons sa propre Signature, ainsi je crois qu'il doit être naturellement interessé à la faire valoir." [17]

Das war stark und deutlich, und es wird, wie man annehmen darf, Euler nicht vorenthalten worden sein, denn Médisance gehörte zur Würze des akademischen Alltags. Es kam, wie es kommen mußte; schon einen Monat danach, am 25. November 1765 lehnte Euler mit dürren, unmißverständlichen Worten, in einer förmlichen „Déclaration à la Commission de l'Académie" eine weitere Zusammenarbeit mit ihr unter den derzeitigen Bedingungen ab [18].

Am 2. Februar 1766 bat Euler dann den König um seine Entlassung, die nach mancherlei Versuchen, ihn umzustimmen, und erst nach dringlicher Wiederholung der Eingabe am 2. Mai höchst ungnädig gewährt wurde. Am 1. Juni 1766 verließ Euler mit seiner Familie Berlin, um nach Petersburg zurückzukehren, von wo er 25 Jahre zuvor in Berlin eingetroffen war. Vor der Abreise machte er bei Lambert einen Abschiedsbesuch, wovon dieser bemerkenswerterweise so berichtet hat:

„Je n'ai reçu la chère vôtre que deux jours après que Mr. Euler était venu me rendre la visite de congé. Vous ne sauriez croire, Monsieur, avec combien de joie il va à Petersbourg, où il vaut tout ce qu'il peut désirer. L'Académie de Petersbourg va être mise sur on nouveau pied, et à force d'argent on y attirera tout ce qu'il y a de plus savant en Europe. [...] De la sorte il est très sûr que Mr. Euler aurait pris la résolution qu'il a prise, encore qu'il n'eût aucun différend avec le Comité économique de l'académie, dont il était pareillement membre. Ce qu'il pouvait attendre de devenir ici, il vit, qu'il n'en serait jamais rien, et il n'aurait non plus été spectateur tranquille, si tôt ou tard un autre l'avait devancé. Enfin quoiqu'il était lui même membre du Comité économique, il ne laissa pas d'être intimement persuadé que ce Comité avait été nommé, si non pour redresser du moins pour perfectionner ce qu'il avait fait en qualité de Directeur de l'Académie." ([10] S. 230.)

Nicht alles ist richtig, was Lambert hier schreibt. Es ist festzuhalten ([1] S. 119—120), daß Euler bereits vor der Ankunft von Lambert in Berlin seine Rückkehr nach Petersburg vorzubereiten begonnen hat. Schon im Juni 1763 fing er nämlich an, seinen Immobilienbesitz zu veräußern, um ungebunden zu sein. Es waren in der Tat mehrere Gründe, die ihn bewogen, an die frühere Stelle seines Wirkens zurückkehren zu wollen. Da ist einmal die Vorherrschaft der Freigeister und Religionskritiker an der Berliner Akademie zu nennen; es kam die Bevorzugung französischer Kandidaten bei der Ernennung neuer Mitglieder durch den König ohne Mitwirkung der Akademie hinzu. Ferner kränkte ihn, daß ihm Friedrich II. die Präsidentschaft der Akademie, auf die er begründeten Anspruch erhob, und damit eine Gehaltserhöhung um fast 50% vorenthielt, sowie der Einfluß des vom König konsultierten d'Alembert in Paris, des „heimlichen Präsidenten" der Akademie, wie er genannt wurde. Schließlich fühlte er sich in seinem schweizerischen Freiheitsempfinden durch die despotische Verfahrensweise des preußischen Monarchen verletzt. Die Kalenderangelegenheit und die Auseinandersetzungen in der Ökonomischen Kommission haben also die Rolle des Tropfens gespielt, der einen vollen Becher zum Überlaufen brachte ([13] S. 24), nicht mehr, aber auch nicht weniger. Andererseits lag es Lambert gänzlich fern, Euler zu brüskieren und aus Berlin zu vertreiben. Indem es ihm um die Sache, und nur um diese ging, persönliche Rücksichtnahme ihm daher ganz fremd war, hat Lambert indessen, ohne es zu beabsichtigen, den Schlußpunkt des Berliner Kapitels in Eulers Leben gesetzt. Und so hat es wohl auch Euler selbst gesehen. Als nämlich Lambert am 18. Oktober 1771 einen Brief an Euler nach Petersburg richtete, fehlt in dem der von Lexell besorgten wissenschaftlichen Antwort beigefügten Begleitbrief des Eulerschen Sohnes Johann Albrecht jedes Zeichen der Erkenntlichkeit des Vaters für Lamberts Teilnahme an seinem Befinden und seiner Augenoperation ([1] S. 121). An Koehlers weiterem Ergehen aber nahm Euler auch aus Petersburg fernerhin Anteil ([13] S. 44—45).

Das, was Euler und Lambert trennte, war letztlich stärker als das, was sie verband.

Literatur

[1] Biermann, K.-R.: J.-H. Lambert und die Berliner Akademie der Wissenschaften. *In:* Colloque international et interdisciplinaire Jean-Henri Lambert. Mulhouse, 26—30 septembre 1977, Éditions Ophrys, Paris 1979, S. 115—126.

[2] Eneström, G.: Eneström-Index 92 (EO III, 12).

[3] Graf, M.: Lambert's Leben. *In:* Huber, Daniel: Johann Heinrich Lambert. Basel 1829.

[4] Harnack, A.: Geschichte der Königlich Preußischen Akademie der Wissenschaften zu Berlin. Bd.I/1 u. II, Berlin 1900.

[5] Hartweg, F. G.: Leonhard Eulers Tätigkeit in der französisch-reformierten Kirche von Berlin. Die Hugenottenkirche **32** (1979), Nr. 4, S. 14—15; Nr. 5, S. 17—18.

[6] Juschkewitsch, A. P., und E. Winter: Die Berliner und die Petersburger Akademie der Wissenschaften im Briefwechsel Leonhard Eulers. 3 Teile, Akademie-Verlag, Berlin 1959 bis 1976.

[7] Juschkewitsch, A. P.: Lambert et Léonhard Euler. *In:* Colloque international et interdisciplinaire Jean-Henry Lambert. Mulhouse, 26–30 septembre 1977, Éditions Ophrys, Paris 1979, S. 211–223.

[8] Kraus, A.: Lambert und die Bayerische Akademie der Wissenschaften. *In:* Colloque international et interdisciplinaire Jean-Henri Lambert. Mulhouse, 26–30 septembre 1977, Éditions Ophrys, Paris 1979, S. 105–113.

[9] Lambert, J. H.: Photometria sive de mensura et gradibus luminis, colorum et umbrae. Augustae vindelicorum (= Augsburg) 1760.

[10] Speziali, P.: Lambert et Le Sage. *In:* Colloque international et interdisciplinaire Jean-Henri Lambert. Mulhouse, 26–30 septembre 1977, Éditions Ophrys, Paris 1979, S. 225–234.

[11] Spiess, O.: Leonhard Euler. Verlag Hubner & Co., Frauenfeld und Leipzig 1929.

[12] Spindler, M.: Electoralis academiae scientiarum boicae primordia. München 1959.

[13] Stieda, W.: Die Übersiedlung Leonhard Eulers von Berlin nach St. Petersburg. *In:* Berichte über die Verhandlungen der Sächsischen Akademie der Wissenschaften zu Leipzig, Phil.-hist. Klasse 83 (1931) H. 3.

[14] Thiébault, Dieudonné: Mes souvenirs de vingt ans de séjour à Berlin. Paris 1804.

[15] Winter, E., und M. Winter: Die Registres der Berliner Akademie der Wissenschaften 1746–1766. Akademie-Verlag, Berlin 1957.

[16] Wolf, R.: Biographien zur Kulturgeschichte der Schweiz. Bd. 3, Zürich 1860.

[17] Zentrales Archiv der Akademie der Wissenschaften der DDR. I–XIV – 37, Bl. 30–31.

[18] Ebd. I – IV – 16, St. 78.

Prof. Dr. Ivor Grattan-Guinness
Middlesex Polytechnic at Enfield, Enfield

On the influence of Euler's mathematics in France during the period 1795–1825

1. Introduction

This paper does not deal directly with Euler's work, but instead considers an aspect of its post-history and thus the influence that it exerted early on during the two centuries which have passed since he died. I pose this historical question. It is well-known that a golden period in science, especially in pure and applied mathematics, flowered in France after the French Revolution: up to 1825, and indeed to a notable extent for at least another decade, the French dominated science. How important was Euler's mathematics during that time? How great was the influence that he exerted?

Some initial parts of the answers can be provided at once. Firstly, I am not concerned with Euler's *particular* methods, series summations, evaluations of integrals, and so on; there were, of course, hundreds of these, and quite a few appeared in the French literature. I concentrate my brief on general principles, both in the calculus and mechanics, and try to indicate their popularity, or lack of it. Secondly, attributions of influence are particularly difficult to locate, for the French at this time were very "forgetful" about providing references. Thirdly, I shall deal separately with the periods 1795–1815 and 1815–1825, for reasons drawn from the development of French science itself; the first period was one of consolidation upon traditions already established while the second saw more substantial changes, in both pure mathematics and its applications.

The literature is enormously extensive, and in the space available I cannot provide comprehensive references to either primary or secondary literature. Indeed, the paper as a whole is intended more to pose historical questions than provide definitive answers; for although the period is "well-known", it is not well-studied.[1]

2. On the period 1795–1815

2.1. Education and research in Paris

To say 'France' in connection with science usually means Paris, especially for science after the French revolution. The old *Académie des Sciences* became the first class of the *Institut de France*, with a new vigour gradually emerging in its proceedings. The founding of the *École Polytechnique*, and the restructuring of founding of the specialist *écoles d'application* to which the *polytechniciens* usually passed after graduation, provided both teaching and examining posts and also new modes of instructions for the students, some of whom became teachers and examiners there themselves. The bulk of the graduates, including several notable *savants*, were employed in the army, the navy, or a *corps* of professional engineers. The *Bureau des Longitudes* and the *Dépôt Générale de la Guerre* were public institutions which also offered sources of employment; and then there were the *écoles centrales*, followed in the early 1800s by the *lycées*, which provided jobs for young *savants* while they hoped for better things.

However, all these social and institutional changes did not bring about any major intellectual modifications; on the contrary, various traditions already established before the Revolution were continued at the research level, and diffused — sometimes in watered-down forms — in the teaching. And this reposes our historical question.

2.2. *The calculus and differential equations*

The great tradition of the calculus from LEIBNIZ to EULER was that in the differential $\mathrm{d}x$ and its converse the integral $\int x$, d and $\int$ were dimension-preserving operators, transforming x into infinitely little or infinitely much of the same type of variable quantity, and leading to further orders, such as $\mathrm{d}\,\mathrm{d}x$ and $\int\int x$: the inversion principle in this calculus took the form

$$\mathrm{d} \int x = \int \mathrm{d}x = x. \tag{2.1}$$

The style was markely geometrical: even if diagrams were not explicitly drawn, the mind was invited to compose them. The 'differential coefficient' $\mathrm{d}y/\mathrm{d}x$ was literally the ratio $\mathrm{d}y \div \mathrm{d}x$.[2]

LAGRANGE, anxious to eschew geometrical intuition, proposed a purely algebraic approach. For him, every function had a Taylor expansion

$$f(x + h) = q_0(x) + q_1(x)\,h + \frac{1}{2!}\,q_2(x)\,h^2 + \ldots; \tag{2.2}$$

the 'derived functions' were *defined* as the coefficients $q_1(x), \ldots$ and integral obtained by automatically invoking the converse process (so that $f(x)$ was the integral of $q_1(x)$, $q_1(x)$ of $q_2(x)$, and so on). The calculations involved no manipulations of limits of of infinitesimals, according to the master. Infinite values of $f(x)$ were to be handled by putting inverse powers of h into (2.2).[3]

While LAGRANGE's approach was not proven in several ways, it carried quite a weight of influence, and led in the 1800s to the 'new algebras' of differential operators and functional equations. In these theories, objects like $\mathrm{d}/\mathrm{d}x$ and f were treated as objects, to be manipulated according to certain laws. This is a undeservedly forgotten chapter in the history of algebra; it actually marked a decisive break in the tradition of regarding algebra as applicable only to a number and magnitude,[4] and it also harmonised well with the neo-semiotic philosophies of the time, especially CONDILLAC's and CONDORCET's.

Of course, EULER's form of the calculus was still known, and taught; also to a lesser extent, was the doctrine of limits. At times mixtures of them were presented, or several versions laid out one after the other, in true *encyclopédiste* style. This is especially true of LACROIX's large *Traité* on the calculus, of which the first edition appeared between 1797 and 1800.[5]

In the realm of differential and difference equations, functional and power-series solutions had long been preferred, by both EULER and LAGRANGE. Functional forms were the best, since its functions could be determined directly from initial conditions. Power-series forms were often invoked when the functional form could not be found; thanks to Taylor's series, power-series might be converted to closed functional form if things went well.[6]

On general theory LAGRANGE's views in general solutions, particular solutions and particular integrals rather carried weight over EULER's and others' views.[7] Further, he gave special emphasis to the use of variational methods, enriching his world of algebra with the operator δ on (for example) constants of integration. But his aims extended also into mechanics.

2.3. *Mechanics*

Amusingly, LAGRANGE's mechanics contains a generous supply of differentials;[8] but variational methods were extremely important, for he preferred the principle of least action as a foundation for dynamics. He also drew on d'ALEMBERT's principle to reduce dynamics to statics. In astronomy he sought to *prove* that the planetary system was stable (see below).

All these positions were noticeably different from EULER's. For example, while EULER also affirmed the least action principle, he often did not use it (it is almost entirely absent from his fluid dynamics, for example, in contrast to LAGRANGE); instead, he would draw on the momentum law or the energy equation to form differential equations (which for him were literally equations of differentials).[9] Again, statics was treated separately from dynamics; and in astronomy he seemed to allow for catastrophism (as an opportunity to allow the good Lord to intervene, perhaps).

In Paris once again LAGRANGE's approach carried some sway, especially in research; a notable advance in the late 1800s was the work done by POISSON and LAGRANGE on the proof of the stability of the planetary system,[10] which led them to define the so-called 'Lagrange' and 'Poisson brackets' and so advance knowledge of the canonical solutions of the basic equations of motion.[11] In teaching, watering down was noticeable in DE PRONY's and POISSON's courses; but nevertheless, strong algebraic preferences were evident.

But EULER's approach was not totally forgotten; MONGE maintained it more or less intact for statics, for example.[12] A distinguished contribution within his tradition was POINSOT's theory of couples, exposed in 1803, which filled an important lacuna in statics.[13] He, and after him BINET, wrote on Lagrangian mechanics, but they both show a sympathy for geometrical considerations rather removed from their master.[14] LAPLACE is somewhat similar; eclectic at times, he would draw on both Lagrangian and Eulerian traditions when convenient. And in one of the *very* few cases where interest was taken in EULER's posthumous papers,[15] he drew on EULER's theorem giving the torque M of a system of forces with respect to an axis with direction cosines (p, q, r) relative to $Oxyz$ as

$$M = Pp + Qq + Rr, \tag{2.3}$$

where (P, Q, R) were the coordinate axes torques, to assert the existence of an 'invariable plane' with respect to whose normal the angular momentum of the system of mass points was maximal.[16]

LAPLACE set up a tradition of his own in the mid 1800s when he claimed that "all" physical phenomena could be formulated in terms of short-range forces acting upon the basic 'molecules' of matter. His initial case-studies concerned atmospheric refraction and capillary theory,[17] and he encouraged BIOT to think (with him) the same of heat diffusion;[18] BIOT, ARAGO and MALUS so to develop optics (especially with the rapidly expanding studies of polarisation in the early 1810s);[19] and POISSON to study elasticity in the mid 1810s (in marked contrast to GERMAIN's (crude) reliance on EULER's treatment).[20] Such approaches were removed from EULER's, especially in optics, where he had advocated a wave theory.[21]

3. On the period 1815–1825

3.1. The emergence of mathematical physics

From 1802 to 1815 FOURIER was *préfet* of the *département* of Isère, based in Grenoble. But he took up the study of heat diffusion, presenting a paper at the *Institut* in 1807 and winning a prize problem there five years later. However, his work was controversial, and began to be published only from 1816 on.[22]

Part of the difficulty lay in FOURIER's advocacy of trigonometric solutions to differential equations, which had been "refuted" by both EULER and LAGRANGE (against BERNOULLI's advocacy) years before. But another "handicap" was his use of the Eulerian calculus, with its differential models, the interpretation of functions as curves and surfaces, and so on. He was strongly influenced by MONGE who, as was noted in § 2.3, in turn owed much to EULER. His motivation to use this approach was the one indicated in § 1: he was seeking new results (indeed, his work was the first substantial extension beyond mechanics of the mathematisation of physical phenomena), and so he needed that contact with the geometry of the case. He never showed sympathy either for Lagrangian algebraising or Laplacian physics.[23]

FRESNEL was another innovator. While working as a road engineer in southern France, he began to ponder on the possibilities of a wave theory of light, in opposition to the corpuscular religion then obtaining in Paris. In fact, that view was already losing its hold on ARAGO, and he both welcomed FRESNEL's ideas, carried out experiments with and for him, and steered his papers through the *Académie des Sciences* (as it became again in 1816 after the Restoration), including his winning a prize problem for diffraction in 1819.[24] By the early 1820s, his victory over the Laplacians, especially BIOT, was complete. LAPLACE indeed stopped being Laplacian, for he supported both FRESNEL and FOURIER.[25]

FRESNEL's approach vindicated EULER in two ways. Firstly, his theory of light was waval, although much different from EULER's (and was not much influenced by EULER's earlier views). Secondly, like FOURIER he relied on geometry (and where necessary, differential models) to obtain his results. The point is not only that the topic was optics, and therefore needed geometry anyway: the results sought were (in part) new, and so needed such an approach from that point of view also.

A further flow befell Laplacian physics in the 1820s; for in a competition to develop electrodynamics and electromagnetism BIOT lost out to the non-Laplacian AMPÈRE. AMPÈRE used differential models in his formulation of the basic force and equilibrium laws, BIOT avoided calculus models.[26]

In mechanics itself another change occurred in the study of elastic solids and fluids. From 1819 NAVIER advocated a from of molecularism which did *not* rely on the complicated mathematics that Laplace's methods used. A vigorous programme of molecular elasticity was begun, with many polemics;[27] CAUCHY triumphed, NAVIER should be credited with the basic breakthrough, and POISSON's adherence to the Laplacian models was a handicap.[28]

NAVIER also helped on its way an important development on engineering mechanics, for he advocated, as a general concept for mechanics, 'quantity of action', a version of the work concept used to calculate the loss of 'live forces' after impact and percussion. His view was developed further during the 1820s as a general theory by CORIOLIS and PONCELET, and in various special engineering contexts also.[29]

This story is an important example of engineering influencing science. It has 18th-century roots, including EULER; indeed, the phrase 'quantity of action' was introduced by him in his discussion of the principle of least action mentioned in § 2.3.[30] It also shows a strong reliance on geometrical considerations, including differential models mentioned earlier in this subsection, and marked a strong rejection of LAGRANGE's approach to mechanics from several points of view.[31] But it also moved against EULER's treatment of machines in certain respects; for he thought that they were only special cases, and thus not suitable for the general theory of mechanics.[32] His own writings on machine theory show use of work concepts, but not systematically;[33] and he did not give priority to the energy conservation equation as a foundation for dynamics, or advocate statics as a special case of dynamics, as his French successors of the 1820s were to do.[34]

3.2. *The emergence of mathematical analysis*

The early 1820s also saw a significance change in pure mathematics, when CAUCHY lifted limits to new level of prominence in his lectures at the *École Polytechnique*; for he created mathematical analysis, an umbrella subject embracing not only the calculus but also the theory of functions and the convergence of series. His theory covered not only real-variable analysis but also the complex domain, though the latter was still in relatively early stages of development.[35]

This theory supplanted not only LAGRANGE's but also EULER's approaches to the calculus. It also brought substantial modification to their views on convergence which, while not arbitrary, did not fulfil the strictness which CAUCHY demanded (with his advocacy of convergence tests, for example).[36] However, as was noted in § 3.1, the applications of the calculus continued to employ Eulerian historical models regularly — even CAUCHY himself did so — and so the *educational schizophrenia* of the calculus (one form for the pure side, another for use in applications) became established.

An interesting detail is worth recording. In a paper of 1822 CAUCHY formally refuted LAGRANGE's approach by exhibiting several functions which did not take a Taylor-series expansion (2.2).[37] One of these cases was the function $e^{-1/x}$ when $x = 0$; and it is curious to note that EULER had essentially presented the case in his *Institutiones calculi integralis*, and yet had not noticed it for what it was. More precisely, in a discussion of numerical quadrature he truncated Taylor-series expansions of the integrands over sub-intervals of the interval of definition. One example was $\int_0^x e^{-1/u}\,du$; and in order to use that formula he needed to evaluate the differential coefficients at $x = 0$, which he duly found to be zero, explicitly exhibiting the first few expressions.[38] However, concerned with quadrature rather than Taylorian expansions, he did not notice the consequences of these details. LACROIX similarly missed the point in his description of EULER's procedure in the second edition of his *Traité* in 1814;[39] and even after CAUCHY exhibited the counter-example he agreed with a pathetic reply made to CAUCHY's paper by POISSON, which tried to create something out of the nothing which CAUCHY had shown to be there.[40]

4. Conclusion

4.1. On competing Denkweisen

A wide-ranging historical question of the type posed in § 1 cannot expect to receive more than an impressionistic answer, while hopefully still carrying some weight and use. The period 1795—1815 was largely one of consolidation of traditions already launched; and of those LAGRANGE's algebraisation of the calculus and mechanics, and LAPLACE's new theory of inter-molecular attractions, were dominant. Both led to an exclusion of lines which EULER had advocated, and his place in French science for this period was fairly modest. However, during the next decade, when the more substantial advances and changes in mathematical physics were brought in, his approaches, especially to the calculus, received some revival, for their efficiency in helping to find new results. On the pure side, however, CAUCHY rather replaced both him and LAGRANGE.

In order to avoid misunderstandings, it is important to distinguish two issues: (a) the state of formalisation of a theory (relative to a contemporary understanding of formalisation); and (b) the *content* of that theory. In the case of the Eulerian versus the Lagrangian traditions, *both* men formalised their theories, EULER even in a rather Euclidean form at times.[41] However, (a) the formal approach played a much smaller role *in practice* than with LAGRANGE, where indeed return to 'first principles' was frequently made; and for (b) the contents of the theories so formalised were of course quite different. EULER relied on differentials, lines, curves, forces acting in various directions, moments of inertia; LAGRANGE came down mostly to power series, algebraic expressions, variational methods and their further algebraic manipulations, and so on.

A good, because rather typical, case is furnished by EULER's equations of a rotation of a rigid body. In EULER's paper the reader is invited to think of a body really rotating;[42] by contrast, LAGRANGE found the results from a manipulation of the Lagrange equations with suitable end conditions, with (for example) the moments of inertia entering the analysis only as constants of partial integration.[43] One can hardly imagine how LAGRANGE could have obtained the equations if EULER had not obtained them already. The point can be generalised to a considerable extent; in general EULER's approach is more favourable than LAGRANGE's for finding new results, while LAGRANGE's is to be prefered if known results are to be systematised and related to each other. LAPLACE's molecular world-view (§ 4.1) was somewhat intermediate between LAGRANGE and EULER from this point of view: it was adaptable to the given case, but required enormously complicated calculations in the mathematisation of the phenomena alleged to take place that way.[44]

4.2. *Social and intellectual changes*

One important feature of the developments described in § 2 and § 3 deserves further consideration. As we saw in § 2.1, major *social* changes took place around 1795 in Paris; but no comparable *intellectual* modifications occurred for another twenty years, when the results of FOURIER, FRESNEL, AMPÈRE and CAUCHY began to be developed (or, in FOURIER's case, to be published and generally known).

This is not surprising; after all, there is no reason why radical social change should *instantly* cause similar intellectual modifications. The question of why the decade 1815–1825 should have been crucial is, however, more interesting. As far as I can see, there is little *essential* link with the Bourbon Restoration, although this certainly ended any resumption of FOURIER's prefectoral career (and so drove him to scientific career in Paris), gave CAUCHY several professional advantages, and earned the approval of FRESNEL and AMPÈRE. But in one way or another, all these innovators were *outsiders* — either geographical, philosophical or professional — when they began to develop their ideas. And in some respect or other, they all gained some inspiration from Eulerian traditions more than from the Lagrangian and Laplacian hegemonies which ruled in Downtown Paris.

4.3. *Public and private lives*

Lastly, I raise the question of *explicit acknowledgement* of EULER by the French, whose gift for admitting intelligence in others, and even among themselves, was still in a process of evolutionary development. Sometimes sheer ignorance of relevant writings is evident; for example, I have seen several cases where French engineers bemoaned EULER's lack of interest in their problems, and thus showed themselves to be literally unaware of his writings on turbines, pumps and ship construction.[45] In LAGRANGE's own case, it is well known that, apart from the odd sentence of rhetoric, he was "modest" in the scale of his reference to EULER, sometimes even misattributting EULER's results to others.[46]

And here we return to a level of complication of the French literature which was hinted at in § 1. The period was intense in both development and competition, and abounded in rivalries, accusations of plagiarism, and sarcastic exchanges between "confrères". One consequence was that non-citation, at least in public, became part of the game. I shall end with a couple of examples involving EULER.

LAGRANGE died in 1813, and in the following year DELAMBRE, as *secrétaire perpétuel*, read an *éloge*, of which extracts were soon published in the official newspaper, the *Moniteur universel*.[47] A few weeks later appeared an extraordinary 'letter to the editor' from one 'L. B. M. D. G.', containing, among many other things, quotations from LAGRANGE's conversations with him. Here, in contrast to the public *savant*, are LAGRANGE's private opinions on EULER and on his own methods:[48]

> "One would try in vain [that] the true lovers will have to read Euler always, because in his writings everything is clear, well stated, well calculated, because they *teem* with fine examples, and because one must always study the sources ...
>
> For my first studies, I conceived a passionate admiration for d'Alembert, and I have always kept it, because it is he who made the most brilliant discoveries in the last century. However, I acknowledge that one will rather study Euler at all times, and rightly, because he wrote well.[49]

There are my two great men, those whom I esteem most highly after Newton; but not everybody can be as *lucky* as Newton ...

Study Euler, and endeavour to solve all the problems that you find; for in reading another's solutions, you will see neither the reasons that he had to turn to such or such a side, nor the difficulties that he found in his passage ...

I took care to return frequently to geometrical considerations, which I believe very appropriate to give to the estimation of authority and clarity.[50]

... if one wanted to be a geometer, it was essential to study Euler."

DELAMBRE read his *éloge* at a public meeting of the *Institut,* at which various new prize problems were proposed. LAGRANGE's death had deprived him of the chance of revising for the second edition of his *Méchanique analitique* the sections of the first edition on hydrodynamics;[51] and perhaps for that reason a prize was proposed on 'The theory of the propagation of waves at the surface of a heavy fluid of indefinite depth'. Only one manuscript was received by October 1815, but it was a clever piece and gained the prize for its author, 'M. Cauchy, roads and bridges engineer'.[52]

In typical style, POISSON, who was a member of the prize commission, nevertheless wrote his own paper on the same subject at the same time, and quickly had it published in the *Mémoires.*[53] He began his paper with a survey of the state of knowledge on water-waves. NEWTON, LAGRANGE and LAPLACE were seen worthy of mention, but *not* EULER; yet when he began his own analysis of the problem, he cited, from his own textbook on mechanics, the basic equations in their Eulerian, and not Lagrangian, form ...[54]

Eh! mesdames et messieurs, c'est la vie parisienne.

Acknowledgements

The researches in Paris, on which parts of this paper are based, were funded by the British Academy Small Grants Research Fund.

Footnotes

In the following footnotes, all books are published in Paris, unless otherwise indicated. Subscripts denote editions, supercripts cross-references to other footnotes.

1. For a survey of the period in general, see my 'Mathematical physics in France, 1800—1840: knowledge, activity and historiography', in J. W. DAUBEN (ed.), *Mathematical perspectives ...* (1981, New York), 95—138. The description of the period to 1815 is summarised from my 'Euler's mathematics in French science, 1795—1815', in E. A. FELLMANN [ed.], *Leonard Euler 1707—1783. Beiträge zu Leben und Werk* (1983, Basel), 395—408. Both papers are extensively referenced.

2. L. EULER, *Institutiones calculi differentialis* (1755, St. Petersburg) = *Opera omnia,* (1) **10**, contains a detailed presentation of this calculus, for both the uni- and multi-variate realms. An excellent account of the calculus from LEIBNIZ to EULER is contained in H. J. M. Bos, 'Differentials, higher-order differentials and the derivative in the Leibnizian calculus', *Arch. hist. exact sci.,* **14** (1974), 1—90. Occasionally EULER used limits and spoke of 'reckoning with zeroes', but his calculus could not be so *founded.*

3. LAGRANGE stated his views most fully in his *Théorie des functions analytiques,* based on his teaching at the *École Polytechnique* (*EP*). The first edition appeared as a book (1797) and also as *J. EP,* (1) **3**, *cah.* 9 (1801): the second edition came out in 1813 and also in *J. EP* (with the same reference!), was reprinted in 1847, and appears in his *Oeuvres,* **9**. See also his *Leçons sur le calcul des*

fonctions, which was published four times between 1801 and 1808 (with somewhat varying contents); the 1808 version is in his *Oeuvres*, **10**. See A. P. YUSHKEVICH, 'Euler und Lagrange über die Grundlagen der Analysis', in K. SCHRÖDER [ed.], *Sammelband der zu Ehren des 250. Geburtstages Leonhard Eulers der Deutschen Akademie der Wissenschaften zu Berlin vorgelegten Abhandlungen* (1959, Berlin), 224—244; and my and H. J. M. BOS's chapters in my (ed.), *From the calculus to set theory 1630—1910* ... (1980, London), 49—148 (up to CAUCHY's work, which is described briefly in § 3.2 below).

4. Until a more substantial history is published, see my 'Babbage's mathematics in its time', *Brit. j. hist. sci.*, **12** (1979), 82—88; and Л. А. Люстерник and С. С. Петрова, 'Из истории символического исчисления', *Ист.-мат. исслед.*, **22** (1977), 85—101.

5. S. F. LACROIX, *Traité du calcul différentiel et du calcul intégral*$_1$, especially **1** (1797). At the *EP* LAGRANGE's views were prominent in the first years when he taught there and was succeeded by LACROIX; but when AMPÈRE joined the staff in 1804 there was a modest nudging towards limits. However, a decision to return to differentials was taken in 1812, at LAPLACE's initiative. POINSOT then gave a course which managed to mix all three traditions together! ('Des principes fondamentaux, et des règles générales du calcul différentiel', *Corr. EP*, **3** (1814—16), 111—123 (see also pp. 124—131)). On this chequered history, see my 'Recent researches in French mathematical physics of the early 19th century', *Ann. sci.*, **38** (1981), 663—690 (pp. 673—676).

6. A fine survey of methods is given in LACROIX's *Traité*$_1$ (*ibid.*), **2** (1799); see also J. A. J. COUSIN, *Traité de calcul différentiel et de calcul intégral* (1796), **2**.

7. On this and related questions, see S. B. ENGELSMAN, 'Lagrange's early contributions to the theory of first-order partial differential equations', *Hist. math.*, **7** (1980), 7—23; and S. ROTHENBURG, 'Geschichtliche Darstellung der Entwicklung der Theorie der singulären Lösungen ...', *Abh. Gesch. Math.*, **20** (1910), 315—404.

8. J. L. LAGRANGE, *Méchanique analitique*$_1$ (1788). See his explanation/apology in the preface to the second edition (**1**, 1811): once 'the geometrical method of first and last ratios' or his own 'analytical method of derived functions' had provided the grounding for the calculus, 'one can employ the infinitesimals as a certain and convenient instrument to abridge and simplify proofs'. Of course many epistemological questions are thereby begged. On the second edition, see also footnote 51.

9. See C. TRUESDELL's introductions and comentaries in EULER's *Opera omnia*, (2) **11—13**.

10. LAGRANGE *Méchanique*$^8{}_1$, 241—258; P. S. LAPLACE, *Mécanique céleste*, **1** (1799), Book 2, ch. 7. The prehistory of these treatments involves some difficult questions of chronology and (non?-)-attribution in papers by both men in the 1770s and the 1780s.

11. LAGRANGE's papers are in his *Oeuvres*, **6**, 711—816. POISSON's main papers are 'Sur les inégalités séculaires des moyens mouvements des planètes' and 'Mémoire sur la variation des constantes arbitraires dans les questions de mécanique', *J. EP*, (1) **8**, *cah.* 15 (1809), 1—56, 266—344.

In other aspects of theoretical astronomy EULER's views did not hold sway. For example, LAPLACE's lunar theory drew on LAGRANGE's analysis of the coplanarity of the moon's orbit and equator with the plane through the moon's centre parallel to the ecliptic (*Mécanique céleste* (*ibid.*), **2** (1799), Book. 5, ch. 2) and followed D'ALEMBERT in taking time as a function of the moon's true longitude (**3** (1802), Book 7, ch. 1). EULER's various methods are nicely appraised in the editorial introductions in *Opera omnia*, (2) **23** (1969), vii—lii. For a valuable history of this and related developments, written during the period under study, see A. GAUTIER's Paris dissertation *Essai historique sur le problème des trois corps* ... (1817).

12. G. MONGE, *Traité élémentaire de statique* ...$_1$ (1786), $_8$(1846). MONGE, like EULER, favoured a (neo-) Euclidean presentation.

13. L. POINSOT, *Élémens de statique*$_1$ (1803), $_{12}$(1877).

14. See P. BAILHACHE, *Louis Poinsot. Le théorie générale de l'équilibre et du mouvement des systèmes* (1975).

15. L. EULER, 'Methodus facilis omnium virium momenta respectu axis cuius cunque determinandi', *Nova acta Acad. Aci. Petrop.*, **7** (1789: pb. 1793), 205–214 = *Opera omnia*, (2) **9**, 399–406.

16. P. S. LAPLACE, 'Sur la détermination d'un plan ...', *J. EP*, (1) **2**, *cah.* 5 (1798), 155–159 = *Oeuvres*, **14**, 3–7. DE PRONY praised EULER's paper to the students at the *EP* ('Mécanique philosophique ...', *J. EP*, (1) **3**, *cah.* 8 *bis* (1801) (p. 110)).

17. LAPLACE[10], **4** (1804), Book 10, ch. 1, and supplements (1806 and 1807).

18. For texts and letters, see J. HERIVEL, *Joseph Fourier face aux objections contre sa théorie de la chaleur* ... (1980).

19. See A. CHAPPERT, *Etienne-Louis Malus (1775–1812) et la théorie corpusculaire de la lumière* (1977).

20. S. D. POISSON, 'Mémoire sur les surfaces élastiques', *Mém. cl. sci. math. phys. Inst. France*, (1812), pt. 2 (pb. 1816), 167–225. On the personal aspects of the Poisson-Germain affair, see L. L. BUCCIARELLI and N. DWORSKY, *Sophie Germain* ... (1980, Dordrecht). She worked out from EULER's 'Investigatio motuum quibus lamina et virga elastica contremiscunt', *Acta Acad. Sci. Petrop.*, **1** (1779: pb. 1782), 103–161 = *Opera omnia*, (2) **11**, pt. 1, 223–268.

21. See, for example, EULER's 'Nova theoria lucis et colorum', *Opuscula varii argumenti*, **1** (1746), 169–244 = *Opera omnia*, (3) **5**, 1–45.

22. See my *Joseph Fourier 1768–1830* ... (1972, Cambridge, Mass.), written in collaboration with J. R. RAVETZ.

23. An excellent study of the non-mathematical parts of this story is provided in R. FOX, 'The rise and fall of Laplacian physics', *Hist. stud. phys. sci.*, **4** (1974), 81–136.

24. A good description of these events is provided in E. FRANKEL, 'Corpuscular optics and the wave theory of light ...', *Soc. stud. sci.*, **6** (1976), 141–184. Fresnel's *Oeuvres*, **1–2** contain the pertinent papers; diffraction and polarisation played the predominant role in the rivalry. His theory of wave vibration went through various stages of development between 1816 and the "definitive" version of 1821.

25. On LAPLACE's public support for FOURIER on 1820 (especially over the cooling of the earth, see my[22], 476–477; on his praise of FRESNEL in 1822, see E. VERDET in FRESNEL's *Oeuvres* (*ibid.*), **1** (1866), lxxxvi–lxxxvii. A dramatic illustration of LAPLACE's change of mind is shown by his *Exposition du systeme du monde*$_4$ (1813), 308–357, comprising sections on gravity and molecular attraction, which contain very optimistic opinions on corpuscular optics (p. 327). In the next edition of 1824, 'revised and augmented by the author' according to the title page, these sections were omitted entirely, and the promised special volume on the topic never appeared.

26. Although historians of science have often described the origins of electrodynamics and electromagnetism, as usual they have paid little attention to the issues raised here. A useful secondary source is R. A. R. TRICKER, *Early electrodynamics. The first law of circulation* (1965, London).

27. This is a most complicated story, which no secondary source acceptably describes. The best source seems still to be H. BURKHARDT, 'Entwicklungen nach oscillirenden Functionen ...', *Jber. Dtsch. Math.-Ver.*, **10**, pt. 2 (1900–08), 526–560.

28. See already POISSON[20] of 1816, where a Laplacian derivation, of *indeterminate* generality relative to elastic properties, is provided.

29. The chief sources are C. L. M. H. Navier (ed.), *Forest de Bélidor. Architecture hydraulique*, **1** [and only] (1819); G. G. Coriolis, *Calcul de l'effet des machines* (1829); and J. V. Poncelet, *Cours de mécanique industrielle* ... (1829, Metz). For an account of this history, see my 'Work for the workers: advances in engineering mechanics and instruction, 1800—1830', *Ann. sci*, **4** (1984), 1—33.

30. See especially L. Euler, 'Réflexions sur quelques loix générales de la nature qui s'observent dans les effets des forces quelconques', *Mém. Acad. Berlin*, **4** (1748), 189—218 = *Opera omnia*, (2) **5**, 38—63; and also several other papers of the time, which are published in this volume of Euler's *Opera*, together with J. O. Fleckstein's helpful introduction. The term was used occasionally by Lazare Carnot and systematically by Coulomb, and thus came down to Navier (and to other researchers).

31. See my[29], art. 9. One of these concerns a change in priority for disequilibrium over equilibrium, and dynamics over static equilibrium. The history of the theories of equilibrium is a much-needed component of the history of mechanics.

32. See, for example, art 54 of L. Euler, 'Harmonie entre les principes généraux de repos et du mouvement de M. de Maupertius', *Mém. Acad. Berlin*, **7** (1751: pb. 1753), 169—198 = *Opera omnia*, (2) **5**, 152—176.

33. Euler's papers on machine theory are concentrated largely in *Opera omnia*, (2) **15—17**. On the point raised here, see C. L. M. H. Navier, 'Détails historiques sur l'emploi du principe des forces vives ...', *Ann. chim. phys.*, (2) **9** (1818), 146—159, which shows good knowledge of Euler's writings.

34. See my[29], art. 9.

35. Cauchy's principal textbooks were *Cours d'analyse* (1821) and *Résumé des leçons données à l'* [*EP*] ..., **1** [and only] (1823) = *Oeuvres*, (2) **3** and (2) **4**, 5—261. See my *The development of the foundations of mathematical analysis from Euler to Riemann* (1970, Cambridge, Mass.); or J. Grabiner, *The origins of Cauchy's rigorous calculus* (1981, Cambridge, Mass.).

36. See, for example, E. J. Barbeau and P. J. Leah, 'Euler's 1760 paper on divergent series', *Hist. math.*, **3** (1976), 141—160, commenting on Euler's 'De seriebus divergentibus', *Novi comm. Acad. Sci. Petrop.*, **5** (1754—55: pb. 1760), 205—237 = *Opera omnia*, (1) **14**, 585—617.

37. A. L. Cauchy, 'Sur le développement des fonctions en séries ...', *Bull. sci. Soc. Philom. Paris*, (1822), 49—54 = *Oeuvres*, (2) **2**, 276—282. This paper is usually ignored by historians; they cite the (brief) mention of e^{-1/x^2} given by Cauchy in lecture 38 of the *Résumé*[35].

38. See art. 327 of L. Euler, *Institutiones calculi integralis*, **1** (1768, St. Petersburg) = *Opera omnia*, (2) **11**. I am indebted to Mme. H. Leotin for pointing out this passage.

39. Lacroix *Traité*[5]$_2$, **2** (1814), 143—144. Cauchy certainly knew Lacroix's textbook, but could have come to his counter-examples independently.

40. Poisson considered the expression $x^{-m} e^{-1/x^2}$, of combinations of which the derivatives of e^{-1/x^2} were composed, and claimed that if $m \to \infty$ at a rate such that $x^{-m} \to \infty$ faster than $e^{-1/x^2} \to 0$ as $x \to 0$, the derivatives of e^{-1/x^2} were non-zero after all ('Remarques sur les intégrales des équations aux différences partielles', *Bull. sci. Soc. Philom. Paris*, (1822), 81—85). Lacroix was to take this view also (see, for example, his *Traité élémentaire de calcul différentiel et de calcul intégral*$_5$ (1837), 355—356). It is a good example of the difficulties faced at that time by *multi-* variate problems in analysis (see my[35], ch. 6 or[3], ch. 3).

41. See, for example, Euler's *Mechanica* ..., 2 vols. (1736, St. Petersburg) = *Opera omnia*, (2) **1—2**; or, to a lesser extent, his calculus textbooks[2, 38], as well as various other books and papers.

These include his *Introductio ad analysin infinitorum*, 2 vols. (1748, Lausanne) = *Opera omnia*, (1) **8**–**9**, of which a French translation appeared in Paris in 1796–97.

42. L. EULER, 'Découverte d'un nouveau principe de mécanique', *Mém. Acad. Berlin*, **6** (1750: pb. 1752), 185–218 = *Opera omnia*, (2) **5**, 81–108.

43. LAGRANGE *Méchanique*[8]$_1$, 116–117.

44. Good examples of these complications are provided by LAPLACE[17] and POISSON[20].

45. For example, O'REILLY regretted in 1803 that EULER 'had let such a useful work' as the *Mechanica*[41] be 'interrupted in order to dedicate himself to the most abstract speculations of mathematics and philosophy', thus showing his ignorance of EULER's achievements noted in footnote 33 ('Observations sur la théorie et la construction des machines en général', part **4**, *Ann. sci. ind.*, **17** (1804), 113–141 (pp. 123–124)).

46. For example, in his *Méchanique*[8]$_1$, 165 LAGRANGE attributed EULER's application of NEWTON's laws in coordinate axis directions ([42], art. 20) to C. MACLAURIN, *A treatise of fluxions* (1742, Edinburgh). No other reader of MACLAURIN has matched LAGRANGE's "insight".

47. These extracts, of DELAMBRE's *éloges* both of LAGRANGE and of MALUS, appeared in *Mon. univ.*, (1814), 63, 67–68, 69–71, 73–75. The full version of the *éloge* of LAGRANGE was published in *Hist. cl. sci. math. Inst. France*, (1812: pb. 1814), xxvii–lxxx = LAGRANGE *Oeuvres*, **1**, ix–li, with no apparent account taken of the item cited in the next footnote.

48. L. B. M. D. G., 'Lettre à M. le Redacteur du *Moniteur universel* ...', *Mon. univ.*, (1814), 226–228. The letters suggest that the author was the chemist LOUIS-BERNARD GUYTON DE MORVEAU, although in his text and footnotes he must have been helped by a mathematician (in fact the Swiss S. F. T. MAURICE, who was a close friend of LAGRANGE). There are also notes by the editor of the *Moniteur*, and the text includes on p. 227 quotations from letters by EULER of the 1750s 'to a French scholar'. The whole piece appeared also in J. M. HOËNÉ-WRONSKI, *Philosophie de l'infini* (1814), 103–119; he could not identify the author. The quotations from LAGRANGE's conversations appear also in my[5], 679.

49. This statement is consistent with LAGRANGE's writings ...

50. ... but this is not!

51. The volume was published in 1815, under the care of GARNIER, DE PRONY, BINET and LACROIX; it was reprinted in 1855 in an edition edited by J. BERTRAND, and this version appeared also as LAGRANGE *Oeuvres*, **12**. The later versions also contained a report read to the *Académie des Sciences* in November 1817 by LACROIX on LAGRANGE's manuscripts, which the government had recently purchased and are now kept in the *Bibliothèque de l'Institut*, mss. 901–916.

52. On this amusing chronology, see *Procès-verbaux des séances de l'Académie* ..., **5** (1914, HENDAYE), 530, 556, 594, 595. CAUCHY's paper did not appear for many years ('Théorie de la propagation des ondes ...', *Mém. prés. Acad. Roy. Sci. div. sav.*, **1** (1827), 3–312 = *Oeuvres*, (1) **1**, 4–318).

53. S. D. POISSON, 'Mémoire sur la théorie des ondes', *Mém. Acad. Roy. Sci.*, **1** (1816: pb. 1818), 71–186. Two years before, as part of his battle with GERMAIN over a prize in elasticity, he had done exactly the same thing to produce his paper[20], this time to the strong objection of LEGENDRE (*Procès-verbaux* (*ibid.*), 250–251, 292, 385–387).

54. POISSON *ibid.*, 73–79. Compare the similar silence in his *Traité de mécanique*$_1$ (1811), **2**, 472–489. By contrast, CAUCHY[52] did start from the Lagrangian forms. On their papers, see BURKHARDT[27], 429–447.

Prof. Dr. rer. nat. habil. HANS-JÜRGEN TREDER

Ordentliches Mitglied der Akademie der Wissenschaften der DDR, Einstein-Laboratorium für theoretische Physik der AdW der DDR, Caputh bei Potsdam

Euler und die Gravitationstheorie

Gemeinsam mit A. C. CLAIRAUT (1713 bis 1765) war EULER einer der Begründer der Himmelsmechanik, deren große Meister dann J. L. LAGRANGE (1736 bis 1813) und P. S. LAPLACE (1749 bis 1827) wurden. Das bahnbrechende methodische Verdienst von EULER und CLAIRAUT war es, NEWTONS Prinzipien der Mechanik und das Newtonsche Gravitationsgesetz in der analytischen Form des Infinitesimalkalküls zu formulieren und zu behandeln. ISAAC NEWTON (1643 bis 1727) selbst hatte seine „Principia" grundsätzlich ohne Referenz auf seine Fluxionsrechnung, in rein geometrischer Weise, formuliert und daher auch die Himmelsmechanik — einschließlich des n-Körperproblems und der Störungsrechnung — in synthetischer Form dargestellt. Tatsächlich hatte NEWTON natürlich seine Ergebnisse über die Bewegungen der Himmelskörper zunächst in dem von ihm ja gerade entwickelten Kalkül der Infinitesimalrechnung hergeleitet. Aber NEWTON war der Ansicht, daß es nicht gut sei, den neuen physikalischen Inhalt und den neuen mathematischen Formalismus gleichzeitig zu repräsentieren. Deshalb mußten CLAIRAUT und EULER, später auch LAGRANGE und LAPLACE, z. T. die technisch schwerfällige Rechnung aus den „Principia" durch ihre Uminterpretation in die Sprache des Infinitesimalkalküls algorithmisch beherrschbar machen.

In seiner Tätigkeit als Direktor der Mathematischen Klasse der Preußischen Akademie der Wissenschaften, dem sachgemäß auch die Berliner Sternwarte unterstand, entwarf EULER 1742 eine Konzeption für die astronomischen Forschungen in Form eines Briefes an den Perpetuierlichen Sekretar der Akademie PH. DE JARIGE. An der entscheidenden Stelle dieses Briefes heißt es:

„3. Die wahre Theorie der Astronomie bestehet aber hauptsächlich in einer gründlichen Erkenntnüß der sogenannten Newtonianischen Philosophie, als welche nicht nur alle schon erkannten Motus Coelestes sehr herrlich erkläret, sondern auch Anlaß gibt in der Astronomie je länger je mehr Entdeckungen zu machen, und die wahren Bewegungen aller Himmlischen Cörper genauer zu erkennen. Durch diese Wissenschaft wird ein Astronomus in Stand gesetzt, nicht nur alle seine Observationen auf einen gewissen Endzweck zu dirigiren, sondern daraus auch allen möglichen Nutzen zu ziehen.

Da hingegen ein bloßer Observator öffters nur seine Zeit mit solchen Observationen zubringt, welche entweder überflüssig oder doch so beschaffen sind, daß daraus kein Nutzen gezogen werden kann."

EULER sah es also als die Hauptaufgabe der Astronomie an, die Newtonsche Mechanik und Gravitationstheorie in ihren Konsequenzen für die Astronomie auszuschöpfen; aber er hatte dabei noch eine zweite Idee. EULER lehnte sowohl die cartesianische Naturphilosophie als auch die Leibniz-Wolffsche Monadologie grundsätzlich ab. Aber er war auf Grund seines philosophischen Weltbildes auch kein devoter Newtonianer, sondern EULER stellte zwar nicht die Axiome der Newtonschen Mechanik, wohl aber die Prinzipien der Newtonschen Gravitationstheorie selbst in Zweifel.

Genauso bezweifelte EULER ja auch die physikalischen Prinzipien von NEWTONS Optik.

Sachlich hatte EULER gegen NEWTON bei seinen Einwänden zwar tatsächlich Unrecht gehabt, aber die Fragestellungen von EULER führten über die Newtonschen Positionen hinaus. Daher rezipierte EULER nach dem Vorbild seines Lehrers JOHANN I. BERNOULLI (1667 bis 1748) das Newtonsche Gravitationsgesetz in einer pseudocartesianischer Interpretation, und EULER bestritt den Wahrheitsgehalt von NEWTONS physikalischer Optik ebenfalls unter Bezugnahme auf Wellentheorien des Lichtes von R. DESCARTES (1596 bis 1650) und C. HUYGEN (1627 bis 1697).

Alle Argumente, die EULER in seinem berühmten populärwissenschaftlichen Buch „Briefe an eine deutsche Prinzessin" gegen NEWTONS Optik vorträgt, sind sachlich unhaltbar. EULERS Behauptung, daß die Sonne gemäß der Newtonschen Emanationstheorie des Lichtes sehr schnell ihre Masse M verlieren müßte, so daß dies himmelsmechanisch nachweisbar sein würde, ist schon deswegen unrichtig, weil EULER vergaß, daß bei Partikel-Geschwindigkeiten $v = c$ bereits auf Grund der Prinzipien der klassischen Mechanik zwischen Energie E und Masse M die Beziehung

$$E = \frac{1}{2} Mv^2 \tag{1}$$

besteht.

Der Masseverlust ΔM der Sonne nach der Newtonschen Emanationstheorie ist daher durch die momentane Strahlung $\frac{\mathrm{d}}{\mathrm{d}t} E$

$$\frac{\mathrm{d}}{\mathrm{d}t} M = \frac{2}{v^2} \frac{\mathrm{d}E}{\mathrm{d}t} \tag{2}$$

gegeben, so daß im Zeitraum Δt mit

$$M = \frac{2\mathrm{d}E}{v^2\,\mathrm{d}t} \Delta t, \qquad v^2 = c^2, \tag{2a}$$

Die Sonnenmasse M entsprechend der Newtonschen Theorie verschwinden würde. (Dies ist — bis auf den Faktor 2 — derselbe Wert $\Delta t \approx 10^{12}$ Jahre, wie ihn die heutige Physik auf Grund der Speziellen Relativitätstheorie als äußerste Grenze der Lebensdauer der Sonne angeben würde. Tatsächlich ist das Sonnenalter wesentlich kürzer, $\approx 10^{10}$ Jahre, weil nur ein gutes Prozent der Masse der Sonne in Strahlungsenergie umgesetzt werden kann.)

Trotzdem sind EULERS Bemerkungen über die Problematik einer reinen Partikel-Theorie des Lichtes gegenüber HUYGENS Undulationstheorie physikalisch wegweisend gewesen. EULER zeigte, daß — auf Grund des Huydensschen Prinzips — auch eine Wellentheorie des Lichtes die Existenz von „Lichtstrahlen" erklären kann, und dazu die seit P. GRIMALDI und NEWTON experimentell bekannten Beugungs- und Interferenz-Phänomene des Lichtes sachgemäßer als NEWTONS Emissionstheorie beschreibt.

Während EULER also NEWTONS Emanationstheorie des Lichtes deswegen ablehnte, weil sie dessen Welleneigenschaften nicht berücksichtigen, und ihm die Konzeption einer mechanischen Lichttheorie vorschwebte, welche das Licht als wellenförmige Schwingungen eines kosmischen Mediums darstellte, bezweifelte EULER die absolute Gültigkeit des Newtonschen Gravitationsgesetzes gerade vom Standpunkt der Partikel-Physik aus, wobei er sich so — wie ich es sehe — wiederum auf Ideen von HUYGENS bezog, die dieser im Anhang zu seiner Arbeit über die Wellentheorie des Lichtes angedeutet hatte.

Im jahrzehntelangen Ringen mit sich selbst war NEWTON zu der Auffassung gelangt, daß die Schwere eine inhärente Eigenschaft der Materie ist. Aus NEWTONS Briefwechsel, aber auch aus den „Questiones" im Anhang zu seiner „Optik" entwickelte NEWTON die Idee eines dynamischen Atomismus, nach dem die Partikel singuläre Punkte im dreidimensionalen Raum sind. Die Wechselwirkung zwischen diesen Partikeln wird nicht durch ihre „Raum-Erfüllung", sondern durch die „Raum-Einnahme" definiert, d. h. durch ihre verschiedenen „Wirkungssphären". Im Idealfall eines rein-gravitatischen Teilchens der Masse m und Radius r_0 werden diese Wirkungssphären durch das Kraftgesetz

$$\frac{-fm}{r^3}\,\mathfrak{r} + \alpha m\delta(\mathfrak{r} - \mathfrak{r}_0) \tag{3}$$

bestimmt, wobei der erste Term der Newtonschen Attraktion und der zweite Term der Härte der Korpuskeln entspricht. NEWTON gelangt schließlich zu der Ansicht, daß sein Gravitationsgesetz

$$K_{\mathrm{I\,II}} = \frac{-fm_{\mathrm{I}}m_{\mathrm{II}}}{r_{\mathrm{I\,II}}^3}\,\mathfrak{r}_{\mathrm{I\,II}} \tag{4}$$

mit der Struktur des Raumes und der dynamischen Konstitution der Materie notwendig verbunden ist. Der Kraftfluß $\sim\frac{fm}{r^2}$ der Newtonschen Gravitation ist im leeren Raum divergenzfrei,

$$\operatorname{div}\left(\frac{fm\mathfrak{r}}{r^3}\right) = \operatorname{div}\left(\operatorname{grad}\frac{fm}{r}\right), \tag{5}$$

woraus in der Sprache der analytischen Potentialtheorie LAPLACE schließlich seine Gleichung

$$\Delta\left(\frac{1}{r}\right) = 0 \tag{5a}$$

ableitete. — NEWTON bemerkte auch, daß diese Divergenzfreiheit des „Kraftflusses" die „integrale Konstanz der Wirkung" der Partikeln ausdrückte (Inhalt des Gaußschen Integralsatzes!) und damit gleichzeitig ermöglichte, jede kugelsymmetrische Massenverteilung (sei es die Sonne, sei es ein Planet) durch ihre am Masse-Mittelpunkt konzentrierte Masse zu ersetzen,

$$\varrho = m\delta(\mathfrak{r}),$$

die Himmelsmechanik wird so zu einer Punktmechanik. Darüber hinaus zeigte NEWTON, daß (von der in diesem Fall nicht diskutablen elastischen Kraft abgesehen $\sim \mathfrak{r}$) nur seine Gravitationskraft $\sim\frac{1}{r^3}\,\mathfrak{r}$ im Ein- bzw. Zwei-Körper-Problem zu geschlossenen Bewegungsbahnen, nämlich auf die Kepler-Ellipsen führt.

(NEWTON berechnete als erster diejenigen Perihelbewegungen der Planeten im Ein-Körperproblem, die sich aus Abweichungen von den Newtonschen Bewegungsgleichungen oder vom Newtonschen Gravitationsgesetz ergeben.)

Sowohl mit den Cartesianern als auch mit den Atomisten, wie P. GASSENDI (1592 bis 1655), war EULER dagegen der Ansicht, daß — von bei EULER diskutierten, aber für die Physik irrelevanten „Geistern", abgesehen — Änderungen des Bewegungszustandes der Massen, d. h. nach G. GALILEI und NEWTON die Beschleunigungen der Massen-Bewegung nach Richtung und Betrag, nur durch „unmittelbaren Kontakt" zwischen zwei (oder mehreren) Körpern möglich sind. EULER identifizierte daher gegen NEWTON die „Raum-Erfüllung" mit der „Raum-Einnahme" und war mit DESCARTES, GASSENDI und HUYGENS der Ansicht, daß nur der räumliche Kontakt Beschleunigungen der trägen Massen bewirken kann. Das Postulat ist, daß sich wegen des „Satzes vom ausgeschlossenen Dritten" zwei Körper nicht gleichzeitig am selben Ort befinden können und sich deswegen verdrängen müssen. Daher waren für EULER als einzige physikalische Kräfte der Druck und der Stoß verständlich. EULER hatte aber aus den Arbeiten von DANIEL BERNOULLI (1700 bis 1782) ersehen, daß der „Druck" noch als Flächen-Summe vieler atomarer Stöße zu verstehen ist. Deswegen hielt EULER den Stoß für die einzige Kraftwirkung, die nicht ein „scholastisches qualitas occulta" war. Diesen Stoß erklärte EULER, wie DESCARTES und HUYGENS, als Konsequenzen des logischen „Axioms vom ausgeschlossenen Dritten". Erst R. J. BOSCOVITSCH (1711 bis 1787) und I. KANT (1724 bis 1804) bemerkten als Anhänger des Newtonschen Dynamismus (wie später P. S. LAPLACE), daß ein „logisches Axiom" für sich allein „nicht einmal die leichteste Feder" beschleunigen kann.

Jedenfalls entwickelte EULER gleichzeitig und im ständigen Austausch mit dem großen experimentellen Naturforscher M. W. LOMONOSSOW (1711 bis 1765) in Petersburg die Vorstellung, daß die Newtonsche Gravitationskraft in Wahrheit auf dem Stoß „intermundarer" Partikeln beruht. Hierbei nahmen EULER und LOMONOSSOW an, daß das „kosmische Vakuum", NEWTONS absoluter Raum, von einem homogenen und isotropen Gas aus solchen intermundaren Partikeln erfüllt ist. Dann ergibt D. BERNOULLIS Herleitung der Druckkräfte eine Abschattung der Stöße durch die „ponderablen Massen", so daß, wenn zwei (oder mehrere) Massen sich im Kosmos gegenüberstehen, hieraus eine Anisotropie der Stoßverteilung und damit des Druckes resultiert, und zwar derart, daß der Druck zwischen zwei Massen kleiner ist als der Außendruck.

Aus elementargeometrischen Gesetzen für den dreidimensionalen euklidischen Raum folgt dann, daß zwei Massen aufeinander beschleunigt zubewegt werden, und zwar mit einer Beschleunigung, die dem Newtonschen r^2-Gesetz entspricht. Wesentlich ist hierbei allerdings, daß die Stöße der intermundaren Teilchen mit den Partikeln der ponderablen Massen nicht elastisch sein dürfen. Hierauf wies EULERS indirekter Schüler, der Genfer Mathematiker G. L. LE SAGE, in seinem Buch „Lucretée Newtonien" (1782) eingehend hin. Bei rein elastischen Stößen werden genau so viel intermundarer Partikeln zwischen die Körper hereinreflektiert, wie durch diese Körper abgeschirmt werden.

Es gibt aber von LOMONOSSOW experimentell und von EULER in der Himmelsmechanik gesuchte — jedoch nicht gefundene — Abweichungen von der Newtonschen Gravitationstheorie: Entsprechend der Konzeption, daß die Gravitation auf (unelastischen) Stößen beruht, ist die Schwere der Körper nicht ihren trägen Massen bzw. bei homogener Massenverteilung nicht dem Volumen, sondern „effektiven" Wirkungsquerschnitten proportional. Exakt könnte daher weder das Newtonsche Gravitationsgesetz noch das Galilei-Fallgesetz gelten, welche ja die Proportionalität von Trägheit und Schwere aussagen. LOMONOSSOW schlug dementsprechend mit EULERS Zustimmung vor, eine weitgehende „Löchrigkeit der Materie" gegenüber den intermundaren Partikeln zu postulieren, so daß bis zu derjenigen Meßgrenze, in der die Äquivalenz zwischen Trägheit und Schwere nachweisbar ist, die Proportionalität der Schwerkraft mit den Wirkungsquerschnitten nicht von einer Proportionalität mit den trägen Massen unterscheidbar ist.

Bei feineren Messungen müßten sich dann aber experimentell — oder himmelsmechanisch beim Drei- oder Mehrkörperproblem — Abweichungen vom Galileischen Fallgesetz und vom Newtonschen Gravitationsgesetz ergeben. In der Tat tritt auf Grund der Prinzipien von EULER und LOMONOSSOW anstelle des Newtonschen Gesetzes $\sim\frac{1}{r^2}$ ein Gravitationsgesetz, das P. S. LAPLACE in seiner „Mécanique Céleste" im Sinne der Eulerschen Prinzipien angegeben hat

$$K^*_{\mathrm{I\,II}} = \frac{-f m_{\mathrm{I}} m_{\mathrm{II}}}{r^3_{\mathrm{I\,II}}}\, \mathfrak{r}_{\mathrm{I\,II}} \exp\left(-\lambda \int \varrho \, dr\right), \quad m = \frac{4\pi\varrho r^3}{3}, \quad \varrho = \text{Massendichte.} \tag{6}$$

In dieser Formel waren die Newtonschen Gravitationskonstanten f durch die Wirkungsquerschnitte $\sim\lambda$ der atomaren Teilchen, die mittlere Dichte μ des intermundaren Gases und die mittlere Geschwindigkeit V der intermundaren Partikeln, gegeben: $f = \frac{\lambda^2 \mu V^2}{4h}$. Dies entspricht der Auffassung, die sowohl EULER als auch LOMONOSSOW aus D. BERNOULLIS Arbeiten übernommen hatten. Die prinzipielle crux in den atomistischen Gravitationstheorien, wie sie EULER vortrug, ist naturgemäß der Energiesatz. Bereits EULER wußte mit Sicherheit, was G. L. LE SAGE dann explizit konstatierte. Eine Beschleunigung der ponderablen Massen tritt nur bei unelastischen Stößen auf. Die Näherungsformel von LAPLACE für die Huygens-Euler-Le Sage atomistische Gravitationstheorie gilt nur dann, wenn diese Stöße vollständig unelastisch sind. Teilweise unelastische Stöße würden beide Koeffizienten, die Gravitationskonstante f und die Absorptionskonstante λ verändern.

Obwohl EULER als Schüler von JOHANN I. BERNOULLI und DANIEL BERNOULLI in dem Sinne Leibnizianer war, daß er für das „Maß der lebendigen Kraft" die kinetische Energie

$$\frac{1}{2} m v^2$$

einsetzte und deswegen jedes „perpetuum mobile" für nicht mehr akademisch diskussionsfähig hielt, war sich selbst EULER einer grundsätzlichen Problematik des Energiesatzes nicht bewußt. Er überlegte noch nicht, was aus der beim unelastischen Stoß verbrauchten kinetischen Energie wird. Unter Zugrundelegung des Stoßgesetzes der klassischen Mechanik und des Satzes von der Erhaltung der lebendigen Kraft nach LEIBNIZ ist eine atomistische Gravitationstheorie im Sinne von EULER und LE SAGE nämlich nur dann möglich, wenn bei den Stößen lebendige Kraft verlorengeht.

Unabhängig von der physikalischen Problematik der Reduzierung der intermundaren

Reduzierung der Newtonschen Gravitation auf die kosmische Anisotropie unelastischer Stöße von intermundaren Partikeln an makroskopischen Massen erheben sich die von Euler klar gesehenen Fragen von Korrekturen der Newtonschen Himmelsmechanik für schnellbewegte Partikeln einerseits und vor allem in Drei- und Mehrkörperproblemen andererseits.

Euler war der Ansicht und hatte die Hoffnung, daß im Rahmen der wachsenden Meßgenauigkeiten in der Himmelsmechanik des Sonnensystems, also bereits im Zuständigkeitsbereich einer Newtonschen Störungsrechnung, sich Abweichungen von dem durch Newtonsche Prinzipien involvierten Gravitationsgesetz $\sim \frac{1}{r^2}$ im Sinne einer approximativen Gültigkeit des Laplaceschen Kraftgesetzes (6) ergeben sollen. In den 40er Jahren des 18. Jahrhunderts glaubte Euler auf Grund seiner analytischen Darstellung der Newtonschen Himmelsmechanik zeigen zu können, daß im Satellitensystem des Jupiter das Newtonsche Gravitationsgesetz nur angenähert gilt [d. h. bei Vernachlässigkeit des Absorptionsfaktors $\sim \exp(-\lambda \varrho r)$].

A. C. Clairaut war neben Euler der erste, der die Newtonsche synthetische Darstellung des Systems Sonne-Erde-Mond als restringiertes Körperproblem analytisch behandelte, wobei Clairaut in der Nachfolge von Huygens und Newton die Problematik und die Abweichungen der Figur von Erde und Mond von einem Newtonschen Rotationskörper sah.

Clairaut hatte die Huygens-Newtonsche Theorie der rotierenden flüssigen Körper so verallgemeinert, daß er jede beliebige derartige Massendichteverteilung behandeln konnte. Aber bei seiner Anwendung der aus der Newtonschen Mechanik und Gravitationstheorie folgenden Theorie der Erdgestalt auf das Problem Sonne-Erde-Mond vergaß Clairaut zunächst seine eigenen Korrekturen zu der Newtonschen Rechnung, soweit sie die Symmetrieeigenschaften der Erde betreffen.

Die Mondtheorie ist nun sowohl die schwierigste als auch die empirisch am besten nachprüfbare Konsequenz der Bewegungsgleichung eines Körpers in einem allgemeinen Gravitationsfeld. Clairaut stellte zunächst einmal fest, daß im Rahmen der in Newtons „Principia" dargelegten Resultate das Newtonsche Gravitationsgesetz nicht in der Lage ist, die Mondtheorie völlig korrekt zu erklären; vielmehr schien es hierzu kleiner, aber prinzipieller Korrekturen zu bedürfen. Euler glaubte, daß diese Clairautschen Korrekturen auf „Nach-Newtonsche" Gravitationseffekte hinwiesen. Aber einige Zeit später setzte Clairaut anstelle von Newtonscher Näherung für den Erdkörper seine eigenen, auf den Newtonschen Prinzipien beruhenden Theorien der Erdgestalt ein und fand dann, daß im Rahmen dieser exakteren Darstellung die Theorie der Mondbewegung im Rahmen der damaligen Meßgenauigkeit das Newtonsche Gravitationsgesetz voll bestätigt. Euler wollte dies zunächst nicht wahrhaben; er überzeugte sich aber später von der Richtigkeit der Clairautschen Mondtheorie.

Die von Euler proponierte korpuskulare Gravitationstheorie blieb dennoch bis ins 19. Jahrhundert als mögliche Alternative zum Newtonschen Dynamismus in Diskussion. Aber die wachsende Genauigkeit, mit der die Äquivalenz zwischen Trägheit und schweren Massen und damit die Volumenproportionalität der Schwerkraft bestätigt wurden, und die wachsende Genauigkeit der Theorie der Mondbewegung führten dazu, daß — wie bereits Laplace zeigte — der Absorptionskoeffizient λ sehr klein sein muß:

$$\lambda \leqq 10^{-15}\ \mathrm{cm}^2\ \mathrm{g}^{-1}, \tag{7}$$

so daß wegen

$$f = \frac{\lambda^2 \mu V^2}{4\pi} \tag{8}$$

die mittlere Energiedichte $\sim \mu V^2$ der „intermundaren Partikeln" außerordentlich groß sein müßte.

Vor allem war aber der Satz von der Erhaltung der Energie die crux dieser Hypothese. Denn die Stöße der intermundaren Partikeln mit den Teilchen der ponderablen Körper müssen — wie gesagt — unelastisch sein, so daß bei diesen Stößen ständig kinetische Energie verlorengeht. EULER selbst berief sich auf die Gültigkeit des mechanischen Energiesatzes bei seiner prinzipiellen Ablehnung der weiteren Behandlung von „perpetua mobilia". Die Frage des Energiesatzes bei nicht rein mechanischen Vorgängen, wie dem unelastischen Stoß, stellte sich damals jedoch noch nicht; die spätere Physik (VON HELMHOLTZ und MAYER) verlangt aber die Gültigkeit des Energiesatzes auch bei unelastischen Stößen, bei denen die kinetische Energie in Wärmeenergie umgesetzt wird. Damit sieht man dann leicht ein, daß die mechanische Gravitationstheorie gemäß EULER quantitativ völlig unmöglich ist.

Jedoch wird auch heute im Zuge der Weiterentwicklungen der Einsteinschen Allgemeinen Relativitätstheorie nach (naturgemäß sehr kleinen) himmelsmechanischen und gravimetrischen Effekten gesucht, die eine Verwandtschaft mit der von L. EULER und M. LOMONOSSOW angenommenen Absorption oder Suppression des Newtonschen Schwereflusses haben. Diese ergeben dann kleine „nach-Newtonsche" und „nach-Einsteinsche" Korrekturen zur Einsteinschen Gravitationstheorie, die einer nicht-linearen (und nicht-minimalen) Koppelung zwischen Gravitation und Materie entsprechen. In der Tat führt ja schon EULERS Vorstellung vom Wesen der Gravitation entsprechend dem Laplace-Kraftgesetz auf eine nicht-lineare Abhängigkeit der Schwerkraft von den gravitierenden Massen m.

Überhaupt war EULER der erste, der das Problem einer genuinen Nicht-Linearität der physikalischen Gesetzmäßigkeiten erkannte. Seine Kritik an NEWTONS Korpuskulartheorie des Lichtes enthielt u. a. den Hinweis, daß es nach NEWTONS Theorie nicht-lineare Streuung von Licht an Licht geben sollte, nämlich den elastischen Zusammenstoß von Lichtkorpuskeln miteinander. (Was heute die Quantenelektrodynamik beschreibt.) Wesentlich war aber für EULER seine Korrektur der Newtonschen Akustik. EULER bemerkte, daß die von NEWTON angegebenen linearen Wellengleichungen für die Schallbewegung

$$u^{-2} \frac{\partial^2}{\partial t^2} \Phi = \Delta \Phi$$

nur für kleine Amplituden gelten können; bei größeren Amplituden ergeben sich hingegen nicht-lineare Gleichungen. Diese folgen aus dem ersten nicht-linearen Gleichungssystem der Physik, das von EULER bei der Übertragung der linearen Newtonschen Punktmechanik auf ein Kontinuum erhalten wird. In den Eulerschen Bewegungsgleichungen für ideale Flüssigkeiten schreibt sich der Trägheitsterm $\varrho \frac{d\mathfrak{v}}{dt}$ gemäß dem von EULER konstantierten Unterschied von totaler und expliziter Zeitabhängigkeit (allgemein also von totaler und partieller Ableitung):

$$\varrho \frac{d\mathfrak{v}}{dt} = \varrho \left(\frac{\partial \mathfrak{v}}{\partial t} + \mathfrak{v} \cdot \operatorname{grad} \mathfrak{v} \right). \tag{9}$$

Geht man also im Rahmen der Newtonschen Prinzipien von Punkten zu Kontinua über, so ergibt sich ein nicht-lineares Bewegungsgesetz. Deshalb ist auch die von EULER gewünschte und später von A. J. FRESNEL entwickelte Theorie des Lichtes als Wellenbewegung im elastischen Medium nichtlinear im Gegensatz zu der linearen elektromagnetischen Lichttheorie von J. C. MAXWELL.

Prof. Dr. rer. nat. habil. HELMUT KOCH

Korrespondierendes Mitglied der Akademie der Wissenschaften der DDR, Institut für Mathematik der AdW der DDR, Berlin

Die Rolle der Zetafunktionen in der Zahlentheorie von Euler bis zur Gegenwart

Die Zahlentheorie nahm im Schaffen von LEONHARD EULER einen besonderen Platz ein. Er schrieb über 120 Arbeiten zu zahlentheoretischen Themen. Zu seinen wichtigsten Leistungen gehören der Beweis einer Reihe von Behauptungen von FERMAT über Diophantische Gleichungen sowie die Grundlegung der Theorie der Potenzreihen einschließlich der Formulierung des quadratischen Reziprozitätsgesetzes.

Aus aktuellem Anlaß möchte ich zunächst über FERMATS berühmteste Behauptung sprechen, die bis heute unbewiesene Fermatsche Vermutung, die besagt, daß die Diophantische Gleichung

$$x^n + y^n = z^n$$

für $n > 2$ keine Lösung mit natürlichen Zahlen x, y, z hat (0 rechnet hier nicht zu den natürlichen Zahlen). EULER bewies die Fermatsche Vermutung für $n = 3$, $n = 4$.

Wir sind heute mit GAUSS geneigt, die Fermatsche Vermutung eher für ein Kuriosum als für einen wichtigen mathematischen Lehrsatz zu halten. Vielmehr suchen wir nach allgemeinen Beziehungen zwischen mathematischen Objekten. Eine allgemeine Beziehung zwischen rationalen Zahlen, welche eine Abschwächung der Fermatschen Vermutung als Spezialfall enthält, wurde von MORDELL 1922 aufgestellt. Diese Mordellsche Vermutung lautet folgendermaßen:

Sei $\varphi(X, Y)$ ein Polynom mit rationalen Koeffizienten, das den folgenden Forderungen genügt.

1. $\varphi(X, Y)$ ist irreduzibel über dem Körper der komplexen Zahlen.
2. Das Geschlecht g der $\varphi(X, Y)$ zugeordneten Riemannschen Fläche ist größer als 1.

Dann hat $\varphi(X, Y)$ nur endlich viele rationale Nullstellen.

Die Fermatsche Vermutung kann offensichtlich auch folgendermaßen ausgesprochen werden: Das Polynom $X^n + Y^n - 1$ hat für $n > 2$ nur die trivialen Nullstellen $0, \pm 1$ und $\pm 1, 0$.

Da das Geschlecht der $X^n + Y^n - 1$ zugeordneten Riemannschen Fläche gleich $(n - 1)(n - 2)/2$ ist, erfüllt das Fermatsche Polynom $X^n + Y^n - 1$ die Voraussetzungen der Mordellschen Vermutung für $n > 3$.

Die Mordellsche Vermutung, die zweifellos zu den bedeutendsten Vermutungen unseres Jahrhunderts in der reinen Mathematik gehört, wurde nun vor kurzem von dem Mathematiker GERT FALTINGS aus Wuppertal bewiesen. Der Beweis vollzieht sich im Rahmen tiefliegender Ergebnisse der algebraischen Geometrie und Zahlentheorie und des Beweises einer Reihe von weiteren Vermutungen aus dem Grenzgebiet dieser beiden mathematischen Disziplinen. Wichtige Vorarbeiten wurden durch die sowjetischen Mathematiker PARSCHIN, ARAKELOW und ZARCHIN geleistet. Gehen wir auf die Quellen, aus denen sich der Faltingsche Beweis speist, zurück bis ins 18. Jahrhundert, so finden wir darunter zwei Leistungen von EULER: Den Additionssatz für elliptische Integrale und den Polyedersatz.

In meinem weiteren Vortrag möchte ich mich auf ein einziges Ergebnis von EULER beschränken, nämlich auf seinen neuen Beweis für den Euklidschen Satz, daß es unendlich viele Primzahlen gibt, und möchte erzählen, in welcher Weise sich die von EULER hierbei eingeführten Ideen bis auf den heutigen Tag weiterentwickelt haben und gerade in den letzten 20 Jahren zu einer neuen Blüte gekommen sind. Dieses Thema ist allerdings so umfassend, daß ich mich hier mit einigen Andeutungen begnügen muß. Herr MÜLLER hat in seinem Vortrag bereits über die Entwicklung der Eulerschen Ideen in Analysis und Differentialgeometrie gesprochen. Ich beschränke mich auf die Zahlentheorie.

Der Gedankengang EULERS kann folgendermaßen ausgesprochen werden: Sei h eine natürliche Zahl. Dann gilt die Ungleichung

$$\prod_{p \leqq h} \frac{1}{1 - \frac{1}{p}} = \prod_{p \leqq h} \left(1 + \frac{1}{p} + \frac{1}{p^2} + \dots\right) \geqq \sum_{n=1}^{h} \frac{1}{n}, \tag{1}$$

wobei $\prod\limits_{p \leqq h}$ das Produkt über alle Primzahlen $p \leqq h$ bezeichnet. Da die rechts stehende Reihe für $h \to \infty$ divergiert, gilt das gleiche für die links stehende. Es gibt also unendlich viele Prinzahlen.

Logarithmiert man die Ungleichung (1), so findet man nach kurzer Zwischenrechnung, daß die Summe über die Reziproken aller Primzahlen divergiert. Da die Summe über die Reziproken der Quadrate der natürlichen Zahlen gleich $\pi^2/6$ ist, kann man sagen, daß es viel mehr Primzahlen als Quadratzahlen gibt. EULERS Gedankengang, der die erste Anwendung von Analysis auf eine zahlentheoretische Fragestellung darstellt, liefert also viel mehr als nur den Euklidschen Satz.

Allgemein beruht die Anwendung analytischer Hilfsmittel auf die Primzahlverteilung auf der Umwandlung einer Summe über die natürlichen Zahlen in ein Produkt über alle Primzahlen. EULER betrachtete die Funktion

$$\zeta(s) := \sum_{n=1} \frac{1}{n^s} = \prod_{p} \frac{1}{1 - \frac{1}{p^s}}$$

für reelle $s > 1$. Diese Funktion wurde von RIEMANN in überaus tiefliegender Weise für komplexe s studiert und heißt daher Riemannsche Zetafunktion. RIEMANN erkannte, daß $\zeta(s)$ eine in der ganzen komplexen Ebene erklärte meromorphe Funktion mit einem einzigen Pol an der Stelle $s = 1$ ist und der folgenden Funktionalgleichung genügt:

$$\zeta(1 - s) = (2\pi)^{-s}\, 2 \cos \frac{\pi}{2^s}\, \Gamma(s)\, \zeta(s). \tag{2}$$

Dabei bezeichnet $\Gamma(s)$ die Gammafunktion, die von EULER zur Interpolation der Fakultäten definiert wurde.

EULER kannte bereits eine Identität, die mit der Riemannschen Funktionalgleichung eng verwandt ist. Sie lautet:

$$\frac{\sum\limits_{n=1}^{\infty}(-1)^n n^{s-1}}{\sum\limits_{n=1}^{\infty}(-1)^n n^{-s}} = \frac{-\Gamma(s)\,(2^s-1)}{(2^{s-1}-1)\,\pi^s}\cos\frac{\pi}{2^s} \quad \text{für} \quad s \in \mathbb{R}. \tag{3}$$

Nach unserem Mathematikverständnis ist diese Identität sinnlos, da der links stehende Ausdruck im Zähler oder Nenner divergiert. Euler gibt eine Erklärung, die der folgenden korrekten Definition

$$\sum_{n=1}^{\infty}(-1)^n n^{-s} := \lim_{x\to 1}\sum_{n=1}^{\infty}(-1)^n n^{-s}x^n$$

nahekommt. Euler konnte seine Funktionalgleichung nur für halbzahlige Werte von s beweisen. Für beliebige komplexe s wurde sie erst 1906 von Landau bewiesen. Man kann die mathematische Intuition, die Euler die richtige Form der Funktionalgleichung (3) für alle $s \in \mathbb{R}$ erraten ließ, nicht genügend bewundern.

Ich komme jetzt auf die Weiterentwicklung der Gedanken Eulers zu sprechen.

Dirichlet war der erste, der den Eulerschen Faden aufnahm. Er bewies, daß es in jeder arithmetischen Progression $nk + 1$, $n = 1, 2, \ldots$, mit $(k, l) = 1$, unendlich viele Primzahlen gibt, wobei er sich auf Eulers Beweis für die Unendlichkeit der Menge der Primzahlen stützte, aber wesentlich neue Gedanken beisteuerte. Statt der ζ-Funktion betrachtete er allgemeiner das, was man heute Dirichletsche L-Reihen nennt:

$$L(s, \chi) := \sum_{n=1}^{\infty}\frac{\chi(n)}{n^s} = \prod_p \frac{1}{1-\frac{\chi(p)}{p^s}},$$

wobei $\chi(n)$ eine multiplikative Funktion ist, deren Werte nur von der Restklasse von n bezüglich eines Moduls m abhängt. Man nennt χ einen Charakter modulo m.

Riemann erkannte den Zusammenhang zwischen der Primzahlverteilung und der Verteilung der Nullstellen von $\zeta(s)$ und stellte die Vermutung auf, daß eine solche Nullstelle, wenn sie in der rechten Halbebene liegt, den Realteil $\frac{1}{2}$ hat.

Aus dieser Vermutung folgt, daß die Funktion

$$Li\,x := \int_2^x \frac{dt}{\log t}$$

eine ausgezeichnete Näherungsfunktion für die Primzahlfunktion $\pi(x)$ darstellt ($\pi(x)$ ist gleich der Anzahl der Primzahlen, die kleiner oder gleich x sind): Für jedes $\varepsilon > 0$ gibt es ein $n(\varepsilon)$, so daß die Abschätzung

$$|\pi(x) - Li\,x| < n(\varepsilon)\,x^{1/2+\varepsilon}$$

für alle $x \geqq 2$ gilt.

Durch Weiterentwicklung der Riemannschen Methoden hauptsächlich durch Hadamard konnte de la Vallée Poussin 1896 die schwächere Abschätzung

$$|\pi(x) - Li\,x| < n_1 x \exp\left(-n_2\sqrt{\log x}\right)$$

beweisen, ohne die Riemannsche Vermutung vorauszusetzen, die bis heute unbewiesen ist.

Die weitere Entwicklung ist gekennzeichnet durch immer weiter gehende Verallgemeinerungen des Begriffs der Zetafunktion mit immer neuen überraschenden Anwendungen in der algebraischen Zahlentheorie.

Kummer ordnete jedem Kreisteilungskörper und Dedekind jedem algebraischen Zahlkörper K eine Zetafunktion $\zeta_K(s)$ zu: Wenn I die Menge der Ideale und P die Menge der Primideale von K bezeichnet, wird

$$\zeta_K(s) := \sum_{\mathfrak{a}\in I} \frac{1}{N(\mathfrak{a})^s} = \prod_{\mathfrak{p}\in P} \frac{1}{1-\frac{1}{N(\mathfrak{p})^s}} \quad \text{für} \quad s > 1.$$

Für einen quadratischen Zahlkörper K mit der Diskriminante D wird

$$\zeta_K(s) = \zeta(s)\, L(s,\chi) \prod_{p|D} \left(1 - \frac{1}{p^s}\right), \tag{4}$$

wobei χ der K zugeordnete Charakter modulo D ist. Die Gleichung ist in gewisser Weise äquivalent zum quadratischen Reziprozitätsgesetz. Sie war im wesentlichen schon Dirichlet bekannt, der daraus seine berühmte Klassenzahlformel und das Nichtverschwinden von $L(1,\chi)$ ableitete, das eine entscheidende Rolle bei seinem Beweis des Satzes über Primzahlen in arithmetischen Progressionen spielt.

Bei der weiteren Entwicklung in den zwanziger Jahren dieses Jahrhunderts war das Wirken von Hecke und Artin von besonderer Bedeutung. Beide arbeiteten in Hamburg, ohne den Zusammenhang ihrer Forschungen zu erkennen, der erst 1968 von Langlands klargestellt wurde.

Hecke bewies die zu (2) analoge Funktionalgleichung für einen ziemlich allgemeinen Typ von L-Reihen einschließlich der Dedekindschen Zetafunktionen $\zeta_K(s)$ und erkannte die Rolle, die die L-Reihen in der Theorie der Modulformen spielen. Artin stellte die Rolle der L-Reihen in der Theorie der algebraischen Zahl- und Funktionenkörper klar und fand erste Hinweise zur Verallgemeinerung der Klassenkörpertheorie in Zusammenhang mit L-Reihen.

In den dreißiger Jahren ordnete man auch einfachen zentralen Algebren über Zahlkörpern Zetafunktionen zu und konnte mit ihrer Hilfe eine neue Begründung der Klassenkörpertheorie geben. Man findet diesen Aufbau der Klassenkörpertheorie im Buch „Basic number theory" von A. Weil.

Weil stellte 1949 für die Zetafunktionen von Funktionenkörpern über endlichen Körpern ein Analogon zur Riemannschen Vermutung auf, das in voller Allgemeinheit 1974 von Deligne bewiesen wurde. Man kann dieses Ergebnis dechiffrieren als einen Satz über Polynomkongruenzen, der in einem Spezialfall schon von Gauss betrachtet wurde.

Ich komme jetzt auf die Entwicklung in den letzten zwanzig Jahren zu sprechen und beschränke mich dabei auf zwei Hauptrichtungen.

Die erste schließt an die Ergebnisse von Hecke und Artin an. Sie wird nach ihrem Begründer als Langlands-Theorie bezeichnet. Der Grundgedanke besteht in folgendem. Man interessiert sich einerseits für die Eigenschaften der normalen Erweiterungen K des Körpers der rationalen Zahlen. Diese werden zum Teil beschrieben im Rahmen der Darstellungen der Galoisschen Gruppe $G(K/Q)$ durch Matrizengruppen. Sei ϱ eine solche Darstellung. Andererseits gibt es Darstellungen, die linearen Gruppen über Q zugeordnet sind, z. B. dei allgemeinen linearen Gruppe $GL_n(Q)$ der regulären Matrizen mit n Zeilen und Spalten von rationalen Zahlen. Für $n = 2$ entsprechen diese Darstellungen zum Teil den Modulformen, die bereits von den Klassikern der Mathematik, angefangen mit Gauss, studiert wurden. Sei ϱ' eine solche Darstellung. Dann kann man sowohl ϱ als auch ϱ' eine L-Reihe $L(s, \varrho)$ bzw. $L(s, \varrho')$ zuordnen, und die Vermutung von Langlands besteht darin, daß für passendes ϱ' die Gleichung

$$L(s, \varrho) = L(s, \varrho') \tag{5}$$

gilt. Dies kann man als eine überaus weit gehende Verallgemeinerung des quadratischen Reziprozitätsgesetzes angesehen werden, das durch (4) ausgedrückt wird. Eine zentrale Rolle spielt wieder die Darstellung der L-Reihen als Produkt über Primzahlen. Den Faktoren, die einer Primzahl zugeordnet sind, entspricht eine ganze Theorie, die lokale Langlands-Theorie, deren Behandlung der globalen Theorie, zu der die Gleichung (5) gehört, vorausgeht. Zu dieser lokalen Langlands-Theorie hat auch eine Gruppe von Mathematikern im Institut für Mathematik der Akademie der Wissenschaften der DDR Beiträge geleistet. Es ist jedoch im Rahmen dieses Vortrags nicht möglich, hierauf näher einzugehen.

Vielmehr möchte ich noch etwas über p-adische Zetafunktionen sagen. Schon Euler war bekannt, daß man $\zeta(2m)$ für $m = 1, 2, \ldots$ durch die Bernoullischen Zahlen B_{2m} ausdrücken kann:

$$\zeta(2m) = \sum_{n=1}^{\infty} \frac{1}{n^{2m}} = (-1)^{m+1} \frac{(2\pi)^{2m}}{2(2m)!} B_{2m}.$$

Nach der Riemannschen Funktionalgleichung (2) wird

$$\zeta(1 - 2m) = -B_{2m}/2m.$$

Das ist eine rationale Zahl! 1964 zeigten Kubota und Leopoldt, daß man die Werte der Funktion

$$\zeta_p(s) = \zeta(s)\,(1 - p^s)$$

an negativen ungeraden Stellen in eindeutiger Weise zu einer stetigen Funktion von $Z_p - \{1\}$ in Q_p fortsetzen kann. Die so entstehende Funktion wird als p-adische Zetafunktion bezeichnet. Iwasawa erkannte, daß es auch für diese Funktion ein Analogon zur Riemannschen Vermutung gibt, das in enger Beziehung zur Struktur der Klassengruppe der Kreisteilungskörper steht. Auch aus diesen Grundgedanken hat sich inzwischen eine umfangreiche Theorie entwickelt.

Ich komme zum Schluß. Mein Vortrag mußte sich auf Andeutungen beschränken. Ich hoffe aber, daß er zusammen mit dem Vortrag von Herrn Müller deutlich gemacht hat, daß man vielen mathematischen Objekten mit Erfolg Zetafunktionen zuordnen kann. Sie helfen, zu scheinbar entfernt voneinander liegenden mathematischen Gebieten Verbindungen herzustellen, und führen zu überraschenden neuen Ergebnissen. Leonhard Euler steht am Ausgangspunkt dieser immer weitere Gebiete der Mathematik erfassenden Entwicklung.

Prof. Dr.-Ing. habil Werner Albring

Ordentliches Mitglied der Akademie der Wissenschaften der DDR, Dresden

Eulers Grundlagen der Strömungsmechanik und seine Beschäftigung mit Strömungsmaschinen

Die Forschung zur Geschichte der Mechanik hat in der zweiten Hälfte unseres Jahrhunderts neue Fakten zutage gefördert, die eine Pionierleistung Eulers betreffen. Man weiß seither, daß es Euler gewesen war, der als erster differentiell kleine Kraftanteile in einer Gleichung verbunden hatte, deren Integration mit Berücksichtigung von Rand- und Anfangsbedingungen den Kraftverlauf im Kontinuum ergibt. Handelt es sich um eine Flüssigkeit, dann treten mit dem Integrieren Geschwindigkeit und Druck im ganzen Strömungsraum zutage.

Um die Bedeutung dieser Leistung Eulers zu ermessen, muß man daran erinnern, daß Newton seine „Prinzipien" nur für Massenpunkte geltend angesetzt hatte. Euler hielt seine neue Betrachtungsweise mit Recht für eine besondere Entdeckung. Er publizierte im Jahre 1752, 65 Jahre nach Newtons „Prinzipien", eine Schrift unter dem Titel „Découverte d'un nouveau principe de Mécanique". Newton, der im Jahre 1727 gestorben war — im gleichen Jahre, als der zwanzigjährige Euler seine Arbeit an der Petersburger Akademie begann — hatte sehr wohl erkannt, daß seine Bewegungsgesetze, auf Massenpunkte angewandt, noch nicht zu einer allgemeinen Hydrodynamik führen konnten. Doch Euler gelang es bald an Hand seines neuen Prinzips, die Hydromechanik und die Mechanik des festen Körpers als rationale Wissenschaft zu begründen.

Für uns bleibt es interessant, darüber nachzudenken, welche geistigen Impulse den vielseitigen und vielbeschäftigten Euler zu solcher Arbeit angeregt hatten. Man findet eine Spur, die auf eine praktische Problemstellung hinweist.

Der Göttinger Professor Johann Andreas Segner, der schon vor dem Jahre 1750 regelmäßig mit Euler Briefe gewechselt hatte, vermittelte die Anregung.

Segner und Euler tauschten wissenschaftliche Ideen zu Fragen der Mathematik, der Physik und der Technik aus. Segner hatte ein neues Antriebsprinzip für Wasserturbinen entdeckt; bis dahin hatte man nur die Wasserräder gekannt. Segner beschrieb das Neue mit Hilfe der Abb. 8. Ein mit Wasser gefülltes zylindrisches Gefäß wird am Faden F aufgehängt. Durch tangential gebohrte Löcher kann Wasser ausfließen, der Apparat beginnt um die Zylinderachse zu rotieren. Segner erklärte:

> „Der Grund, warum das in einer Richtung ausfließende Wasser das Gefäß in entgegengesetzter Richtung bewegt, ist folgender: Das Wasser, welches mit einer gewissen Geschwindigkeit als Strahl austritt, wird durch das Gewicht des darüber stehenden Wassers bewegt, und derselbe Druck, der dem Wasser eine Austrittsgeschwindigkeit verleiht, kann dies nicht auf andere Weise tun, als dass er sich auch in entgegengesetzter Richtung fortpflanzt und auf den der Öffnung gegenüberliegenden Teil des Gefäßes drückt."

Die technische Ausführung skizzierte Segner, wie in Abb. 8 dargestellt. Als Euler dieses Problem betrachtete, hatte er zunächst seinen Freund und früheren Petersburger Arbeitskollegen, DANIEL BERNOULLI, angeregt, sich mit der veränderlichen Bewegung einer Röhre zu beschäftigen, die sich um einen festen Punkt herum dreht und im Innern einen frei beweglichen Körper enthält.

BERNOULLI legte seine Lösung, in der er die Aufgabenstellung auf beliebig viele Massen im Rohr erweitert hatte, im Jahre 1745 vor. Anschaulich leitete er den Drallsatz auch für ungleichförmige Rohrbewegung ab. Ein Jahr später erschien EULERS Parallel-

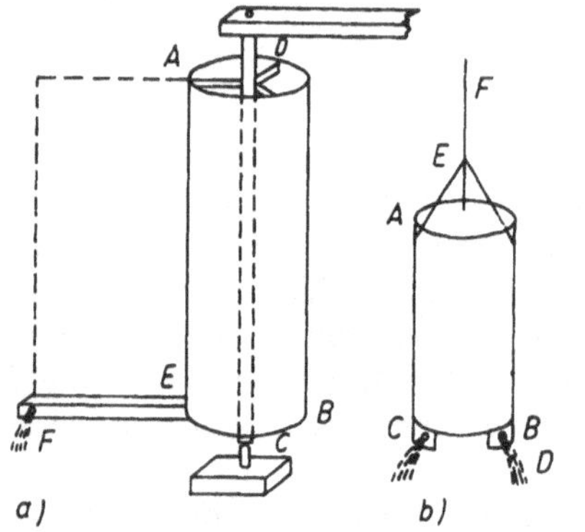

Abb. 8. Segnersches Wasserwerk und seine Segnersche Versuchseinrichtung

arbeit „De motu corporum in superficiebus mobilibus". Auch er arbeitete zu jener Zeit noch im Sinne der Mechanik des Massenpunktes. SEGNERS erste Druckschrift über seine Maschine erschien 1750, und ein Jahr später folgte der erste von vier Berichten EULERS zu den Wasserturbinen.

Alle Beschäftigung EULERS mit hydraulischen Maschinen — neben der Segner-Turbine berechnete er auch Kolbenpumpen und die Fließbewegung durch Rohre — erfolgte in den Jahren zwischen 1750 und 1761, also während seiner Berliner Zeit.

EULER nennt SEGNER als Erfinder im Titel der ersten Schrift. Schon diese Studie zeigt hinsichtlich des hydrodynamischen Druckes den Übergang zur Kontinuumsmechanik. Denn für ein kontinuierliches Fluid muß gegenüber der Bearbeitung mit Punktmassen der Flüssigkeitsdruck zusätzlich eingeführt werden. EULER benennt ihn zunächst als Kraft auf die Maschine, die aus dem Verdichtungszustand des Wassers folgt. In einer Anmerkung schreibt er:

„Es ist von äußerster Wichtigkeit, diese Vorstellung vom Druck gut zu entwickeln, da er die unmittelbare Kraft ist, die auf das Wasser im Rohre wirkt und dort entweder eine Beschleunigung oder eine Verzögerung bewirkt."

In seiner Schrift aus dem Jahre 1751 hat er explizit auch die Kraft berücksichtigt, die 90 Jahre später CORIOLIS als eine Art Ergänzungskraft hervorhob. Und dann erscheint schon im Jahre 1752 EULERS großer Mechanik-Beitrag, die Entdeckung des *neuen Prinzips*. Mit hoher Wahrscheinlichkeit ist diese fundamentale Arbeit durch EULERS Nachdenken über den Zusammenhang von Druckkraft und der durch Beschleunigung verursachten Trägheitskraft bei der Anwendung auf Strömungsmaschinen angeregt worden.

Man hat manches Mal gefragt, welche Impulse den Methodenfortschritt im naturwissenschaftlichen Denken, speziell in Physik und Mechanik, auslösen. Zu dieser Frage gibt es nicht so eindeutige Entscheidungskriterien, was richtig und was falsch ist, wie in der Mathematik, und als Antworten kann man extrem unterschiedliche Meinungen hören. Einige glauben, daß allein abstraktes Denken genüge, die Möglichkeiten des Fortschritts zu erspähen und zu nutzen. Eulers Handlungsweise liefert aber denjenigen gute Argumente, die meinen, daß gerade die praktische Arbeit die Impulse zum wissenschaftlichen Methodenfortschritt in Physik und Mechanik auslöst. Die Antwort auf die Frage, ob die Abstraktion oder ein praktisches Problem die entscheidenden Denkimpulse liefert, muß auch hinsichtlich der Ausbildung bedacht werden. Wird der Nachwuchs sogleich und ausschließlich in der Kenntnis abstrakter geistiger Endprodukte unterwiesen, dann schneidet man die Verbindung zur Herkunft dieser Wahrheiten ab und der so Gebildete wird nicht ausreichend geschützt vor dem Abwandern auf Irrwege zur unfruchtbaren Arbeit.

Eulers Fundamentaluntersuchung läßt ihn nun die vorangegangenen Berechnungen über Strömungsmaschinen mit den neuen Arbeitsmitteln anpacken, und 1754 publiziert er seine Schrift „Vollständigere Theorie der Maschinen, die durch Reaktion des Wassers in Bewegung gesetzt werden.“ Man findet darin (unter Definition III und Zusatz 3) die Trägheitskraft berechnet als Produkt aus dem Massenelement und der zweiten Ableitung des Weges nach der Zeit. Schon im Jahr zuvor, am 13. September 1753, also fast auf den Tag genau vor 230 Jahren, hatte Euler diese Erkenntnisse in der Berliner Akademie vorgetragen. Aber Eulers Beitrag zur Praxis geht noch weiter. Er begnügt sich nicht damit, seine Theorie in geschlossener Form vorzulegen, sondern er wendet seine neuen Kenntnisse sogleich an und konstruiert eine verbesserte Segner-Turbine. Euler erfindet das Leitrad, die gekrümmten Schaufeln und deren Einschalung zur Minderung des Luftwiderstandes. Er berechnet für verschiedene Gefälle und Wassermengen fünf Varianten.

Zu Eulers Lebzeiten hat man keine der fünf Varianten gebaut, erst 190 Jahre später, nämlich 1944, erfolgte in der Schweiz ein Nachbau. Diese Turbine erreichte den sehr respektablen Wirkungsgrad von 71 Prozent.

Euler hat alle diese strömungsmechanischen Schriften streng gegliedert. Er spricht zu den Grundlagen des Problems Definitionen aus und fügt mögliche Spezialfälle als Zusätze an. Weitere Erklärungen bringt er in numerierten Anmerkungen unter. Er dringt in dann folgenden Abschnitten zum Resultat vor. Noch einmal die Kernprobleme aufzählend, läßt er sogleich die Lösung folgen. Nur in diesen allerletzten Teilen bedient er sich der mathematischen Formelsprache. Man erkennt, daß Eulers primäres Arbeitsmittel sein konstruktives Denken war, mit dem er die mechanische Sachlage durchdringend ordnete und Problemstellung und Lösung in letzter Arbeitsphase zu mathematischen Gleichungen verdichtete. Hier sah Euler sehr deutlich, daß die Mathematik erst dann zur Lösung technischer Aufgabenstellungen anwendbar ist, wenn der physikalische Elementarvorgang gedanklich vollständig durchdrungen ist.

Lehrreich ist nicht nur das Beschäftigen mit Eulers Leistungen, die heute zu den Fundamenten der Mechanik zählen, lehrreich ist es auch, Eulers Beschäftigung mit Problemen zu verfolgen, die zu seiner Zeit wegen mangelnder Kenntnisse des physikalischen Zusammenhanges noch nicht gelöst werden konnten. Dazu gehören das Problem des Flüssigkeitswiderstandes und auch das Problem des Wärmetransportes. Zur Lösung beider Aufgabenstellungen wären Kenntnisse der Molekulardynamik notwendig gewesen. Aber Euler dachte sich jeden Körper und jede Flüssigkeit bis zu unendlich kleinen Bereichen stetig. Für Euler gab es keine Grenze des Zerlegens mit mechanischen Mitteln. Seine Differentialgleichungen beschreiben für das beliebig

Kleine den Mikrozusammenhang. Heute wissen wir, daß in kleinsten Gebieten der festkörperlichen und fluiden Welt nur die Gesetze der Statistik eine Ordnung übersehen lassen. Und nur für Räume, deren Abmessungen sehr groß sind, verglichen mit den freien Molekülwegen, läßt sich in bester Näherung mit Differentialgleichungen operieren.

Dennoch wurden schon zu EULERS Zeit Gedanken über die Molekularwelt von wissenschaftlichen Spitzenkräften sehr ernst genommen. Kein geringerer als DANIEL BERNOULLI hatte darüber schon im Jahre 1738 in seiner „Hydrodynamica" geschrieben. BERNOULLI meinte, daß sich die Tatsachen der freien Ausdehnung von Gasen und ihrer Zusammendrückbarkeit aufs beste erklären lassen mit der Annahme, daß jedes Fluid aus einer großen Anzahl rasch bewegter Teilchen bestehe (Abb. 9). Er hat gezeigt, daß sich mit solchem Postulat die experimentellen Tatsachen über das Verhalten von Druck

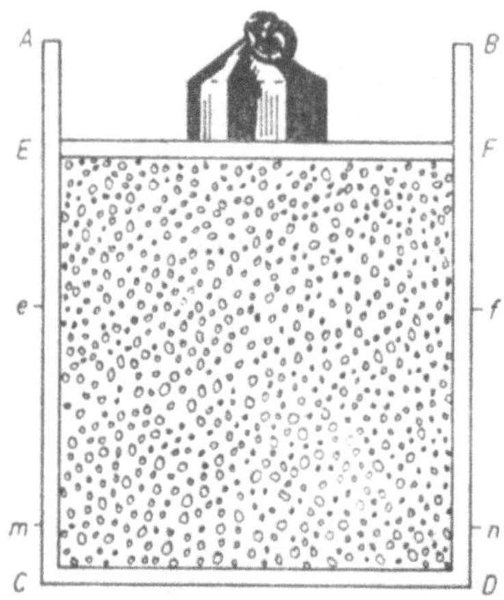

Abb. 9. Bernoullis Veranschaulichung der Feinstruktur von Gasen

und Dichte bei konstanter Temperatur und über die Abhängigkeit des Druckes von der Temperatur bei konstanter Raumgröße in einfacher Weise rechnerisch begründen lassen.

Im Jahre des Erscheinens von BERNOULLIS „Hydrodynamica" hatte die Pariser Akademie eine Preisaufgabe über „Wesen und Fortpflanzung der Wärme" ausgeschrieben. Auch EULER beteiligte sich. Doch enthielt seine Schrift nur Gedanken im Sinne der alten Physik: In den Teilchen brennbarer Körper sei der, übrigens vom Äther verschiedene, Feuerstoff enthalten, etwa wie in Glasbläschen stark gepreßte Luft; werde ein Bläschen zersprengt, so pflanze sich durch den Stoß der entweichenden Luft und die umherfliegenden Scherben der gleiche Vorgang von Bläschen zu Bläschen fort. Am Schluß teilte EULER eine Formel für die Wellengeschwindigkeit in elastischen Medien mit. Die Akademie zeichnete ihn mit einem Preis aus. Zu den Mitbewerbern hatte auch VOLTAIRE gehört, der hier nicht als Philosoph, sondern als experimentierender Naturwissenschaftler auftrat. Er hatte ein Laboratorium aufgebaut und experimentiert, ob zwischen glühenden und erkalteten Eisenplatten ein Gewichtsunterschied zu messen wäre. Er fand die Wärme unwägbar. Sie übt ihre Wirkung durch Bewegung aus, sie hält der Anziehung aller Teilchen die Waage, sie bedingt den flüssigen Zustand, erteilt der Luft ihre Elastizität und zerstört die Körper bei zu großer Heftigkeit.

VOLTAIRE erhielt keinen Preis. Über den Mißerfolg tröstete er sich, indem er sich über EULER lustig machte. An den preußischen Kronprinzen schrieb er: „L'un dit, que le fen est composè de bouteilles".

Es bleibt erstaunlich, daß EULER weder 1738 noch später die molekulardynamischen Untersuchungen seines Freundes DANIEL BERNOULLI geistig verarbeitet hat und nicht deren Verbindung zum Problem der Wärme und des Flüssigkeitswiderstandes gesehen hat.

Im Gegenteil, EULER fand immer neue Argumente gegen die Existenz kleiner Teilchen. Er bewies die unbegrenzte Teilbarkeit in den „Briefen an eine deutsche Prinzessin" auf geometrische Weise. Er erwähnte jedoch, daß andere sagen, die Teilbarkeit habe Grenzen, weil man auf Teilchen stößt, die ohne alle Größe sind, und daher auch nicht weiter geteilt werden können. Solche Teilchen nannte er Monaden.

Die Monade gilt in der griechischen Philosophie als Sammelwort für alles, was einfach und unteilbar ist. (Bei DEMOKRIT und EPIKUR sind das die Atome.) Die Monaden wurden von LEIBNIZ zu einer beseelten Einheit erweitert. Jedoch hatte dann der Mathematiker, Physiker und Philosoph CHRISTIAN WOLFF (1679—1754) den Monadenbegriff zu dem zurückgeführt, was wir heute Molekül nennen.

Dennoch blieb EULER gegenüber WOLFF und seinen Monaden als mechanische Grenzen der Teilbarkeit sehr skeptisch. Vielleicht war EULERS Skepsis gegenüber WOLFF durch eine frühere Auseindersetzung auf einem ganz anderen Gebiet schon vorprogrammiert worden. Wieder war es SEGNER gewesen, der WOLFF auf Fehler in dessen Geometrie lehrreich hingewiesen hatte. Als WOLFF widersprach, rief SEGNER EULER als Schiedsrichter an, und dieser hatte sich (wie er in einem Brief vom 9. 12. 1741 an GOLDBACH auseinandersetzte) gegen die Wolffsche Auffassung ausgesprochen. Vielleicht glaubte EULER, daß die Monaden nach wie vor ein Vermengen von mechanischen und metaphysischen Anschauungen bedeutete, er lehnte sie ab. In acht Briefen an die Prinzessin ließ EULER dieses Problem nicht los; allerdings wiederholte er sich bisweilen, ohne neue Argumente zu finden, so daß ihn der Vater der Prinzessin endlich aufforderte, künftig nur noch Lehrbriefe mit physikalischem Inhalt zu verfassen. EULER schrieb in der Folge über Elektrizität, wobei er ebenfalls keine Existenz kleinster Teilchen anerkannte. Durch solche Hemmungen mußten alle Arbeiten EULERS zum Flüssigkeitswiderstand unfruchtbar bleiben. Zwar wußte er von dessen Existenz, die Prinzessin belehrte er darüber:

„Auch die Luft, da sie eine Materie ist, tut einigen Widerstand, der fähig ist, die Bewegung der Körper aufzuhalten. Will man diesen Widerstand fühlen, so darf man nur schnell mit der Hand durch die Luft fahren."

Auch in seinen wissenschaftlichen Abhandlungen schrieb er über den Widerstand, so so in der esten Untersuchung zur Segner-Turbine:

„In der Lösung habe ich auch angenommen, daß das Wasser auf keinerlei Hindernis trifft, das seine Bewegung hemmt. Man weiß, daß das Wasser beim Durchfließen von Röhren eine Art Reibung erfährt, ganz wie die festen Körper, und die Erfahrung läßt uns sehen, daß bei sehr langen Röhren das Wasser eine sehr beachtliche Verringerung des Durchflusses erleidet."

EULER wußte, daß er dort am Rande eines noch unbekannten Gebietes stand, in das er, der er selbst niemals auf physikalischem Gebiet experimentierte, nicht als erster vordringen würde. Er schrieb weiter:

„Jedoch hat, soviel ich weiß, bisher noch niemand die Regeln entdeckt, denen diese Reibung unterworfen ist."

Auch in seiner abschließenden Turbinentheorie aus dem Jahre 1754 sah EULER die Unvollständigkeit der reibungsfrei angesetzten Lösung ein. Seine Differentialgleichung für das fluide Bewegen blieb ohne einen Summanden, der die Reibung ausdrückt. Dieser wurde erst im folgenden Jahrhundert durch Louis Navier auf Grund einfacher molekulardynamischer Betrachtungen hinzugefügt.

Denn inzwischen hatten chemische Experimente die Hypothese der molekularen Feinstruktur von Festkörpern und Flüssigkeiten sehr wahrscheinlich werden lassen. Der zusätzliche Summand in der strömungsmechanischen Differentialgleichung enthält einen Faktor, der aus einer statistischen Mittelung des molekulardynamischen Geschehens gebildet wird. Aber solches Anerkennen kleinster Teilchen und das Bändigen ihrer Unordnung durch statistisches Mitteln lag außerhalb von Eulers Gedankenwelt, denn sein klassisch-mechanisches Weltbild war auf drei Voraussetzungen gegründet: die Stetigkeit in Raum und Zeit, die unbeschränkte Durchdringung aller Wirkungen und den strengen Determinismus.

Alle Vorgänge in der unbelebten Natur liefen für ihn in notwendiger Folge ab. Die unbelebte Welt arbeitete wie eine große Maschine. Der Konsequenz, daß auch alle menschlichen Handlungen ohne freie Entscheidungsmöglichkeit determiniert ablaufen müßten, entzog sich Euler durch das Postulat einer Qualität von körperlicher Materie und frei entscheidender unkörperlicher Seele. Es wurde erst zum Ende des 19. Jahrhunderts durch die Arbeiten Maxwells, Boltzmanns und Clausius' klar, in welcher Weise das Molekulargeschehen den Determinismus der unbelebten Natur einengt.

Dennoch muß man sich erinnern, daß die Eulerschen strömungsmechanischen Grundlagen ausreichten, um darauf im 20. Jahrhundert die gesamte moderne Theorie der Tragflügel und der Schaufelgitter für Strömungsmaschinen zu gründen mit allerbester Übereinstimmung zwischen gemessenem und vorausberechnetem Druckverlauf im Strömungsfeld. Und als man Rechenautomaten benutzen konnte, da gelang es sogar, den Druck auf komplizierten räumlichen Schiffskörpern zu berechnen. Die vollständige Differentialgleichung von Navier ergibt eine Geschwindigkeitskorrektur lediglich in einer meistens sehr schmalen körpernahen Grenzschicht. Aber erst damit war der technisch so stark interessierende Widerstand berechenbar geworden.

Beschäftigt man sich mit Eulers Leben und seinen Schriften, dann erkennt man, daß er zu den allergrößten Wissenschaftlern unseres Kulturkreises gehört. Leonhard Euler ging mit einer tiefen Bescheidenheit an die Lösung seiner Problemstellungen und sah manche zeitbedingten Grenzen im Erkenntnisprozeß; er scheute sich nicht, von noch ungelösten Problemen zu sprechen, und seiner Schülerin schrieb er: „Man muß sich einmal daran gewöhnen, seine Unwissenheit über eine Menge wichtiger Sachen zu bekennen."

Literatur

[1] Ackeret, J.: Vorwort zu „Commentationes Mechanicae ad Theoriam Machinarum Pertinentes." Lausannae MCMLVII.

[2] Bernoulli, D.: Über die Eigenschaften und Bewegungen der elastischen Fluide, insbesondere Luft. *In:* Brush, S. G.: Kinetische Theorie. Bd. I, Berlin 1970.

[3] Bernoulli, D.: Eine neue Aufgabe der Mechanik. Ostwalds Klassiker, Nr. 191, Leipzig—Berlin 1914.

[4] Du Bois-Reymond, E.: Voltaire als Naturforscher. Rede vor der Berliner Akademie am 30. Januar 1868.

[5] EULER, L.: Commentationes Mechanicae ad Theoriam Machinarum Pertinentes. Lausannae MCMLVII.
[6] EULER, L.: Vollständigere Theorie der Maschinen, die durch Reaktion des Wassers in Bewegung gesetzt werden. Ostwalds Klassiker, Nr. 182, Leipzig 1911.
[7] EULER, L.: Briefe an eine deutsche Prinzessin. Leipzig 1968 u. 1983.
[8] KAISER, W.: Johann Andreas Segner, der Vater der Turbine. Leipzig 1977.
[9] TRUESDELL, C.: Neuere Anschauungen über die Geschichte der allgemeinen Mechanik. ZAMM 38 (1958), S. 148—157.

*

Prof. Dr. ADOLF PAWLOWITSCH JUSCHKEWITSCH (АДОЛЬФ ПАВЛОВИЧ ЮШКЕВИЧ)
Ancien président de l'Académie Internationale d'Histoire des Sciences,
Mitglied der Deutschen Akademie der Naturforscher Leopoldina,
Institut für Geschichte der Naturwissenschaft und Technik
der Akademie der Wissenschaften der UdSSR, Moskau

Schlußwort

Господин председатель,
Sehr verehrter Herr Vorsitzender,

erlauben Sie mir, im Namen aller Anwesenden der Akademie der Wissenschaften der DDR und insbesondere dem Euler-Komitee unsere aufrichtige und herzliche Dankbarkeit zu bekunden. Erlauben Sie mir auch, da hier die Vertreter verschiedener Staaten anwesend sind, meine kurze Rede zuerst französisch fortzusetzen.

Nous étions très touchés de votre hospitalité et nous apprécions beaucoup la valeur scientifique de nombreuses conférences que nous avons entendu ces deux jours-là. On nous raconte que LAPLACE autrefois a dit:
„Lisez, lisez Euler, il est notre maître à tous."
Il serait peut-être quelque peu exagéré de dire qu'il reste notre maître à tous dans tous les domaines des sciences mathématiques. Mais on pourrait dire sans exagérer que la lecture de ses ouvrages immortels peut stimuler même de nos jours à chacun de nous des idées nouvelles et fructueuses, dignés d'être développées dans toute leur ampleur.

В заключение а хотел бы от имени всех нас выразить надежду, что только что закончившаяся Эйлеровская конференция принесёт столь же ценные научные результаты, как и в свое время торжества в честь 250-летия со дня рождения великого математика, принадлежащего всему миру, но особенно прославившего Базель, где он родился и получил первые научные уроки, а затем Петербург и Берлин, где были созданы наиболее благоприятные условия для расцвета могучего гения.

Teil III

Weitere Beiträge zum Jubiläum

Prof. Dr. sc. nat. WOLFGANG ENGEL
Vorsitzender des Euler-Komitees bei der AdW der DDR,
Wilhelm-Pieck-Universität Rostock

Wenzeslaus Johann Gustav Karsten und Leonhard Euler

Die Anregung zu diesem Beitrag erhielt ich durch eine Diskussionsbemerkung von Herrn Dr. J. BUHROW (Greifswald) im Anschluß an den Vortrag von Herrn Prof. MIKHAILOV. Bei Nachforschungen über W. J. G. KARSTEN stieß ich auf seine Autobiographie [1]. Leider befinden sich die Euler-Briefe nicht im Archiv der Familie KARSTEN in Schwerin, was auf Grund von [2] zu vermuten gewesen wäre.

WENZESLAUS JOHANN GUSTAV KARSTEN wurde am 15. 12. 1732 in Neubrandenburg geboren. Sein Vater war dort Apotheker, die Mutter die Tochter eines Apothekers aus Güstrow. Nachdem KARSTENS Eltern 1737 durch eine Feuerbrunst ihr Haus und alle Habe verloren hatten, verbrachte WENZESLAUS JOHANN GUSTAV die weiteren Jahre seiner Kindheit in Güstrow, wo er zunächst einen dürftigen Unterricht, später aber Privatunterricht in Mathematik erhielt. Er studierte 1750 bis 1752 in Rostock, 1752 bis 1754 in Jena vorzugsweise Theologie und Philosophie, privat beschäftigte er sich jedoch auch eifrig mit Mathematik. Anschließend bereitete er sich in Güstrow auf den Beruf eines Predigers vor. Da sich an der Universität Rostock eine freiwerdende Stelle eines Mathematikers abzeichnete (1754 wurde FRANZ ULRICH THEODOR AEPINUS an die Akademie der Wissenschaften nach Berlin berufen, von wo er im Mai 1757 an die Akademie in St. Petersburg übersiedelte), ging KARSTEN nach Rostock, promovierte am 26. 2. 1755 zum Magister und begann ab Ostern 1755 als Privatdozent Vorlesungen zu halten.

F. U. T. AEPINUS, der noch nicht nach Berlin abgereist war, gab ihm Anleitung zur weiteren Beschäftigung mit der Mathematik. KARSTEN schreibt [1]:

> „Er machte mich mit den besten mathematischen Schriftstellern, vornehmlich mit den Eulerschen Werken bekannt, und half mir, die ersten Schwierigkeiten zu überwinden, die mir bei diesem Schriftsteller notwendig anfangs auftreten mußten, da ich noch keine andere analytische Schrift, als die Wolffschen Elementa Algebrae (?) gelesen hatte und besonders den beständigen Gebrauch der allgemeinen trigonometrischen Formeln noch gar nicht gewohnt war."

AEPINUS hielt am 3. 3. 1755 seine letzte Vorlesung im Rostock und reiste anschließend nach Berlin ab. Er hat den Kontakt zwischen KARSTEN und EULER hergestellt (Brief 59 vom 8. 6. 1757 in [3]). KARSTEN vertiefte sich weiter in die Mathematik und schreibt dazu:

> „Zuvörderst ging ich nebst dem Euler die Hausenschen Elementa Matheseos und die Segnerschen Vorlesungen über die Rechenkunst und die Geometrie durch. In der Analysis war mein Hauptbuch anfangs des Herrn Eulers Introductio in Analysin infinitorum und hiernächst Cramers Analyse des lignes courbes."

Daneben las er die alten Original-Schriftsteller nebst ihren besten Auslegern. Das war, wie KARSTEN schreibt, vielleicht auch die Ursache, daß er sich lange nicht an den Begriff des Unendlichen hat gewöhnen können. So machten ihm in der Differentialrechnung nicht die Regeln, sondern die Theorie viele Schwierigkeiten.

„Zwei Männer, deren Ansehen bei mir von großem Gewicht war, vermehrten durch eine Stelle in ihren Schriften meine Zweifel gegen die Richtigkeit der Theorie noch mehr. Dies waren der Herr v. Segner in den Vorlesungen[1]) und zwar im 9. § des VI. Abschnitts der Geometrie, und hiernächst eine Stelle der Rezension einer mathematischen Schrift in der 3. Beilage zu den Rostockschen gelehrten Nachrichten vom Jahr 1753,[2]) die den Herrn Kollegienrat Aepinus zum Verfasser hat, auf der 148. Seite. Sie lautet so: ,Überhaupt glauben wir, daß die neuen Matematici, welche die unendlich kleinen Größen in die Geometrie gebracht haben, nicht vielen Dank verdienen. Alle sich darauf gründenden Beweise haben bei weitem nicht die Deutlichkeit, Gründlichkeit und das Überzeugende, das man in der übrigen geometrischen Demonstration antrifft, an sich. Man bedarf ihrer auch in der Geometrie nicht, da man in allen Fällen, wo die unendlich kleinen Dinge vorkommen, sich der Art zu demonstrieren, welche Archimedes in seinen Büchern de circuli dimensione und de figuro et cylindro gebraucht hat, bedienen und dadurch eine viel stärkere Überzeugung erhalten kann'."

KARSTEN befaßte sich dann mit MACLAURINS „Treatise of Fluxions" und

„war sehr froh, als (er) um eben die Zeit im Jahr 1756 Herrn Eulers Differentialrechnung erhielt; aus diesem vortefflichen Werk lernte ich den ganzen Umfang dieser Wissenschaft endlich recht kennen. Nur gestehe ich frei: daß mit der rechten Überzeugung von der Richtigkeit der Theorie noch etwas zu fehlen schien, aber ich ließ alle Zweifel auf eine Zeitlang fahren, und gab mir bloß Mühe, die Regeln selbst mir recht geläufig zu machen. Hierbei ging ich zugleich die neusten hierher gehörigen Aufsätze der Herren Bernoulli durch, besonders aber des Herrn Joh. Bernoulli lectiones calculi integralis in usum Ill. Marchionis Hospitalii. Auch erhielt ich um eben die Zeit des Herren Bougainville Traité du calcul intégral, der mir ebenfalls behilflich war, es soweit zu bringen, daß ich die zur Integralrechnung gehörigen Aufsätze des Herrn Euler aus den Schriften der Petersburger und Berliner Akademie der Wissenschaften mir zu Nutze machen konnte."

KARSTENS Zweifel an der Richtigkeit der Theorie der Differentialrechnung wurden beseitigt, als er nunmehr in NEWTONS „Principia" den ersten Abschnitt „de methodo rationum primarum et ultimarum" durchgelesen hatte. Er schreibt dann:

„So viele Zweifel ich gegen Herrn Euler gehabt hatte, wenn er mich belehrte, daß Differentialien und Nullen einerlei seien; so sehr glaubte ich nun, überzeugt zu sein, daß er Recht habe. Nur glaubte ich, man müsse die Newtonsche Theorie mit seinem System verbinden, aber vielmehr nur das, was H. Euler nach aller Vermutung selbst gedacht hat, mit Newtonschen Worten ausdrücken, da Herr Euler gegenteils die Leibnizschen Ausdrücke beibehalten hat."

KARSTEN erhielt am 18. 3. 1758 die Berufung auf eine Professur der Logik an der Universität Rostock. Zu dieser Zeit war er mit seinem Werk über den Lehrbegriff der Mathematik schon ziemlich weit gekommen, er wagte aber nicht, mehr als die Anfangsgründe in den Druck zu geben. Ostern 1760 erschien bei ANTON FERD. ROESE, Rostock und Greifswald, der Lehrbegriff der theoretischen Mathematik unter dem Titel „Mathesis theoretica elementaris atque sublimior."

Streitigkeiten zwischen der Stadt Rostock und dem Herzog FRIEDRICH von Mecklenburg-Schwerin führten zur Spaltung der Universität. Im Jahr 1760 stiftete der Herzog die Friedrichs-Universität zu Bützow, und KARSTEN erhielt am 14. 5. 1760 die Berufung als Professor der Mathematik an diese. Mit ihm zogen weitere sechs dem Herzog genehme und ergebene Professoren sowie etwa 100 Studenten nach Bützow, die anderen hielten

[1]) vgl. [4]
[2]) vgl. [5]

zum Rat der Stadt und blieben in Rostock. KARSTEN war im Sommersemester 1764 und im Wintersemester 1768/69 Rektor in Bützow. Keine der beiden Universitäten konnte sich in dem armen und rückständigen Lande Mecklenburg (anfangs unter den Bedingungen des Siebenjährigen Krieges) entwickeln, so daß die beiden Teile 1789 wieder vereint wurden.

KARSTEN schreibt dann weiter:

„Es hatte der Buchhändler Herr Anton Ferdinand Roese schon im Jahr 1761 in einer gedruckten Nachricht bekannt gemacht, daß er des Herrn Leonhard Eulers Theoria motus corporum rigidorum auf Subskription zu drucken gesonnen sei. Ein anderer Buchhändler, der bloß als Verleger gedacht hätte, würde durch die geringe Anzahl der Subskribenten und die wirklich für die Buchhandlung dazumal immens schlechter werdenden Zeiten abgeschreckt sein, einen solchen Vorsatz ins Werk zu richten. Allein Herr Roese ist ein Mann, der nicht bloß als Verleger bei seiner Buchhandlung denkt, der den Namen eines Gelehrten vielleicht mit mehr Recht als mancher Amtsgelehrter verdient, der mit einem feinen Geschmack eine bei seinen zerstreuenden Geschäften dennoch ziemlich gute Lektüre verbreitet, und der gegen die Wissenschaften patriotisch genug gesinnt ist, ein Werk zu drucken, davon er überzeugt sein kann, daß es der gelehrten Welt interessant sein muß, wenn er gleich eben keinen großen Gewinn sich davon versprechen kann. Herr Euler hatte mir die Besorgung der Ausgabe seines Werkes überlassen, und ich war sehr vergnügt, als der Herr Verleger im Jahr 1764 mit dem wirklichen Abdruck den Anfang machte. Da er noch eine Druckerei zu Rostock hatte, konnte ich ohne große Unbequemlichkeit zu Bützow die Korrektur besorgen und einige Freunde der Mathematik zu Rostock übernahmen die Revision. Das Werk wurde zur Ostermesse des Jahres 1765 fertig. Herr Euler hatte keine Vorrede dazu gemacht. Ich glaubte, daß es manchen Leser nicht unangenehm sein würde, einen Auszug des Werks statt einer Vorrede vor demselben zu lesen und dieser mein Gedanke wurde von Hr. Euler selbst gebilligt."

Die ersten drei Blätter der „Theoria motus corporum" legte KARSTEN seinem Brief vom 29. 1. 1764 an EULER bei (Brief 1127 in [3]).

Zu ANTON FERDINAND ROESE ist zu ergänzen, daß er 1759 das Stadtrecht in Rostock erhielt und daß sein Name bis 1764 in den Meßkatalogen der Stadt Rostock auftritt. Danach ist er nach Greifswald gezogen. Das Titelblatt der „Theoria motus ..." verzeichnet „Rostockii et Gryphiswaldiae. Litteris et impensis A. F. Röse 1765". Später (1767) tritt bei einer Publikation [6] des Verlages A. F. Roese als Verlagsort nur Greifswald auf.

KARSTEN fährt fort:

„In eben diesem Jahr 1765 erhielt der Herr Kollegienrat Aepinus zu Petersburg an dem Hofe des Großfürsten und Thronfolgers Kaiserl. Hoheit eine ansehnliche Bestallung und es ward hierdurch die Stelle erledigt, welche er bei der Kaiserl. Akademie bekleidet hatte. Dieser mein ehemaliger verdienter Lehrer und verehrungswürdiger Gönner brachte der Kaiserl. Akademie zur Wiederbesetzung dieser Stelle mich wieder in Vorschlag. Und da die Wahl auf mich gefallen war, so trug mir nicht allein der Herr Kollegienrat Aepinus selbst, sondern auch der Herr Etatsrat von Taubert, jeder in einem besondern Schreiben vom 19. Juli d. St. im Rahmen der Akademie diese Stelle an. Ein solcher Ruf hätte unter andern Umständen für mich sehr viele Reize gehabt. Eine Stelle bei einer Akademie der Wissenschaften zu bekleiden, wo man ohne alle Zerstreuungen, die bei andern Ämtern mehr oder weniger unvermeidlich sind, die Wissenschaften treiben kann, wo man der Unterstützung einer öffentlichen Bibliothek und eines vollständigen Vorrats von Instrumenten genießt, wäre sonst wohl diejenige gewesen, die ich mir gewünscht hatte. Aber ich war durch die Versicherungen, die ich vor so kurzer Zeit von mir gegeben hatte, die Dienste meines Landesherren und huldreichsten Beförderers nicht zu verlassen, zu sehr gebunden, und mußte diesen Antrag mit der schuldigsten Danksagung für die mir dadurch erwiesene Ehre verbitten."

Karsten wurde auf Empfehlung von Johann Albrecht Euler 1765 Mitglied der Kurfürstlich Bayerischen Akademie der Wissenschaften, in der er intensiv mitarbeitete [7], und hat seine Lebensgeschichte [1] aus diesem Anlaß verfaßt. Er war auch Mitglied der Gesellschaften der Wissenschaften zu Kopenhagen und Haarlem.

1778 wurde Karsten als Segners Nachfolger an die Universität Halle berufen, wo er bis zu seinem Tode am 17. 4. 1787 wirkte. Karstens Sohn Dietrich Ludwig Gustav (1768—1810) war Mineraloge und Mitglied der Akademie der Wissenschaften in Berlin, sein jüngerer Bruder Franz Christian Lorenz (1751—1829) war Professor der Ökonomie und Kameralwissenschaften an den Universitäten Bützow und Rostock, wo er die erste deutsche landwirtschaftliche Lehr- und Versuchsstation gründete. Der Sohn des letzteren, Carl Johann Bernhard (1782—1853), machte sich als Metallurge und Leiter des preußischen Hüttenwesens einen Namen [8] und gehörte seit 1822 der Akademie der Wissenschaften in Berlin an. Seine Söhne Herrmann (1809—1877) und Gustav (1820 bis 1900) waren Professor für Mathematik, Physik, Mineralogie und Astronomie an der Universität und Direktor der Navigationsschule in Rostock bzw. Professor der Physik und Mineralogie an der Universität in Kiel.

Literatur

[1] W. J. Gustav Karstens kurzer Entwurf seiner Lebensgeschichte von ihm selbst aufgesetzt, und der Churfürstlichen (Bayerischen) Akademie vermöge des § XXXVI ihrer Gesezze übergeben im Jahre 1766.
(Das handschriftliche Original dieses Entwurfs befindet sich im Archiv der Familie Karsten, deponiert im Archiv der Stadt Schwerin. Mir lag außer dem Original eine hektographierte Abschrift von Herrn Johannes Karsten (Wismar) vom Dezember 1975 vor, die der heutigen Orthographie angepaßt wurde.)

[2] Briefe von Leonhard Euler und von Joh. Alb. Euler an Wenceslaus Joh. Gust. Karsten. Allgemeine Monatsschrift für Wissenschaft und Literatur. Jhrg. 1854, S. 325—349, Braunschweig 1854.

[3] Leonhard Euler. Opera omnia. Ser. 4 Bd. 1. Birkhäuser, Basel: 1975.

[4] Johann Andreas von Segner. Vorlesungen über die Rechenkunst und Geometrie. Lemgo 1747.

[5] Gelehrte Nachrichten auf das Jahr 1753. J. A. Berger und J. Boedner, Rostock u. Wismar 1753.

[6] W. J. G. Karsten. Lehrbegriff der gesamten Mathematik. 8 Teile. Greifswald 1767—1777.

[7] Ludwig Hammermayer. Gründungs- und Frühgeschichte der Bayerischen Akademie der Wissenschaften. Kallmünz (Opf.) 1959.

[8] Gustav Karsten. Umrisse zu Carl Johann Bernhard Karsten's Leben und Wirken. Archiv für Mineralogie, Geognosie, Bergbau und Hüttenkunde, Berlin, **26** (1854) 2. Heft, S. 195—372.

Prof. Dr. phil. habil. CONRAD GRAU
Zentralinstitut für Geschichte der AdW der DDR, Berlin

Leonhard Euler und die Berliner Akademie der Wissenschaften[1])

LEONHARD EULER hat fast genau 25 Jahre seines mehr als 76jährigen Lebens in Berlin verbracht. Im Alter von 34 Jahren kam er 1741 dorthin, als 59jähriger verließ er 1766 Preußens Hauptstadt wieder. Mehr als ein Drittel seiner Publikationen gehören nach der Anzahl der Titel in dieses Vierteljahrhundert, wie A. P. JUSCHKEWITSCH ausgeführt hat. EULERS Briefwechsel war, wenn man von der erhaltengebliebenen Korrespondenz ausgeht, in den Berliner Jahren am intensivsten. Und dennoch — Berlin mit seiner Akademie war zwar der Ort seines Lebens und seiner Tätigkeit, das Feld seines Wirkens war jedoch wie zuvor und hernach die große Republik der Gelehrten. Ein Blick auf dieses Umfeld, einige Daten aus der Wissenschaftsgeschichte dieses Vierteljahrhunderts veranschaulichen, was sich in jener Zeit um EULER vollzog.

Wenige Monate nach EULERS Weggang aus Rußland kam der bedeutende Gelehrte MICHAIL WASSILJEWITSCH LOMONOSSOW (1711—1765) aus Deutschland an die Petersburger Akademie zurück, deren Wirken er bis zu seinem Tode auf zahlreichen Wissenschaftsgebieten nachhaltig prägte. 1743 wurde ANTOINE-LAURANT LAVOISIER (1743 bis 1794), der Begründer der neuen quantitativen Chemie, geboren. Der Mathematiker und Astronom PIERRE SIMON LAPLACE (1749—1827) erblickte 1749 das Licht der Welt. 1751 wurde die Göttinger Gesellschaft der Wissenschaften gegründet, 1754 folgte die Columbia-University in New York, und 1755 nahm die Moskauer Universität, die heute LOMONOSSOWS Namen trägt, ihre Tätigkeit auf. Oder betrachten wir einige bedeutende Publikationen: 1749 erscheint das erste Lehrbuch der Statistik von GOTTFRIED ACHENWALL (1719—1772): „Abriß der neuesten Staatswissenschaft der vornehmsten europäischen Reiche und Republiken"; in demselben Jahre beginnt die „Histoire naturelle, générale et particulière" von GEORGE DE BUFFON (1707—1788) zu erscheinen. 1751 legt CARL VON LINNÉ (1707—1778) seine „Philosophia botanica" vor. IMMANUEL KANTS (1724—1804) „Allgemeine Naturgeschichte und Theorie des Himmels" erscheint 1755. In den acht Bänden der „Elementa physiologiae corporis humani" faßt ALBRECHT VON HALLER (1708—1778) in den Jahren von 1757 bis 1766 die Forschungen auf diesem Gebiet zusammen. 1764 legt JOHANN JOACHIM WINCKELMANN (1717—1768) seine „Geschichte der Kunst des Altertums" vor, und zwar in jenen Jahren, als mehrmalige Versuche mißlangen, ihn für die Berliner Akademie zu gewinnen.

[1]) Der Vortrag wurde in gekürzter Fassung in Russisch während des Wissenschaftlichen Symposiums „Die Entwicklung der Ideen Eulers in der Gegenwart", das die Akademie der Wissenschaften der UdSSR vom 24.—28. Oktober 1983 in Moskau und Leningrad durchgeführt hat, gehalten.

Im Jahre 1743 endete die „Große Nordische Expedition" der Petersburger Akademie der Wissenschaften, und 1766 begann Louis Antoine de Bougainville (1729–1811) seine bis 1769 dauernde Weltreise, durch die die Erdkunde mit vielen neuen Entdeckungen bereichert wurde.

Nur einige Beispiele sollen den wissenschaftlichen Fortschritt während Eulers Berliner Zeit verdeutlichen, wobei die Auswahl sicher auch anders aussehen könnte. 1742 wurde die heute gebräuchliche 100gradige Thermometerskala von Anders Celsius (1701–1744) eingeführt; 1745 erfanden Georg Ewald von Kleist (1700–1748) und Pieter van Musschenbroek (1692–1761) fast gleichzeitig die Leidener Flasche, den ersten Kondensator; 1747 entdeckten James Bradley (1692–1762) die Nutation der Erdachse und Andreas Sigismund Marggraf (1709–1782) den Zuckergehalt der Rübe; 1748 formulierte Lomonossow in einem Brief an Euler das Gesetz von der Erhaltung der Masse; 1750 stellte Johann Tobias Mayer (1723–1762) das Fehlen der Mondatmosphäre fest und konstruierte Johann Andreas Segner (1704–1777) sein auf Rückstoßwirkung beruhendes Wasserrad; 1752 und 1754 führten Benjamin Franklin (1706–1790) und Prokop Diviš (1696–1765) den Blitzableiter ein; 1757 konstruierte John Dolland (1706–1761) das achromatische Fernrohr, auf dessen Möglichkeit Euler 10 Jahre früher hingewiesen hatte; 1758 entdeckte Franz Ulrich Theodor Aepinus (1724–1802) die elektrische Influenz; 1759 begründete Caspar Friedrich Wolf (1733–1794) in seiner „Theoria generationis" die Epigenese; 1760 unterschied Joseph Black (1728–1799) zwischen Temperatur und Wärmemenge und begründete Johann Heinrich Lambert (1728–1777) die Photometrie; 1766 stellte Henry Cavendish (1731–1810) fest, daß Kohlendioxyd und Wasserstoff von Luft verschiedene Gase sind. Die hier erwähnten Personen waren Euler fast alle bekannt, wie ein Blick in seinen veröffentlichten oder annotierten Briefwechsel zeigt; mit einigen von ihnen hat er korrespondiert, manchen begegnete er persönlich.

Und Euler selbst — welche bedeutenden Forschungsergebnisse publizierte er in diesem Vierteljahrhundert? Neben den mehr als 250 größeren und kleineren Aufsätzen sind hier vor allem die umfangreichen Monographien zu nennen; 1744 der „Methodus inveniendi lineas curvas maximi minimive proprietate gaudentes"; 1748 die zweibäudige „Introductio in analysin infinitorum"; 1749 die zweibändige „Scientia navalis seu tractatus de construendis ac dirigendis navibus"; 1753 die „Theoria motus lunae exhibens omnes eius inequalitates"; 1755 die „Institutiones calculi differentialis" und 1765 die „Theoria motus corporum solidorum sive rigidorum".

Alles das, so scheint mir, und eigentlich noch viel mehr gehört in das Umfeld von Eulers Berliner Jahren. Sie waren keine ruhige Zeit, in der die Wissenschaftler beschaulich ihren Forschungen leben konnten. Eulers Landesherr, König Friedrich II. von Preußen, mit dem nach einem Wort von Voltaire die Wissenschaft und die Kunst auf den Thron gekommen sein sollten, führte lange Kriege. Deren Auswirkungen wurden schließlich bis in die Hauptstadt spürbar. 1760 drangen russische Truppen nach Berlin vor. Frankreich, England und Spanien kämpften um Kolonien in Nordamerika, England begründete seine Herrschaft in Indien. Euler lebte nicht außerhalb dieser Ereignisse. Seit 1751 erschien in Berlin die „Vossische Zeitung", die die Welt in die Wohnungen bringen konnte. In Eulers Briefen spiegelt sich sein Interesse an der großen Politik gelegentlich wider. Man lese etwa seine Briefe an Johann Caspar Wettstein (1695 bis 1760) aus Berlin. 1758 schrieb Euler ihm den schönen Satz: „Dieu vieulle nous faire la grâce et nous procurer bientôt un paix honorable et durable." Wir erwarten zwar nicht wie EULER „einen ehrenhaften und dauerhaften Frieden" von Gott, aber dem Frieden und seiner Erhaltung dient unser Streben nicht weniger als dasjenige EULERS — hier in Moskau ebenso wie bei uns in Berlin.

Wie stellte sich die Stadt Berlin EULER vor über 200 Jahren dar?

EULER wohnte die längste Zeit seines Wirkens in Berlin in der Behrenstraße, wo heute eine Tafel an seinen Aufenthalt erinnert. Von dort ist es nicht weit zur Straße Unter den Linden, die damals vom königlichen Schloß direkt nach Westen in den Tiergarten führte, über die Stadtgrenze hinaus. Unter den Linden arbeitete die Akademie der Wissenschaften. Bis heute befinden sich an dieser Stelle Einrichtungen der Akademie, freilich nicht mehr im Gebäude aus EULERS Zeit. Er lernte noch das erste, im ersten Jahrzehnt des Jahrhunderts erbaute Observatorium kennen, wo die Akademiemitglieder sich bis 1744 versammelten. Danach tagten sie im Schloß des Königs bis 1752. Im folgenden Jahr konnte die Akademie neue Räume beziehen, in einem Gebäude Unter den Linden, nahe der Sternwarte. Der Neubau, in dem die Akademie bis 1903 arbeitete, wurde an der Stelle errichtet, wo am 21. August 1742 ein Brand ältere Gebäude vernichtet hatte. Sollte man hier nicht daran erinnern, daß EULER im Juli 1763 in einem Brief an G. F. MÜLLER als einen Grund für seinen Weggang aus Petersburg 1741 die Furcht seiner Frau vor Bränden nannte? Gleich zu Beginn seines Aufenthaltes in Berlin erlebte er, was in Petersburg befürchtet worden war. Er sah aber auch im ersten Jahrzehnt in Berlin das neue Akademiegebäude wachsen. Er konnte beobachten, wie ab 1748 unmittelbar daneben das Palais des Prinzen HEINRICH, des Bruders FRIEDRICHS II., erbaut wurde. Es beherbergt heute die Humboldt-Universität. Auf dem Platz gegenüber baute GEORG VON KNOBELSDORFF von 1741 bis 1743 das Opernhaus, die heutige Deutsche Staatsoper. Dahinter entstand seit 1747 die katholische Hedwigskirche, deren Vollendung im Jahre 1773 EULER nicht mehr als Berliner erlebte. Auf dem Wege vom Observatorium zum Schloß passierte man schon damals das Zeughaus, das 1706 fertiggestellt worden war und an dem Ende des 17. Jahrhunderts ANDREAS SCHLÜTER gearbeitet hatte, der 1714 als Baumeister in Petersburg starb. Das Zeughaus ist heute Museum für Deutsche Geschichte. Das Schloß wurde im Zweiten Weltkrieg zerstört, ein Opfer imperialistischer Machtgier, gegen die sich heute mehr und mehr alle friedliebenden Menschen wenden. Auf dem Platz wurde unter der Arbeiter-und-Bauern-Macht der DDR der Palast der Republik erbaut.

Ob sich EULER für seine architektonische Umwelt an seinem Arbeits- und Wohnort interessiert hat? Auf jeden Fall erinnert manches erhaltene oder wiederhergestellte Detail im Zentrum des sozialistischen Berlin an jene Zeit vor über 200 Jahren, als er hier wirkte, als Berlin die Hauptstadt des Staates war, dessen König 1741 den Schweizer Bürger aus dem kaiserlichen Rußland an die Berliner Akademie der Wissenschaften berief.

Die leibeigenen Bauern, die in die Armee des Soldatenkönigs FRIEDRICH WILHELM I. gepreßten Armen, die dem Zunftzwang unterworfenen Handwerker und Gesellen, die in den Manufakturen Beschäftigten — sie werden wohl mit der Thronbesteigung des neuen Königs FRIEDRICH II. 1740 keine allzu großen Hoffnungen auf Besserung ihrer Lage verbunden haben. Der Adel brauchte den aufgeklärten Absolutismus des neuen Königs nicht zu fürchten. Seine Stellung als herrschende Klasse blieb unangetastet, nachdem Versuche zur Wiederherstellung früherer ständischer Rechte gescheitert waren. Durch die von der Aufklärung durchdrungene Schicht der Intelligenz aber ging ein Aufatmen: Nun werde sich doch wohl Berlin aus einem Sparta in ein Athen verwandeln.

War der dreiunddreißigjährige Bürger EULER 1740 frei von Illusionen über den achtundzwanzigjährigen König FRIEDRICH II.? Er nahm, wie aus seinen Briefen an seinen Freund G. F. MÜLLER hervorgeht, die Berufung nach Berlin gern an. Noch bevor EULER Petersburg verließ, wußte er zwar, daß „anjetzo der König mit der Conquête von Schlesien beschäftiget" war, daß er also Krieg führte und die Musen schweigen hieß. EULERS Hoffnung war jedoch die in Berlin zu reorganisierende Akademie, die von FRIEDRICH II. versprochen worden war. Ahnte EULER damals, was ihn in Berlin erwartete, wie schwierig seine Stellung trotz seiner großen wissenschaftlichen Erfolge sein würde?

An G. F. MÜLLER schrieb EULER vor seiner Abreise aus Petersburg:

„Den H. Wolf in Marburg haben Ihro Majestät zu Dero Geheimen Rath und Vicecantzler der Universität in Halle ernennet ... Zu der Academie in Berlin aber ist außer mir noch kein Fremder beruffen worden, als der H. Maupertuis von Paris, welcher bey der frantzösischen Expedition in Lappland die Direction gehabt und darauf die wahre Figur der Erde bestimmet hat."

Natürlich war EULER kein Prophet. Aber FRIEDRICH II., CHRISTIAN WOLFF und PIERRE-LOUIS MOREAU DE MAUPERTUIS haben tatsächlich nachhaltig EULERS Aufenthalt in Berlin beeinflußt, mehr vielleicht als manch anderer Zeitgenosse. Schließlich verließ EULER 1766 Preußens Hauptstadt wieder, durchaus nicht so begeistert, wie er 25 Jahre zuvor dem Ruf des Königs gefolgt war. Insofern hat es sogar seine historische Berechtigung, wenn am Denkmal FRIEDRICHS II. in Berlin auf der Straße Unter den Linden das Bild und der Name EULERS fehlen, WOLFF und MAUPERTUIS dort jedoch verewigt sind.

EULER wurde 1741 noch in die alte, im Jahre 1700 von GOTTFRIED WILHELM LEIBNIZ begründete Sozietät der Wissenschaften berufen. Der Präsident der Akademie, DANIEL ERNST JABLONSKI, gemeinsam mit LEIBNIZ und anderen Mitbegründer der Sozietät und ihr Leiter seit 1733, war kurz vor EULERS Ankunft in Berlin am 25. Mai 1741 gestorben. Die Akademie hatte damals bereits vier Klassen, die Physikalische, die Mathematische, die Philologisch-germanische oder Historische und die Philologisch-orientalische. Die Mathematische Klasse, in die EULER eintrat, wurde von ALPHONSE DES VIGNOLES bis zu seinem Tode 1744 geleitet. VIGNOLES starb mit fast 95 Jahren; er hatte über die Chronologie gearbeitet. Sofort nach seiner Ankunft in Berlin wurde EULER Direktor der Sternwarte. Er behielt dieses Amt bis zu seinem Weggang aus Berlin im Jahre 1766.

In dem Vierteljahrhundert, in dessen Verlauf EULER in Berlin tätig war, lassen sich in der Entwicklung der Akademie deutlich drei Abschnitte unterscheiden: erstens die Reorganisationsperiode von 1741 bis 1746, zweitens die Zeit der Präsidentschaft MAUPERTUIS' von 1746 bis 1759 und drittens die Jahre von 1759 bis 1766, in denen EULER besonders intensiv um seine Stellung in Berlin rang.

Die Situation, die EULER 1741 vorfand, erwies sich als sehr kompliziert. Die vom König versprochene Reorganisation der Akademie ließ auf sich warten. FRIEDRICH II. beschäftigte sich indessen, wie EULER noch aus Petersburg an G. F. MÜLLER geschrieben hatte, „mit der Conquête von Schlesien". Die damit vom Zaune gebrochenen Eroberungskriege des preußischen Monarchen verzögerten nicht nur den Aufbau der neuen Akademie um mehr als ein Jahrfünft, sie überschatteten auch das ganze Berliner Vierteljahrhundert EULERS.

Dieser ließ sich jedoch nicht hindern, um die neue Akademie zu kämpfen. In seiner Sorge um die Förderung der Astronomie, deren Forschungsergebnisse durch ihre

Nutzung für die Kalender der Akademie deren Existenz sicherten, veranlaßte er 1742 die Berufung von Johannes Kies als Astronom und Mitglied der Akademie. Der 1743 erschienene siebente und letzte Band der „Miscellanea Berolinensia", der ersten Serienpublikation der Sozietät, enthielt auf 242 Seiten fünf Abhandlungen von Euler, der damit seine schöpferische Produktivität von Anfang an unter Beweis stellte.

Ebenfalls 1743 wurde in Berlin eine neue wissenschaftliche Gesellschaft, die Société Littéraire, gegründet, in der Euler neben anderen Akademiemitgliedern mitarbeitete. Für die Zeit vom August 1743 bis zum Januar 1744 sind 21 Protokolle der Sitzungen dieser Société bekannt. Euler hat in diesem halben Jahr in der Société fünf Vorträge gehalten. Im Herbst 1743 ordnete Friedrich II. die Vereinigung der Société Littéraire und der Sozietät der Wissenschaften zur neuen Akademie der Wissenschaften an, die im Januar 1744 vollzogen wurde. Euler wurde jetzt Direktor der Mathematischen Klasse. Seinen großen Einfluß auf die Wissenschaftsorganisation in Berlin bezeugt die Tatsache, daß er es abgelehnt hatte, Direktor der Mathematischen Klasse zu werden, bevor die beiden bestehenden wissenschaftlichen Gesellschaften vereinigt waren.

Die bereits 1740 aufgenommenen Verhandlungen Friedrichs II. mit Maupertuis wurden erst 1746 zum Abschluß gebracht. Dieser wurde am 1. Februar 1746 zum ständigen Präsidenten der Akademie berufen. Gleichzeitig erschien der erste Band der Publikationen der neuen Akademie, in dem Euler wiederum mit mehreren Abhandlungen vertreten war. Am 10. Mai 1746 erhielt die Akademie ein neues Réglement, das von Maupertuis ausgearbeitet und auf seine eigene führende Stellung in der Akademie zugeschnitten war. Damit begann das Jahrzwölft, in dem Euler neben dem Präsidenten und zeitweilig als dessen Vertreter seine umfassendste Wirksamkeit in der Berliner Akademie entfaltete.

Über „Leonhard Eulers Wirken an der Berliner Akademie als Mathematiker und Mechaniker (1741—1766)" hat Rüdiger Thiele, dem wir auch die jüngste deutschsprachige Euler-Biographie verdanken, in der Zeitschrift „Wissenschaft und Fortschritt' gerade ausführlich berichtet. Ich möchte daher auf diese Problematik nicht eingehen, zumal mir als Nichtmathematiker die Voraussetzungen dafür fehlen. Dagegen möchte ich auf einige philosophische und wissenschaftsorganisatorische Probleme im Berliner Wirken Eulers verweisen. Diese halte ich für genauso bedeutsam wie die mathematisch-mechanischen, und diese haben nach meiner Ansicht entscheidend dazu beigetragen, daß die Tätigkeit Eulers in Berlin 1766 ein Ende fand.

Bereits 1964 hat der Wissenschaftshistoriker Günter Kröber in der Einleitung zu einer „Philosophischen Auswahl" aus Eulers Werk „Briefe an eine deutsche Prinzessin über verschiedene Gegenstände aus der Physik und Philosophie", die 1983 erneut erschien, die folgende, sehr bedenkenswerte Feststellung getroffen:

„Nur allzuoft wird übersehen, daß Euler durch seine Tätigkeit an der Berliner Akademie, sein Auftreten gegen die Leibnizsche Monadenlehre und die Wolffsche Philosophie, seine Verteidigung der materialistischen Prinzipien der Physik des Descartes, seine Orientierung auf den aus der Newtonschen Mechanik erwachsenen mechanischen Materialismus und schließlich durch seinen Einfluß, den er auf den jungen Kant ausübte, die Richtung des philosophischen Denkens in Deutschland um die Mitte des 18. Jahrhunderts ganz entscheidend mitbestimmte."

Und in seinem Newton-Artikel im 1982 erschienenen „Philosophen-Lexikon" schreibt Hans-Jürgen Treder über das Ringen um das naturwissenschaftliche Weltbild der Aufklärung:

„Aufgrund der überwältigenden Erfolge der Newtonschen Mechanik in Physik und Astronomie und nach Rezeption der Naturphilosophie von Newton als wissenschaftliches Fundament der Aufklärungsphilosophie seit Voltaire wurde Newtons Mechanik methodisch und inhaltlich mit der Naturwissenschaft überhaupt identifiziert. Voltaire, Maupertuis, Euler, d'Alembert u. a. setzen den Newtonismus gegen den Cartesianismus und die Leibniz-Wolffsche Monadologie als herrschendes Weltbild durch."

Außer Newton und Descartes waren alle genannten Persönlichkeiten Mitglieder der Berliner Akademie.

Mit der Philosophie Christian Wolffs, der Leibniz' Denken systematisierend weiterführte, und dem Newtonianismus war Euler bereits in Petersburg konfrontiert worden. Der Wolff-Anhänger Georg Bernhard Bülfinger (1693—1750), seit 1725 Vertreter der Experimental- und der theoretischen Physik an der Petersburger Akademie, las dort bereits seit 1726 in öffentlichen Lektionen nach Wilhelm Jakob 's Gravesandes (1688—1742) „Philosophiae Neutonianae institutiones" (Leiden 1723), als selbst in Cambridge noch nach René Descartes gelehrt wurde. Da der Inhalt von Bülfingers Vorlesungen unbekannt ist, muß zwar offen bleiben, ob er sich positiv oder negativ zu Newton stellte, aber der Rezeptionsprozeß Newtons war damit an der Petersburger Akademie bereits bei Eulers Ankunft eingeleitet. Auf der Festsitzung der Akademie am 1. August 1726 sprach der Mathematiker Jakob Hermann (1678—1733) über die Geschichte der Geometrie und wichtige mathematische Entdeckungen. In seiner Rede, die 1728 veröffentlicht wurde, behandelte er Newtons „Philosophiae naturalis principia mathematica" und die Erarbeitung der Differentialrechnung durch Newton und Leibniz, wobei er sich unvoreingenommen zum Prioritätsstreit der beiden Forscher verhielt und versuchte, beiden gerecht zu werden. Den 1729 ausbrechenden Streit zwischen den Wolffianern und deren Gegnern an der Petersburger Akademie hat Euler dann schon selbst miterlebt. Sehr richtig stellte schon Eduard Winter dazu fest:

„Der entschiedene Gegner Wolffs, der er Zeit seines Lebens blieb, wurde Euler vor allem in diesen Auseinandersetzungen."

1747 veröffentlichte Euler in Berlin seine Schrift „Rettung der göttlichen Offenbarung gegen die Einwürfe der Freigeister", die sich gegen den Deismus richtete. Sie stand zeitlich am Ende einer Auseinandersetzung in der Berliner Akademie, die die Prüfung der Monadenlehre von Leibniz als Preisaufgabe gestellt hatte. Euler, obwohl als Akademiemitglied in diesem Fall zur Zurückhaltung verpflichtet, mischte sich — anonym zwar, doch allen bekannt — engagiert ein. Er wandte sich gegen Leibniz und damit auch gegen Wolff. Dieser unterstellte ihm in diesem Zusammenhang sogar ungerechtfertigt, Euler wolle „mit Macht in allen Wissenschaften dominieren ..., wodurch er sowohl seinem eigenen Ruhme sehr schadet, indem wenige sind, die von dem ihm gebührenden Ruhme einen Begriff haben, als auch die Akademie der Wissenschaften zu Berlin in viele Schande bringet ..." Die Gegner der Leibniz-Wolffschen Philosophie setzten sich damals nicht ohne Zutun Eulers an der Akademie durch.

Der fünfundzwanzigjährige Immanuel Kant verfolgte diese Berliner Kämpfe offensichtlich ebenfalls aufmerksam, sah aber die Stellung Eulers unter ganz anderem Gesichtspunkt als Wolff. Seine 1746 erschienene Schrift „Gedanken von der wahren Schätzung der lebendigen Kräfte" sandte Kant 1749 an Euler. In einem Begleitbrief, den Kröber in der genannten Publikation (vgl. [6]) erstmals veröffentlicht hat, gab Kant dazu folgenden Kommentar:

„Eben dieselbe Vermessenheit, die mich bewog, dem wahren Maß der Naturkräfte nachzuspüren, und den Preis der Wahrheit vor die rühmlichen Bemühungen sowohl der Verteidiger des

Herrn Leibniz als Descartes ausfindig zu machen, die ist auch die Ursache, daß ich es wage, diese Schrift dem Urteile einer Person zu überliefern, deren entscheidende Scharfsinnigkeit vor andern imstande ist, den Anfang der Bestrebung in diesen schlechten Aufsätzen zu einer endlichen und völligen Beilegung der Uneinigkeit unter so großen Gelehrten hinauszuführen. Der Ausspruch der Welt erkläret Ew. Hochedelgeb. vor diejenige Person, die vor andern im Besitze sind, in dem verwickeltsten Punkte der Mechanik den menschlichen Verstand aus einem langwierigen Irrtum und Zweifel hinauszureißen, und eben dieses bewegt mich auch Ew. Hochedelgeb. zu einer geneigten und genauen Beurteilung dieser geringen Gedanken gehorsamst einzuladen."

Eine Reaktion EULERS auf diesen Appell an seine Urteilsfähigkeit in letztlich philosophischen Fragen ist nicht bekannt. Angemerkt sei hier, daß die deutsche Edition des Briefes von 1964 in dem 1967 erschienenen Werk [3] nicht berücksichtigt wurde.

Schon wenig später, in den Jahren 1750 bis 1753, geriet EULER in Berlin in eine noch folgenreichere Auseinandersetzung. Es ging um das Prinzip der kleinsten Wirkung, dessen Geschichte, wie HANS-JÜRGEN TREDER 1975 gezeigt hat, mit der Geschichte der Berliner Akademie von LEIBNIZ bis zu EINSTEIN aufs engste verbunden ist. Die Entdeckung und Ausarbeitung des Prinzips nahm MAUPERTUIS für sich in Anspruch. Das bestritt hinwieder der Mathematiker SAMUEL KÖNIG (1712—1757), der seit 1749 Auswärtiges Mitglied der Berliner Akademie war. Er behauptete 1751 — wie wir heute wissen, zu Recht —, bereits LEIBNIZ hätte das Prinzip in einem Brief formuliert. EULER, wiewohl er MAUPERTUIS' Thesen nicht voll billigte, stellte sich ganz auf dessen Seite. Er gab zugleich die erste mathematisch korrekte Formulierung des Prinzips. Unter EULERS Führung erklärte die Berliner Akademie 1752 den Brief von LEIBNIZ über das Prinzip der kleinsten Wirkung, dessen Original KÖNIG nicht vorlegen konnte, zu einer Fälschung. Darauf gab KÖNIG der Akademie sein Mitgliedsdiplom zurück. Erst 1913 konnte eine weitere Abschrift des Briefes von LEIBNIZ ermittelt werden, dessen Echtheit 1752 von der Akademie in Frage gestellt worden war.

Der Vorgang hatte seinerzeit ein Nachspiel in einer Spottschrift von VOLTAIRE auf MAUPERTUIS unter dem Titel „Diatribe du Docteur Akakia", die noch 1752 erschien. G. HEINSIUS schrieb damals aus Leipzig an SCHUMACHER nach Petersburg, daß darin „der ehrliche H. Prof. Euler auch sehr gemißhandelt ist". EULER selbst stellte dagegen die ganze Problematik wider besseres Wissen unter Verzicht auf den sachlichen Hintergrund als eine Privatfehde dar. An SCHUMACHER schrieb er:

„Ew. Wohlgeb. werden aus der Zeitung erfahren haben, daß vergangenen Sonntag hier eine Schrifft, so Mr. Voltaire gegen unseren H. Praesidenten Maupertuis verfertiget, öffentlich durch den Henker verbrannt worden. Jener hatte diesen schon verschiedene Mal in herausgegebenen kleinen Schriften ziemlich hart angegriffen ..."

Obwohl es hier um ganz wesentliche Fragen der Stellung EULERS und MAUPERTUIS' im wissenschaftlichen Leben Berlins ging, war EULER von der Richtigkeit seines eigenen Vorgehens so sehr überzeugt, daß er sich sogar um die Verbreitung der Spottschrift bemühte. So bat er HEINSIUS in Leipzig:

„Ew. Hochedelgeb. können dem H. Rat Schumacher einen ganz besonderen Gefallen erweisen, wann Dieselben einige Exemplare von des Mr. de Voltaire Diatribe, so hier verbrannt worden, an ihn überschicken wollten ... es ist aber der Verkauf dieser Charteque hier gänzlich verboten. Da man mich nun versichert, daß dieselben in Leipzig zu bekommen ..."

Während MAUPERTUIS nach diesen Auseinandersetzungen zu Beginn der fünfziger Jahre des 18. Jahrhunderts ein geschlagener Mann war, der sich fast ganz von der Akademie zurückzog, hatte EULERS wissenschaftlicher Ruf trotz einiger Anfeindungen wenig gelitten, wie der neueste Euler-Biograph R. Thiele schreibt. Er nennt zwei Hauptgründe, die Euler in diese Situation gebracht haben: „die Pflicht, seinen Präsidenten und die Akademie zu verteidigen“ und „seine tiefe Gegnerschaft zur Leibniz-Wolffschen Philosophie und zur radikalen französischen Aufklärung“, wobei letzteres wohl ausschlaggebend war. Die beiden benannten weltanschaulichen Richtungen setzten sich in der Berliner Akademie in den sechziger Jahren zunehmend durch und gaben eigentlich den endgültigen Ausschlag für die länger erwogene Rückkehr Eulers nach Petersburg. Hinzu kam jedoch ein weiterer Grund, der Eulers Stellung in der Berliner Akademie untergrub.

Die außerordentlich vielseitige und erfolgreiche wissenschaftsorganisatorische Tätigkeit Eulers in Berlin ist in den von A. P. Juschkewitsch und E. Winter mit ihren Mitarbeitern herausgegebenen drei Bänden über „Die Berliner und die Petersburger Akademie der Wissenschaften im Briefwechsel Leonhard Eulers“ und in der Edition von E. Winter „Die Registres der Berliner Akademie der Wissenschaften 1746—1766“, die ich für meinen Vortrag dankbar benutzen konnte, ausführlich dokumentiert. Ich muß es mir aus Platz- und Zeitgründen versagen, das dort ausgebreitete und interpretierte Material hier zu behandeln. Dagegen scheint es mir erforderlich, im Interesse eines abgerundeten Bildes des Wirkens Eulers in Berlin auf einen — wie mir scheint — noch immer nicht genügend beachteten Aspekt der Arbeiten Eulers in der Berliner Akademie hinzuweisen. Es geht um seinen Anteil an der Finanzverwaltung, der 1765 zur offiziellen Gründung des Akademie-Archivs führte, wie Christa Kirsten 1966 in einer Studie darstellte.

Bekanntlich erfolgte die Finanzierung der Arbeiten der Akademie seit deren Gründung hauptsächlich durch die Einnahmen, die diese aus dem Kalendermonopol zog. Ein wesentlicher Teil der Kalenderarbeit wurde durch die Sternwarte geleistet, der Euler vorstand. 1744 wurde bei der neuen Akademie eine einheitliche Kalenderadministration eingeführt, für die sich Euler verantwortlich fühlte. Sein wichtigster Mitarbeiter war der Kalenderadministrator David Köhler. Euler gelang es, die Kalendereinnahmen wesentlich zu steigern. Später schlug er sogar vor, die Petersburger Akademie sollte nach dem Vorbild der Berliner Akademie Kalender für Rußland herausgeben.

Euler erwies sich in vielen Jahren „par sa probité, par ses lumières et par son zèle pour l'académie“ als der geeignetste Leiter der Geschäfte der Akademie, wie Maupertuis feststellte. Als dieser 1753 nach dem König-Streit, schon unheilbar krank, Berlin verließ, schrieb er an D. Köhler:

> „S. Maj. ayant approuvé que je remisse le détail de l'administration de l'Académie pendant mon absence entre les mains de M. le Prof. Euler.“

Dieser war damit de facto der Leiter der Akademie, insbesondere auch der Finanzverwaltung.

Im Zusammenhang mit dem wirtschaftlichen Wiederaufbau Preußens nach dem Siebenjährigen Krieg wurde auch eine Neuordnung der Finanzen in der Akademie angeregt. Das bedeutete faktisch eine Reorganisation des Kalenderwesens, das Euler unterstand. Im Februar 1765 ordnete Friedrich II. die Einsetzung einer Kommission zur Überprüfung der Finanzen der Akademie an. Diese stand zwar unter Eulers Leitung, doch mußte dieser, der bis dahin weitgehend allein verantwortlich war, diese Entscheidung als ein Mißtrauensvotum gegen sich selbst und seinen Mitarbeiter D. Köhler auffassen. Außerdem spielten in die Tätigkeit der Kommission weltanschauliche Gegensätze zwischen den Akademiemitgliedern und zwischen dem König und EULER hinein. Hier mag die Erinnerung daran genügen, daß EULER nach dem Tode von MAUPERTUIS (1759) mit gutem Grund erwartete, er würde fortan nicht nur der tatsächliche Leiter der Akademie sein, sondern deren Präsident werden. Unter diesen Umständen, als er einen Weggang von Berlin bereits in Betracht zog, mußte ihn die Einsetzung einer Kontrollkommission besonders hart treffen. Bereits vier Monate nach deren Einsetzung hat der König darüber hinaus, ohne die Ergebnisse der Kommissionsarbeit abzuwarten, am 16. Juni 1765 angeordnet, die Kalenderadministration der Akademie in eine Kalenderverpachtung umzuwandeln.

EULERS Anregung in einem Dokument vom 3. Oktober 1765, zwei Archive der Akademie — ein literarisches und ein ökonomisches — einzurichten und das Amt des Schatzmeisters der Akademie mit dem des Archivars der Finanzverwaltung zu koppeln und diesem dadurch großen Einfluß zu verschaffen, ist nicht verwirklicht worden. Es wurde nur ein einziges Archiv mit zwei Abteilungen eingerichtet. EULER hat einen Monat nach seiner Eingabe seine Tätigkeit in der ökonomischen Kommission eingestellt. Die Auseinandersetzungen um die Finanzverwaltung der Berliner Akademie haben zusammen mit den ideologischen Streitigkeiten, in denen sich von EULER abgelehnte philosophische Anschauungen durchsetzten, seinen Weggang von der Berliner Akademie beeinflußt, der sich monokausal nicht erklären läßt. Das hat zuletzt während der Euler-Ehrung in Berlin am 16. September 1983 KURT-R. BIERMANN in seinem Vortrag „Wurde Euler durch Lambert aus Berlin vertrieben?" überzeugend dargelegt.

Die genannte Veranstaltung des Euler-Komitees bei der Akademie der Wissenschaften der DDR anläßlich des 200. Todestages von LEONHARD EULER ist das vorletzte Ereignis in der Geschichte der Bemühungen, die ich als Gegenstand des Themas „Leonhard Euler und die Berliner Akademie der Wissenschaften" betrachte. Unsere Akademie hat sich, wenn auch mit unterschiedlicher Intensität, stets dem Erbe ihres bedeutenden Mitglieds LEONHARD EULER verpflichtet gefühlt.

Nach dem Weggang EULERS aus Berlin erschienen einige seiner Arbeiten noch in den Serienpublikationen der Akademie. Weitere Verbindungen ergaben sich, da LEONHARD EULERS Sohn JOHANN ALBRECHT durch Heirat der Neffe des Berliner Akademiesekretärs SAMUEL FORMEY (1711—1797) geworden war: FORMEYS Frau und JOHANN ALBRECHT EULERS Schwiegermutter waren Schwestern. In der ersten Hälfte des 19. Jahrhunderts hat sich der Mathematiker KARL GUSTAV JAKOB JACOBI (1804—1851) durch die Auswertung der Protokolle der Berliner Akademie große Verdienste um die Erschließung der Tätigkeit LEONHARD EULERS erworben. 1908 erschien der Briefwechsel zwischen den Akademiemitgliedern P. H. FUSS in Petersburg und JACOBI in Berlin „über die Herausgabe der Werke L. Eulers" in Leipzig. Eine anläßlich des 200. Geburtstages EULERS 1907 von der Petersburger Akademie gemeinsam mit der Berliner Akademie geplante Werkausgabe EULERS scheiterte zwar an den Finanzen, doch erkannte die Berliner Akademie an, „daß die Veranstaltung einer vollständigen Herausgabe der Euler'schen Arbeiten im wesentlichen die Bedeutung haben würde, daß dem großen Forscher des 18. Jh. ein wohlverdientes Denkmal errichtet würde". Der genannte Jahrestag war dann bekanntlich der Anlaß, die bis jetzt noch nicht vollendeten „Leonhardi Euleri Opera omnia" in Angriff zu nehmen.

Als die Akademie der Wissenschaften der UdSSR im Jahre 1925 den 200. Jahrestag ihrer Gründung feierte, berief sich die Berliner Akademie in ihrer Grußadresse auch auf EULER: „Fast im gleichen Lebensalter stehend hat die Schwesterakademie durch gute und schlimme Zeiten hindurch in unveränderlich freundschaftlichem Wetteifer mit ihr gearbeitet, zahlreiche weitausgreifende Ideen sind in ihnen gemeinsam gepflegt und herangereift, verkörpert durch Persönlichkeiten wie Gottfried Wilhelm Leibniz und Leonhard Euler, deren Namen noch heute mit unvermindertem Glanz in die Welt hinausleuchten." 1924 hatte die Berliner Akademie den Briefwechsel Eulers mit Johann Heinrich Lambert veröffentlicht.

Nach der Errichtung der Arbeiter-und-Bauern-Macht in der DDR haben sich die Beziehungen zwischen den Akademien der Wissenschaften der DDR und der UdSSR kontinuierlich entwickelt und vertieft. Damit entstanden auch die besten Voraussetzungen für unsere Akademie, die durch Euler verkörperten Traditionen im Geiste der deutsch-sowjetischen Freundschaft zu nutzen. Anläßlich des 200. Geburtstages Eulers im Jahre 1957 erschienen in Berlin und Moskau Festschriften, es fanden auch Festveranstaltungen der Akademien statt, und eine wissenschaftliche Konferenz in Berlin behandelte „Die Begegnung der deutschen und der russischen Wissenschaft und Kultur im 18. Jahrhundert und Euler". A. P. Juschkewitsch, E. Winter und ihre Mitarbeiter veröffentlichten von 1959 bis 1976 in Berlin drei Bände des erwähnten Briefwechsels Eulers; E. Winter gab die genannten Kurzprotokolle der Berliner Akademie aus der Zeit Eulers heraus. In diese Tradition der Euler-Pflege ordnet sich die Veranstaltung in Berlin im September 1983 ein. Und auch die Teilnahme einer Delegation des Euler-Komitees bei der Akademie der Wissenschaften der DDR an dieser Konferenz der sowjetischen Akademie möchte ich als einen Beitrag zum Thema „Leonhard Euler und die Berliner Akademie der Wissenschaften" betrachtet wissen. Euler fühlte sich Berlin verbunden, sprach er doch 1763 in einem Brief an seinen Freund G. F. Müller von „der so vieljährigen Verknüpfung in der hiesigen Stadt" Berlin, die ihn 1907 durch eine Gedenktafel in der Behrenstraße ehrte, seinem Wohnsitz in unmittelbarer Nähe der Akademie der Wissenschaften. Im Jahre 1980 stiftete die Akademie in Berlin die „Leonhard-Euler-Medaille der Akademie der Wissenschaften der DDR für hervorragende Leistungen auf den Gebieten der Mathematik, Mechanik, Kybernetik und der Theorie der automatischen Informationsverarbeitung, die sich durch die Lösung fundamentaler wissenschaftlicher Probleme auszeichnen und den wissenschaftlich-technischen Fortschritt in der DDR maßgeblich fördern". Sie ehrte damit zugleich eines ihrer bedeutendsten Mitglieder.

Literatur

[1] Die Berliner und die Petersburger Akademie der Wissenschaften im Briefwechsel Leonhard Eulers:
Teil I: Der Briefwechsel L. Eulers mit G. F. Müller 1735—1767. Hrsg. u. eingel. v. A. P. Juškevič u. E. Winter unt. Mitwirk. v. P. Hoffmann, Berlin 1959.
Teil II: Der Briefwechsel L. Eulers mit Nartov, Razumovskij, Schumacher, Teplov und der Petersburger Akademie 1730—1763. Hrsg. u. eingel. v. A. P. Juškevič u. E. Winter unt. Mitwirk. v. P. Hoffmann u. Ju. Ch. Kopelevič, Berlin 1961.
Teil III: Wissenschaftliche und wissenschaftsorganisatorische Korrespondenzen 1726—1774. Hrsg. u. eingel. v. A. P. Juškevič u. E. Winter. Z. Druck vorber. v. P. Hoffmann, T. N. Klado u. Ju. Ch. Kopelevič, Berlin 1976.

[2] Русско-германские научные связи между Академией наук СССР и Академией наук ГДР 1700—1974. Сборник документов под редакцией академика П. Н. Поспелова (СССР), академика Шееля (ГДР), Москва 1975.

[3] Леонард Эйлер, Переписка, Аннотированный указатель. Ленинград 1967.
[4] Philosophenlexikon. V. e. Autorenkollektiv, hrsg. v. E. Lange u. D. Alexander, Berlin 1982.
[5] Die Registres der Berliner Akademie der Wissenschaften 1746—1766. Dokumente für das Wirken Leonhard Eulers in Berlin. Zum 250. Geburtstag. Hrsg. in Verb. m. M. Winter u. eingel. v. E. Winter, Berlin 1957.
[6] L. Euler, Briefe an eine deutsche Prinzessin über verschiedene Gegenstände aus der Physik und Philosophie. Philosophische Auswahl. Hrsg. v. G. Kröber, Leipzig 1983.
[7] C. Grau, Leonhard Eulers Bücherkäufe 1748. Bemerkungen zu seinen philosophischen Interessen. Z. für Geschichtswiss. **31** (1983) 8, 709—719.
[8] A. Harnack, Geschichte der Königlich Preußischen Akademie der Wissenschaften zu Berlin, Bd. 1—3. Berlin 1900.
[9] W. Hartkopf, Die Akademie der Wissenschaften der DDR. Ein Beitrag zu ihrer Geschichte. Biographischer Index. Berlin 1983.
[10] C. Kirsten, Leonhard Eulers Entwurf „Sur l'Etablissement de l'Archif". Zur Reorganisation der Finanzverwaltung der Berliner Akademie im Jahre 1765. *In:* Ost und West in der Geschichte des Denkens und der kulturellen Beziehungen. Festschrift für Eduard Winter zum 70. Geburtstag. M. e. Geleitwort von A. P. Juškevič, Président de l'Académie Internationale d' Histoire des Sciences. Hrsg. v. W. Steinitz, P. N. Berkov, B. Suchodolski u. J. Dolanský. Red. H. Mohr u. C. Grau. Berlin 1966, S. 294—302.
[11] Копелевич, Ю. Х., Основание Петербургской Академии наук. Ленинград 1977.
[12] I. Mittenzwei, Friedrich II. von Preußen. Eine Biographie, Berlin 1979.
[13] R. Thiele, Leonhard Euler. Leipzig 1982.
[14] R. Thiele, „... unsere Mathematiker können es mit denen aller Akademien aufnehmen". Leonhard Eulers Wirken an der Berliner Akademie als Mathematiker und Mechaniker (1741—1766). Wiss. und Fortschritt **33** (1983) 8, 296—299.
[15] H.-J. Treder, Zur Geschichte der Physik an der Berliner Akademie von 1870 bis 1930. *In:* Physiker über Physiker. Wahlvorschläge zur Aufnahme von Physikern in die Berliner Akademie 1870 bis 1929 von Hermann v. Helmholtz bis Erwin Schrödinger. Bearb. v. C. Kirsten u. H.-G. Körber, M. e. Einleitung v. H.-J. Treder, Berlin 1975, S. 11—48.
[16] A. Vogt, Leonhardi Euleri Opera omnia. Spectrum **14** (1983) 8, S. 8.

Dr.-Ing. GERHARD SIEDT

Sekretär des Euler-Komitees bei der AdW der DDR
Institut für Mechanik der AdW der DDR, Berlin

Bemerkungen zu einem Gutachten Eulers für das Französische Waisenhaus in Berlin

Das wissenschaftliche Wirken, das LEONHARD EULER einen festen Platz unter den großen Gelehrten und Forschern unserer Welt bestimmt hat, beeindruckt in seiner Vielfalt und seinem enormen Umfang. Die „Leonardi Euleri Opera omnia" sind für diese Attribute ein beredtes Zeugnis.

Doch relativ wenig ist bekannt über Details seines Lebens, seines Weltbildes und seiner weltanschaulichen Auseinandersetzungen. In Berlin, wo er 25 Jahre fruchtbaren Schaffens verbrachte, war er ein engagiertes Mitglied der französisch-reformierten Kirche [1]. Ein erst 1983 durch den Pfarrer dieser Gemeinde aufgefundenes Gutachten gibt Aufschluß über eine Rechnungsprüfung, die EULER vorgenommen hatte. Das Gutachten, in Französisch geschrieben, ist auf die Innenseite des Einbandes des Rechnungsbuches des Waisenhauses der Gemeinde petschiert worden (Abb. 29). Der Text lautet in der deutschen Übersetzung:

> Rechnungen des Waisenhauses Francois vom 1. Januar bis zum Letzten im Dezember 1763
>
> Über die Rechnungen des Waisenhauses finde ich nur, daß man folgende allgemeine Bemerkungen machen muß. So lange, wie in den Rechnungen die Ausgaben in verschiedenen Währungen, und zwar aus Sachsen, Preußen und selbst Friedrichdor in der gleichen Summe addiert werden, wobei man auch nur die Summe davon betrachtet, ist es unmöglich, deren wahren Wert zu erkennen. So ist in den Rechnungen des Jahres 1762 auf Seite 5 ein Kapital von 2000 Talern vermischt mit zweifelsohne in anderen Währungen angelegten Kapitalien, und es wird darüber hinaus nicht gesagt, ob es alte oder neue Friedrichdor sind. In den Rechnungen des Jahres 1763 findet man überall dieselbe Ungleichheit der Währungen, und es ist offensichtlich, daß 100 Preußische Taler und 100 Sächsische Taler zusammen ebensowenig 200 Taler ergeben, wie 100 Pfund Sterling und 100 Französische Pfund zusammen 200 Pfund ausmachen würden. Auch wird auf den Seiten 12 und 13, auf denen die Zinsen eingetragen sind, in allen Posten nicht gesagt, ob die Zinsen in Sächsischen oder Preußischem Geld bezahlt wurden, obwohl dieser Unterschied viel wichtiger wäre als die Prüfung aller einzelnen Rechnungen. Aber diese Konfusion ist so allgemein in allen möglichen Kassen, daß ich weit entfernt davon bin, bei den Rechnungen des Waisenhauses von dieser Seite her die geringsten Vorwürfe zu machen.

Mitunterzeichnende sind (LUIS PHILLIPPE TERSON) DE PALEVILE und (LEVINUS CAUMONT) D'AUSTIN, beide Beamte bei Hof und in der Kirchenleitung.

Es ist beeindruckend, wofür der erste Mathematiker der Berliner Akademie Zeit fand!

Abschließend sei noch bemerkt, daß die Durchsicht des Kirchenbuches der Gemeinde einen ergreifenden Aufschluß gab; im Verlauf von zwei Jahren starben in Berlin 4 seiner 13 Kinder.[1])

Literatur

[1] HARTWEG, F. G.: Leonhard Eulers Tätigkeit in der französisch-reformierten Kirche von Berlin. Die Hugenottenkirche **32** (1979) 4, 14–15; 5, 17–18.

[1]) ERDMUTH LOUISE am 9. 8. 1749 mit 4 Monaten, HÉLÈNE ELEONORE am 11. 8. 1749 mit 4 Monaten, AUGUSTE FRÈDÉRIC am 10. 8. 1750 mit 4 Monaten und HERRMANN FRÈDÉRIC am 12. 12. 1750 mit $3^1/_2$ Jahren.

Programm der Euler-Ehrung in der UdSSR

Festakt am 24. Oktober 1983 in Moskau

Eröffnung

Akademiemitglied A. P. Alexandrow
Präsident der Akademie der Wissenschaften der UdSSR

Festansprache

Akademiemitglied G. I. Martschuk
Stellvertreter des Vorsitzenden des Ministerrates der UdSSR
und Vorsitzender des Staatlichen Komitees der UdSSR
für Wissenschaft und Technik

Festansprache

Akademiemitglied I. F. Obraszow
Minister für Hoch- und Fachschulwesen der RSFSR

Grußadresse

Prof. Dr. W. Engel, Vorsitzender des Euler-Komitees
bei der Akademie der Wissenschaften der DDR

Wissenschaftliches Symposium am 24. und 25. Oktober in Moskau

Leben und Werk Leonhard Eulers
Prof. Dr. A. P. Juschkewitsch

Leonhard Euler und die mathematische Analysis
Akademiemitglied Ju. W. Prochorow

Leonhard Euler und die Berliner Akademie der Wissenschaften
Prof. Dr. C. Grau, Berlin

Die Grundlagen der Mechanik und Hydrodynamik in den Arbeiten Leonhard Eulers
Prof. Dr. G. K. Mikhailov, Akademiemitglied L. I. Sedow

Leonhard Euler und die Mechanik elastischer Systeme
Akademiemitglied A. Ju. Ischlinski

Leonhard Euler und die Variationsprinzipien der Mechanik
Korr. Mitglied der AdW der UdSSR W. W. Rumjanzew

Der Beitrag EULERS für die Entwicklung der Algebra
Prof. Dr. I. G. BASCHMAKOWA

LEONHARD EULER und die Entwicklung der Astronomie in Rußland
Prof. Dr. W. K. ABALAKIN, Prof. Dr. E. A. GREBENIKOW

„Briefe an eine deutsche Prinzessin" und die Physik LEONHARD EULERS
Prof. Dr. A. T. GRIGORIAN, Dr. W. S. KIRSANOW

Wissenschaftliches Symposium am 27. und 28. Oktober 1983 in Leningrad

Eröffnung
Akademiemitglied L. D. FADDEJEW

LEONHARD EULER und die Petersburger Akademie der Wissenschaften
Dr. JU. CH. KOPELEWITSCH

Die Mechanik in den Arbeiten EULERS in der ersten Petersburger Periode
Dr. N. N. POLJACHOW

Nichtveröffentlichte Materialien LEONHARD EULERS über die Zahlentheorie
Dr. G. P. MATWIJEWSKAJA, Dr. E. P. OSHIGOWA

Neue Daten über die Forschungen EULERS zur Astronomie
Dr. N. I. NEWSKAJA

Familie und Nachfahren LEONHARD EULERS
Dr. I. R. GEKKER, Prof. A. A. EULER

Teil IV
Bildteil

Abb. 10. Leonhard Euler,
15. 4. 1707–18. 9. 1783
Porträt von
Emanuel Handmann, 1756

Abb. 11. Vorder- und Rückseite der Euler-Ehrenmedaille, die aus Anlaß der Euler-Ehrung mit urkunde an Persönlichkeiten des In- und Auslandes verliehen und den Teilnehmern am Festakt als Erinnerungsmedaille übergeben wurde (Durchmesser: 80 mm, Material: Böttger-Porzellan Gestaltung: Holger Müller, Staatliche Porzellanmanufaktur Meißen)

Abb. 12. Festakt im Großen Festsaal im Haus der Ministerien

Abb. 13. Der Präsident der Akademie der Wissenschaften der DDR, Akademiemitglied Prof. Dr. W. Scheler, eröffnet den Festakt

Abb. 14. Der Stellvertreter des Vorsitzenden des Ministerrates der DDR und Minister für Wissenschaft und Technik, Dr. H. Weiz, beim Festvortrag

Abb. 15. Führende Vertreter von Partei und Regierung sowie der Akademie der Wissenschaften der DDR während des Festaktes (Stellvertreter des Vorsitzenden des Ministerrates der DDR und Minister für Wissenschaft und Technik Dr. H. Weiz, Präsident der AdW der DDR, Akademiemitglied Prof. Dr. W. Scheler, Leiter der Abteilung Wissenschaften des ZK der SED Prof. Dr. H. Hörnig, Mitglied des ZK der SED und 1. Sekretär der SED-Kreisleitung AdW der DDR Dr. H. Klemm, Stellvertreter des Ministers für Hoch- und Fachschulwesen H. Groschupf, Vorsitzender des Euler-Komitees bei der AdW der DDR Prof. Dr. W. Engel, Stellvertreter des Ministers für Volksbildung Prof. Dr. E. Machacek)

Abb. 16. Akademiemitglied Prof. Dr. L. I. Sedow (Moskau), Prof. Dr. W. Habicht (Basel) und Vizepräsident der AdW der DDR Akademiemitglied Prof. Dr. H. Scheel

Abb. 17. Prof. Dr. A. P. Juschkewitsch (Moskau) im Gespräch mit dem Vorsitzenden der Mathematischen Gesellschaft der DDR, Prof. Dr. R. Klötzler

Abb. 18. Die Akademiemitglieder Prof. Dr. R. Rompe, Prof. Dr. J. Auth, Prof. Dr. H.-J. Treder und Prof. Dr. L. Budach im Gespräch

Abb. 19. Prof. Dr. J. Hult (Göteborg), Generalsekretär der IUTAM

Abb. 20. Prof. Dr. O. Pedersen (Aarhus), Vizepräsident der IUHPS

Abb. 21. Prof. Dr. G. K. Mikhailov (Moskau), rechts Prof. Dr. M. Pichal (Prag)

Abb. 22. Akademiemitglied Prof. Dr. H.-J. Treder beim Vortrag

Abb. 23. Prof. Dr. H. Wußing und Prof. Dr. I. Grattan-Guinness (Barnet) im Gespräch, rechts Prof. Dr. W. Walter (Karlsruhe)

Abb. 24. Diskussion während der Wissenschaftlichen Konferenz

Abb. 25. Behrenstraße 21 in Berlin-Mitte, an dieser Stelle befand sich das Wohnhaus Eulers

Abb. 26. Gedenktafel am Haus Behrenstraße 21

Abb. 27. Ansprache des Vorsitzenden des Euler-Komitees bei der AdW der DDR, Prof. Dr. W. Engel, anläßlich der Verleihung des Namens „Leonhard Euler" an die Mathematische Schülergesellschaft (MSG) bei der Sektion Mathematik der Humboldt-Universität zu Berlin, 6. November 1983

Abb. 28. Übergabe der Urkunde über die Verleihung des Namens „Leonhard Euler" sowie der Euler-Ehrenmedaille durch Prof. Dr. W. Engel an die MSG. Die Urkunde nehmen Prof. Dr. J. Nietzsch, Vorsitzender der MSG, und Heike Krüger, Vorsitzende des FDJ- und Pionieraktivs der MSG, entgegen.

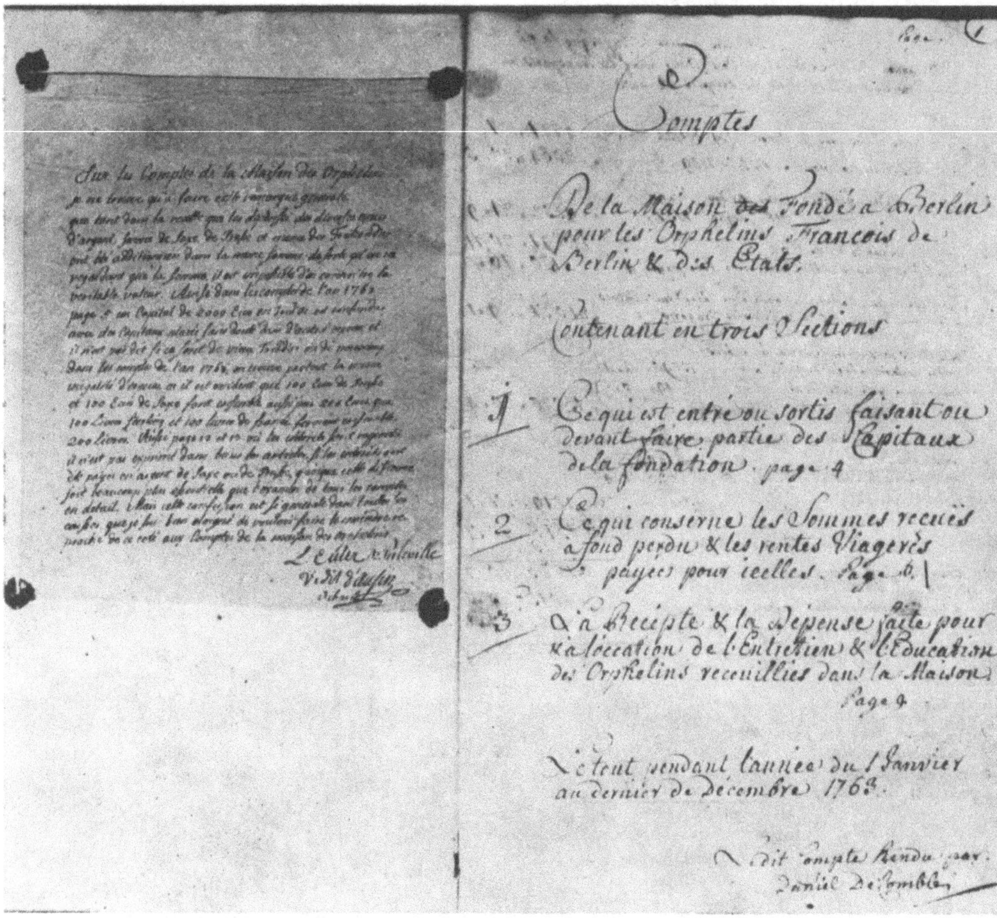

Comptes

De la Maison des Fondé a Berlin pour les Orphelins François de Berlin & des Etats.

Contenant en trois Sections

1 Ce qui est entré ou sortis faisant ou devant faire partie des Capitaux de la fondation. page 4

2 Ce qui conserne les Sommes recuës a fond perdu & les rentes Viageres payées pour icelles. Page 6.

3 La Recépte & la Depense faite pour l'alocation de l'Entretien & l'Education des Orphelins recueillies dans la Maison Page 9

Le tout pendant l'annee du 1 Janvier au dernier de décembre 1763.

Dit compte Rendu par: Daniel Decombles

Abb. 29. Gutachten von L. Euler über das Rechnungsbuch des Französischen Waisenhauses Berlin (franz., Archiv der französisch-reformierten Kirche Berlin)

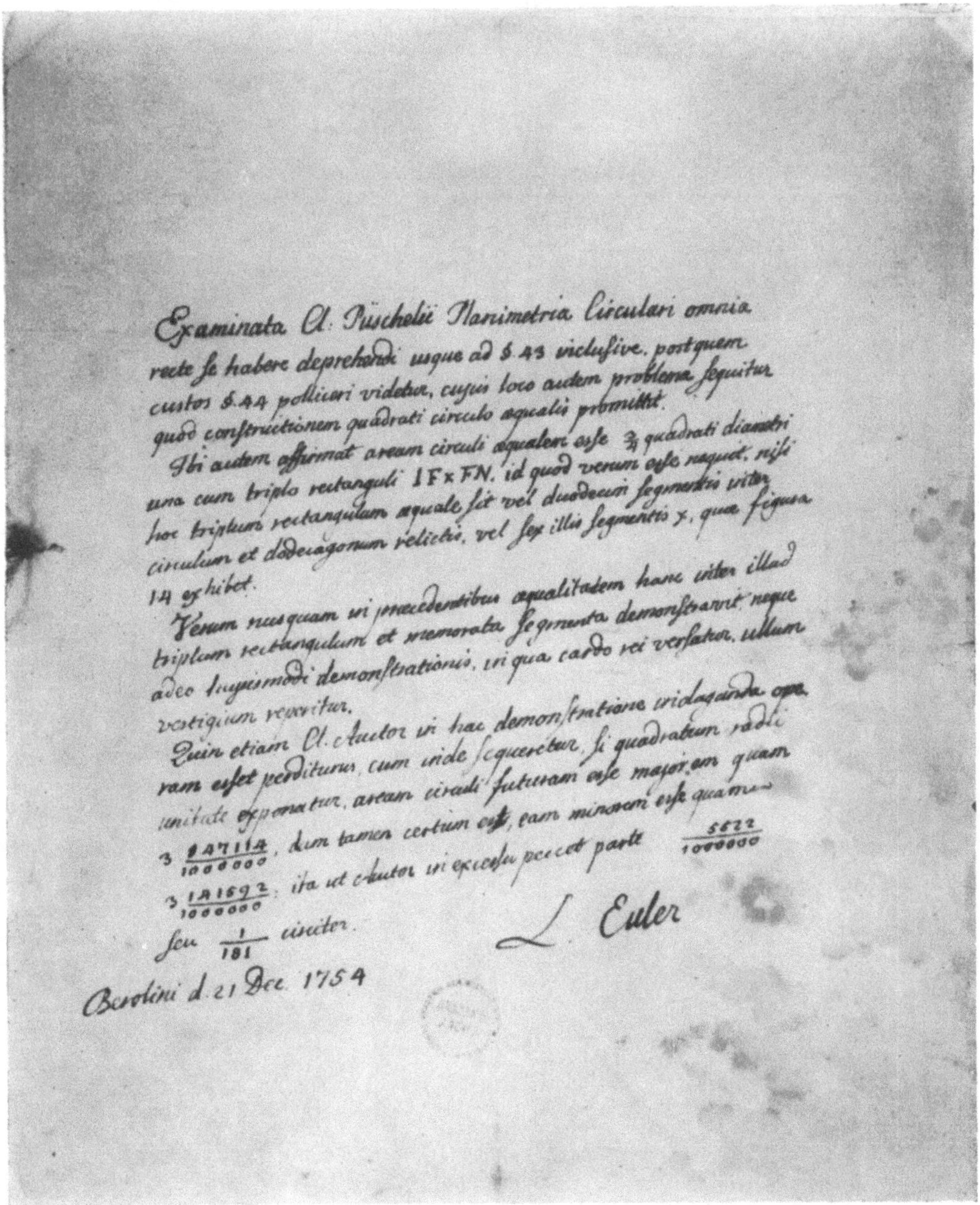
Examinata Cl. Püschelii Planimetria Circulari omnia
recte se habere deprehendi usque ad §. 43 inclusive. postquem
custos §. 44 polliceri videtur, cujus loco autem problema sequitur
quod constructionem quadrati circulo aequalis promittit.
Ibi autem affirmat aream circuli aequalem esse $\frac{3}{4}$ quadrati diametri
una cum triplo rectanguli IF×FN. id quod verum esse nequit, nisi
hoc triplum rectangulum aequale sit vel duodecim segmentis inter
circulum et dodecagonum relictis, vel sex illis segmentis x, quae figura
14 exhibet.
Verum nusquam in praecedentibus aequalitatem hanc inter illud
triplum rectangulum et memorata segmenta demonstravit, neque
adeo hujusmodi demonstrationis, in qua cardo rei versatur, ullum
vestigium reperitur.
Quin etiam Cl. Auctor in hac demonstratione indaganda ope-
ram esset perditurus, cum inde sequeretur, si quadratum radii
unitate exponatur, aream circuli futuram esse majorem quam
$3\frac{147114}{1000000}$, dum tamen certum est, eam minorem esse quam
$3\frac{141592}{1000000}$: ita ut Auctor in excessu peccet parte $\frac{5522}{1000000}$
seu $\frac{1}{181}$ circiter.
L. Euler
Berolini d. 21 Dec. 1754

Abb. 30. Gutachten von L. Euler über die Abhandlung von Püschel „Planimetria Circulari“ (lat., C I – M 124, bl. 1, Zentrales Archiv der AdW der DDR)